景观水文研究系列丛书

中国古代园林水利

Research of Hydrological Service
of Chinese Ancient Gardens

刘海龙　孔繁恩　商　瑜　著

国家自然科学基金资助项目：
基于景观水文理论的我国城市雨洪管理型绿
地景观设计方法研究
（批准号：51478233）

中国建筑工业出版社

图书在版编目（CIP）数据

中国古代园林水利／刘海龙，孔繁恩，商瑜著．—
北京：中国建筑工业出版社，2019.12
　（景观水文研究系列丛书）
　ISBN 978-7-112-24491-1

Ⅰ.①中… Ⅱ.①刘… ②孔… ③商… Ⅲ.①古典
园林−理水（园林）−研究−中国 Ⅳ.①TU986.43

中国版本图书馆CIP数据核字（2019）第282036号

责任编辑：刘爱灵　杜　洁
书籍设计：张悟静
责任校对：赵　菲

景观水文研究系列丛书

中国古代园林水利

刘海龙　　孔繁恩　　商　瑜　著
*
中国建筑工业出版社出版、发行（北京海淀三里河路9号）
各地新华书店、建筑书店经销
北京锋尚制版有限公司制版
北京中科印刷有限公司印刷
*
开本：787×1092毫米　1/16　印张：16¾　字数：339千字
2020年8月第一版　　2020年8月第一次印刷
定价：88.00元
ISBN 978-7-112-24491-1
　　　（35153）

序一

辛勤耕耘，殚思竭虑，益博补中国古代

园林水利工程专著研究的空白，

积极求索，努力进取，拓展中国现代

园林水利工程的研究新领域！

祝贺新书出版！！

九旬老妪

朱钧珍敬题

二〇一九年　腊月于粤园

朱钧珍，清华大学建筑学院教授、中国风景园林学会顾问，《中国大百科全书（园林卷）》副主编。已著书近20部，5本获得国家、省级奖项。包括《园林理水艺术》《园林水景设计的传承理念》《中国园林植物景观艺术》《中国的亭子》《中国近代园林史(上篇)》《香港园林》《南浔近代园林》等。

园林与水利本是两个不同的学科。一般而言，水利是从保障人的基本生存条件出发，解决水的安全、生产、生活等方面的问题；园林是从提高人的生活质量出发，满足自然审美、文化艺术等方面的追求。二者似乎无甚瓜葛，但水的存在实则成为两者最根本的联系。造园往往都需水，如何引水即成为首要考虑，而如何保水、换水也十分关键。中国古代造园或利用天然水系资源，或兴建人工引水工程，从而达到理水成景、写仿自然的目的。而在这一过程中，园林水体也往往为人居环境带来诸多水利之便，包括供水调蓄、防洪排涝、灌溉生产、漕运通航等。因此，欲建园林，往往先兴水利；反之亦然，水利工程享用日久也渐成文人荟萃、闻名遐迩的名胜之所，如杭州西湖。因此可以说，在中国古代很多案例中，园林与水利呈现相辅相成、相得益彰的绝妙关系。

从区域二元水循环的关系来看，无论水利工程，还是园林工程，都可视为人类社会水循环系统中的一部分，当然有其驱动力、路径、结构、功用之别。但在整体人居环境的背景下，实际水利与园林的功能常有重叠。而这种功能的复合性，则是一种真正的"韧性"：既是自然韧性，水利功能的加入使园林更能应对水文条件的变化幅度与强度；也是社会韧性，园林及文化的参与则使得水利工程更受社会重视，在其管理维护方面获得更多的关注及投入。可见，人类在自然水循环中加入社会水循环，正是在其相互耦合中才产生了人居环境中的水文化。而园林与水利，都是实现理想人居环境的重要手段。

中国近年实施的"海绵城市"战略及国际上一直推崇的"绿色生态基础设施"理念，实际需要风景园林专业与水专业的学科交叉与协同。清华大学刘海龙副教授一直致力于城市雨洪管理的风景园林规划设计理论与技术方法研究。他从中国古代园林与水利的渊源关系入手，积累多年而著成《中国古代园林水利》一书。这本书提出"园林水利"的概念，收集中国古代各历史阶段的代表性园林实例共300多个，研究其园林理水与区域水利系统的关系，包括在城市引、取、供、净、用、排水等方面功能的发挥，并从其发展演变、成败得失中归纳客观规律，从而探讨中国古代园林参与区域水系统管理的途径，总结园林相地营造的理念及相应理水工程技术的合理适用性。而借鉴现代水文学理论及二元水循环方法来研究古代园林水利是一条颇具新意的思路。不过在支撑对古代案例展开研究及总结科学规律的数据及定量分析方面还有待完善。总而言之，挖掘中国古代园林水利工程的朴素科学性，是对传统智慧的尊重与传承。作为对这一交叉与开拓性研究领域的鼓励与支持，谨此为序！

中国工程院院士

流域水循环模拟与调控国家重点实验室主任

中国水利水电科学研究院水资源研究所名誉所长

全球水伙伴（中国）副主席

◇◇◇◇◇◇◇◇◇◇◇◇◇◇◇◇◇◇◇◇◇◇◇◇

一

自古以来，人类积累了关于水的丰富知识与技术体系。早期的治水、用水、管水、理水的传统智慧，指导着古代人类建设防洪、灌溉、供水、航运等工程，也影响着人类建设理想家园与营造诗意风景的历史。许多传统城镇村落的选址布局，充分尊重自然水文过程并考虑人类生存需求，从而数千年立于无患之地。而从作为果木蔬圃的园林萌芽状态，到面向游赏休憩的日臻完善的各地域古代园林，水体一直是园林与风景营造的核心操作手段与骨干要素，并且许多实例都展示了将风景园林营造与水利工程兴建紧密结合的特点。中国大地上留存和沿用至今的众多水利工程与风景营造完美结合的案例，从都江堰、灵渠，到西湖、颐和园等，水利工程技术与山水哲学、自然美学融为一体，实用与审美、风景游赏等功能珠联璧合，许多理念、技术堪称创举。

人为活动干扰下的水循环呈现"自然—人工"二元特性。这种"二元水循环"关系，其实质是如何协调人工用水系统与自然水循环系统之间的关系，通过"改变"与"顺应"自然水循环，从而在应对水资源供需、洪涝灾害治理、水污染控制等方面取得平衡。从古至今，无论园林理水还是水利工程，实际都处于这种二元水循环关系当中，也是古今人居环境建设要解决的关键问题之一。处理得好，就延长了园林理水或水利工程的寿命，使之更具可持续性，即顺则续；如果处理不好，则在短时兴盛之后很快就湮灭于沧海桑田之中，即逆则废。

基于此，这里提出"园林水利"的研究视角，目的在于分析中国古代园林是如何参与到区域水循环系统当中，以及在城市取、供、用、排水等水利功能中发挥何种相应作用。具体研究先从大的"水循环"分析出发，基于对区域整体自然环境与城市水系的发展变迁的研究，通过剖析园林选址、引水方式、园林形态、水景营造与城市水利系统的关系及其可持续性，从而审视中国古代园林在水管理方面的传统智慧与科学性。

进一步来看，上述视角促使我们重新回到大地景观水文系统来思考。这里的

"景观"可以理解为具有"过程—格局—功能"的多尺度自然与文化复合系统。而"景观水文"则是对不同尺度的自然水文循环过程、人工水利工程以及园林理水景观体系等各种水系统的空间响应机制、规划设计理论与调控技术的研究，以实现保障水安全、利用水资源、治理水环境、营造水审美和发展水文化的综合目标。研究古代"园林水利"的目的，则是从历史的渊源探讨园林理水与城市水利、区域水文系统的关系，以期总结客观规律、传承传统智慧，进而探讨构建当代"景观水文"学科的可能性。

二

本书的缘起，要回溯到自2008年至今清华大学《景观水文》课程对水文化景观的持续教学与研究。该课程在2003年清华景观学系建系伊始便开设，属景观学系"4大模块课程体系"[1]中的应用自然科学板块。《景观水文》课程开设的最初3~4年（2004~2007年），是由美国劳瑞·奥林讲席教授组负责，核心内容是向风景园林专业学生讲授与水相关的应用自然科学知识。讲席教授组中的巴特·约翰逊（Bart Johnson）教授、高盖特·瑟尔（Colgate Searle）教授、布鲁斯·弗格森（Bruce Ferguson）教授先后讲授《景观水文》课程。而讲席教授组其他诸位教授，包括理查德·福尔曼（Richard Forman）、弗里德里希·斯坦纳（Frederic Steiner）、考林·富兰克林（Colin Franklin）、罗纳德·亨德森（Ronald Henderson），也部分讲授过与水文相关的景观规划与设计内容。

我于2008年之后开始负责该课程。在2008年秋季学期的《景观水文》课中，以"人水相依——水文化景观"为题，我分别介绍了包含哲学、文化、艺术层面价值的中国传统水文化景观，以及包含治河防洪、农业水利、航运工程及风水人居等方面的中国古代水利工程景观。课后作业要求学生选择一处中国历史水文景观案例，分析其中的水文过程和社会文化经济功能，评价其水遗产的价值。具体作业形式要求用手绘图的方式分析其结构和组成特点。这一作业的训练目的在于从历史脉络中挖掘中国本土水文化景观的特征，发掘水遗产的价值，使学生增加对本国文化与文明成就的了解与热爱，也激发对传统智慧的研究兴趣。该课程作业涉及广泛且多样的研究案例，包括：陕西郑国渠、四川都江堰、甘肃敦煌月牙泉、河南开封水系、云南元阳梯田、浙江杭州西溪湿地、北京颐和园、元大都水系等。

在此前后，清华景观学系进行了多方面涉水景观规划设计的教学。包括在2005、2006、2011年的研究生课程《区域景观规划Studio》中，对整个北京西郊"三山五园"的园林及水系体系连续进行了多年的考察与研究。2014年，《区域景观规划Studio》开展了北京历史水系景观规划教学与研究。范围西起颐和园，经长河、紫竹院、动物园，达什刹海、北海、中南海，东至通惠河、通州及北运河

2003年清华大学建筑学院景观学系设的4大模块课程体系包括：规划设计课tudio）、历史理论、工程技术和应用自科学。

段，全长64km。课程所研究的北京历史水系始于金，兴于元，经明清，经数百年经营而趋完善，形成了集供水、排水、航运、防洪、风景、游赏等多功能于一体的城市"绿色生态基础设施"。该课程教学通过研究北京历史水系的形成过程、现实问题、文化遗存及其历史价值，通过对该水系廊道及周边绿地、街区的规划与设计，进一步探索其对当代北京城市发挥的生态系统服务及其表现形式，寻找历史水系对现代城市人居环境质量提升的途径。

2009~2019年，"景观水文"课程一直关注校园雨洪管理的研究，先后选取清华大学校内多处场地进行研究与设计。其中2014年的"景观水文"课程继续从哲学思想、文化艺术和功利实用三个方面对"水文化景观"的概念、理论与案例进行系统探讨。当年的课程作业为"中国古代园林与水利景观研究"，要求基于《中国古典园林史》（参考周维权先生及其他园林史著作）与《中国水利发展史》（参考姚汉源先生及其他水利史著作）等研究成果，按断代史方式，以案例研究、文献考据为手段，在园林与水利两条线索之间互相联系与印证，研究我国古代园林与城市水利景观的关系，以借古开今。当时选课学生分为5组，分别按周维权先生所划分的园林生成期（商周秦汉）、转折期（魏晋南北朝）、全盛期（隋唐五代）、成熟一期（宋辽金）、二期（元明清）的园林史阶段，每组选取该阶段代表性古典园林实例若干个，研究其理水手法与水利保障系统，包括园林理水思想、手法及其供水、排水、调控、维护措施与后期终果，分析园林营造与城市水利建设的关系，以组为单位完成研究报告。该课程作业的部分成果已融入本书章节。之后，清华大学景观学系多部毕业论文对部分古代园林案例进行了研究，陆续涉及与城市水系、水利工程的关系的内容。

三

2015~2018年，我主持完成了国家自然科学基金面上项目"基于景观水文理论的我国城市雨洪管理型绿地景观设计方法研究（批准号：51478233）"。其中包含景观水文和雨洪管理型景观的历史研究，主要基于历史文献及实地调研，针对我国古代雨洪管理型景观的传统理念、实例及其功能原理、工程技术、要素设施、景观特征等方面的发展脉络展开研究。进一步基于古代史书或方志关于城市洪涝灾害的记载，挖掘当地水文系统与景观系统之间的关联性及成败得失，以达到挖掘历史遗产、总结传统智慧，供当代借鉴与传承的目标。具体系统研究了中国古代从秦汉到明清的重要城市园林水利案例，涵盖防洪、排水、供水、水质、灌溉等方面。这些中国古代园林水利功能与技术的传统智慧对当代海绵城市和相关实践很有启发。

在上述已有工作基础上，我与博士生孔繁恩、硕士生商瑜自2017年10月开始对中国古代园林水利案例进行系统整理。至2019年10月，经过2年大量文献研究、图纸查考、现场调研，完成了这部《中国古代园林水利》的撰写。本书实际是一个将中国古代园林史、水利史、城市史甚至农业史、灾害史的相关内容进行相互联系和佐证的过程。具体以"园林水利"的概念为切入点，对我国古代园林水景营造的宏观区域脉络、环境适应机制、综合功能价值进行整体分析研究。各案例研究，皆先从区域自然环境、水文条件和水系格局开始，对城市水利工程兴建的概况进行分析。然后重点从城市水系的发展变迁对园林水体空间分布的影响进行剖析，包括城市水系与园林选址、园林形态与引水方式、水景与其他园林要素的关联性及水景营造的主要工程技术等方面，分析古代园林理水的艺术与功能特质，总结我国古代园林参与到城市水利系统的方式，以及在城市供、排、取、用水等功能中发挥的作用。

本书对"中国古代园林水利"的总体研究结论是：我国古代修建园林，往往需先寻水，因而水利工程是不可或缺的。虽也有为保证园林用水而不惜财力、人力兴建工程设施的实例，但往往仅享一时之盛，无持续之利。但更为大量的案例证明，无论是城市外围的大尺度自然山水园林，还是城内的小尺度园林，兼具城市用水、灌溉、漕运、防洪排涝、雨洪调蓄等综合目的并加以持续疏浚和及时维护，往往更为持久，实能延续千年并惠及当代。某些纯粹的功能性工程，即便初期单一以水利为目的而兴建，随着历代王侯奉祀、文人造访及诗词传诵，也逐步具备风景、雅集、游赏、商贸等功能，渐渐形成公共园林。因此可以认为，若造园在先，需先借水利而得水；若水利在先，则后以园林而闻名。无论是造园在先，还是水利在先，两者彼此互惠互利、泽被千年，成为历史为后世留下的重要遗产。

总体而言，本书对部分案例也进行了现场考察及关联考证，目前更多是梳理补正"园林水利"方面的已有成果，一定还有未查到的史料、文献和研究成果，限于时间和经验，疏漏和错误之处在所难免，敬请读者指正，有待于修正和持续研究。

2019年夏秋之交，清华园

目录

第4章 总结与讨论— 227

第 1 章

绪 论

1.1 基本概念

1.1.1 园林

周维权先生（1984年）对中国奴隶社会至封建社会这一阶段形成的园林作出了如下界定：在一定的地段范围内，利用、改造天然山水地貌，或者人为开辟山水地貌，结合植物栽培、建筑布置，辅以禽鸟养畜，从而构成一个以追求视觉景观之美为主的赏心悦目、畅情抒怀的游憩、居住的环境[1]。周维权先生并且因园林的权属将中国古典园林分为皇家园林、私家园林和寺庙园林三大类。此外还有一些并非主体、亦非主流，但却具备一定公共性质的园林类型，如衙署园林、祠堂园林、书院园林及其他一些为居民提供公共交往、游憩或与商业活动结合的场所，可统称为"公共园林"。这类场所多利用场地原有风景要素，稍加人工处理而成，比如城市街道绿化、名胜古迹园林等，显著特征是没有园墙对其进行界内外的划分，与私家园林、皇家园林鲜明的内向封闭性特点相对，呈现出开放、外向的布局，通常由地方官府管理，封建社会成熟期至后期发展普遍。

另有学者认为，园林指在一定地域内运用工程技术和艺术手段，创作而成的优美的游憩境域，"园林"中的"园"为个体，园林为所有个体"园"的统称[2]（李金路等，2017）。显而易见，就外在形态而言，园林是山、水、建筑、植物等园林要素所处的空间实体，就内涵而言，园林是自然系统与人文系统相互叠加而成的，具有一定审美特征的地域综合体，包括有物质类边界范围的"园"和无明显物质界限，但由一定的风景要素组合而成的"外部空间"，是人类的生活空间，并且特指"人居外部环境"[3]。

《园林基本术语标准》对园林的定义是：在一定地域内运用工程技术和艺术手段，通过因地制宜地改造地形、整治水系、栽种植物、营造建筑和布置园路等方法创作而成的优美的游憩境域[4]。本研究所指的"园林"，作为研究对象包括了两个层次：（1）在空间上具有封闭性和内向型的城市内部或外部的各类园林，仍以周维权先生的划分，即"皇家园林""私家园林""寺庙园林""衙署园林"和"公共园林"等；（2）城市周边区域（城墙以外）的园林化"外部人居环境"，会涉及风景名胜游赏区域、人工引水渠系、运河系统、池塘湖沼、灌溉系统、水井、堤堰等要素。

1.1.2 理水

因中国古典园林被长期理解为"自然山水园"或"人工山水园"，所以"理水"是中国古典园林造园的关键内容。在我国古典园林的发展历史上，绝大多数园林空间都有水，"无水不成园"之说也由此而来。

《园治》云："假山依水为妙。倘高阜处不能注水，理涧壑无水，似少深意"。"理水"本意特指中国古典园林在营造园林时针对水这一基本要素所进行的相应处理，或者古典园林的水景观营建。刘敦桢（1979年）和杨鸿勋（1994年）两位先生分别在其重要著作《苏州古典园林》和《江南园林论》中，从水景形态、布局方式、水的源流等方面对园林的水景特色进行总结。现有多数研究成果对园林理水的概念都有相近或相似的理解，比如陈宏明（2010年）："（苑囿中的）理水是指在苑囿中修造各种水体，或者利用苑囿范围内的自然水来造景的造园艺术手法[5]。"周保良（2017年）："理水，即是指对水景和水系营造梳理的方法。在中国古典园林造景体系当中'理水'是指对园林中水景的塑造，也称水景的理法[6]。"陈明明（2012年）："理水艺术，即是指水景处理。具体来说指各类水体的形态特征的刻画，包括水体的源流、水情的动静、水面的聚分，也包括岸线、岛屿、矶滩等细节的处理和背景环境的衬托"。[7]北京林业大学孟兆祯先生及其研究团队认为，理水即是对中国传统风景园林水景的理法（陈云文，孟兆祯，2014）。可见，在风景园林学领域，将园林中各种水景的处理统称为"理水"是学者们的共识。

在此基础上，本书所指的"理水"的概念，将由园林拓展至城市，再至更大的区域层面，具体指根据水自身的特性及特征，对其有机关联的水域空间及其形态、功能、边界、流路及外部自然与人工背景等进行整理、改造、设计及利用的手段及其结果。本研究所指的"理水"包括"园林理水"和"城市理水"两个不同层面上的"理水"内容，前者主要以营建水景为主；后者以规划设计水系为主。

以往"理水"概念主要侧重艺术手法、审美、意境，而本书研究与之前的理水研究的差别在于突出园林理水与城市水利的关系，并从自然-社会水循环的宏观背景下探讨中国古代园林与水利系统的关系以及水利系统对园林发展和可持续性的影响。

1.1.3 水利

中国古代最早记载"水利"一词的书籍是《吕氏春秋·孝行览·慎人》，当时是指捕鱼之利。司马迁在《史记·河渠书》中上溯远古，下迄当时，记述的内容包括防洪、灌溉以及航运等各项水利事业，并对汉武帝亲临黄河堵塞瓠子（今河南濮阳县南）决口以后的形势，概括为"自是之后，用事者争言水利"，首次赋予"水利"一词广泛的含义[8]。

到了近代，水利专家郑肇经先生将"水利"解释为积极和消极两方面内容，"水可以灌溉农田，增加农产，又可以发展航运，便利交通，并可以开发水力，推进工业，都是直接兴利方面的。如修筑堤防，以及一切防洪的设备，那是使洪水不致成灾，用以保障人民的生命财产，这可以算是防害方面的。"[9]1933年中国水利工程学会上通过了一项决议，界定了水利的范围："本会为学术上之研究，水利范围应包括防洪、排水、灌溉、水力、水道、给水、污集、港工八种工程在内。"[10]由此可见，"水利"即是人对水的利用和管理，既指代各类水利建设项目，也指代各类水利建筑物和工程设施，它包含多种功能与目的，其本质是人类根据自身生存发展需求对水的自然循环途径进行人为改造和设计的一系列手段。基于此内涵，许多对"水利"的定义是相近的。如水利工程是指为控制和调配自然界的地表水和地下水、达到除害兴利目的而修建的工程（沈振中，2011）[11]。而城市水利，是与城市发展有关的水问题的总称。它包括防灾、供水、排水、交通、环境美化等各种功能[12]。

《中国农业百科全书·水利卷》对现代水利的定义是："采用各种措施对自然界的水，如河流、湖泊、海洋以及地下水，进行控制、调节、治导、开发、管理和保护，以减轻和免除水患灾害，并供给人类生产和生活必需的水。"[13]进入21世纪以来，伴随着对人水和谐关系的深入认识，学者们提出了区别于以防洪、治河、泥沙、水工建筑物、水力发电等传统水利为内容的"大水利"概念，而将其概括为："通过流域综合整治与管理，使水系的资源功能、环境功能、生态功能都能得到完全的发挥，使全流域的安全性、舒适性（包括对生物而言的舒适性）都不断改善，并支持流域实现可持续发展。"[14]

本研究中的"水利"概念，具体将在水循环的视角之下，一方面研究如何使自然水循环更多发挥其生态系统服务，满足人类生存利用之需求，减少对人类的威胁与灾害影响；同时也研究如何使人工的水循环在满足人类需求的同时，能够更为尊重和顺应自然水系统的规律与特征，具有"设计遵从自然"的意义。

1.1.4 水循环

地球上各种形态的水（如海洋、河川、湖泊、沼泽、冰雪）、各种环境中的水（土壤、岩石、植被乃至动物和人类）总是处于不断变化、更新之中。人们对此现象的观察和研究在历史上很早就已经开始了。

根据《水文学史》，对水循环的认识实际在世界各古代文明中都有记载[15]。中国最早的对水循环的认识可以追溯到公元前约500年的《黄帝内经·素问》，其中论述了关于降水的原理："清阳为天，浊阴为地。地气上为云，天气下为雨。雨出地气，云出天气"[16]。春秋战国时期，秦相吕不韦的门客在其著作《吕氏春秋·圜道篇》中对地表"陆地-海洋"水文循环的过程进行了清晰表述："云气西行，云云然冬夏不辍；水泉东流，日夜不休。上不竭，下不满，小为大，重为轻，圜道也。"东汉科学家王充在其著作《论衡·说日篇》中对降水的原理进行了进一步阐述："儒者又曰：'雨从天下'，谓正从天坠也。如当论之，雨从地上，不从天下……夫云则雨，雨则云矣。初出为云，云繁为雨……云雾雨之微也。夏则为露，冬则为霜，温则为雨，寒则为雪。雨露冻凝者，皆由地发，不从天降也"。

现代水文学中对水循环进行了更科学的定义：水循环，就是通过蒸发、蒸腾、降水、下渗和径流等过程，将分布在地球系统各个圈层（水圈、大气圈、岩石圈和生物圈）、各种环境（土壤、岩石、植被乃至动物和人类）、各种形态的水（如海洋、河川、湖泊、沼泽、冰雪）联结为一个动态系统，进行着周而复始的水分流动、交换、更新和循环。而更具体地，水循环可以被分为：大循环（外循环，海陆循环）；小循环（内循环，海洋小循环、陆地小循环）。

同时，水循环还可以被分为社会与自然水循环。其实，自人类活动出现以来，随着对自然改造能力的逐步增强，人工动力大大改变了天然水循环"降水、蒸发、入渗、产流和汇流"的模式（秦大庸等，2014）[17]，使原有的流域水循环系统由单一的受自然主导的循环过程转变成受自然和社会共同影响、共同作用的新的水循环系统，这种水循环系统称为流域"天然-人工"或系统（王浩，2016）[18]。其中人类在水的自然循环过程中，不断利用其中的地下径流或地表径流，满足生活与生产活动之需，从而产生了人工水循环。

人类经济社会的发展过程也是人类对自然水循环的逐渐介入过程。农耕文明正式出现之前，人类依靠采食狩猎谋求生存，对自然发生的洪水采取被动躲避和迁移手段，因此对自然水循环几乎没有影响干预能力。农耕文明的出现，催生了固定聚落的出现，由于生产资料不能随意迁徙，防洪开始成为人类必须面对的问题，因生存、发展两大需求并存情况下产生的防洪和灌溉工程，开始改变水体的天然流路，因此，早期的农耕和防洪标志着人类已经开始影响水循环[17]。自城市聚落形成以来，人类活动更多地介入水循环，在经济发达的某些时期或地区，强人类活动干预甚至成为水循环的主要驱动力。因此，与水的自然循环相比，水的社会循环在原来"陆地—海洋"的径流、汇流、产流、渗透等水文流动过程中插入了人类的"给水—用水—排水"系统。虽然水的社会循环仍然纳入大的水循环过程，继续着原来的"陆地—海洋"的流动过程，但人工水循环对自然水循环的改变以及给人类自身所造成的一系列影响是极为巨大的。

本研究的园林水利，更多是基于对"自然-社会"二元水循环理论的认识，旨在从这样一个跨学科新视角来深入思考和理解人居环境营造系统与自然水文系统之间的关系，由此总结提炼出相应的规律、经验与教训，为从水文环境到整体人居环境的人水和谐与可持续发展提供理论基础。

1.1.5 水适应性景观

"适应"（adaptive，adaptation）一词源于生物学，是指在长期与环境相互作用的过程中，有机体通过结构改变逐渐获得生存或繁衍上相对有利的状态（Holland，1976）。而适应的结果又影响了全球变化对生态系统的冲击程度（Barton，2011）。适应，涉及一定程度的转变（Pelling et al，2015），转变的类型、特征及程度可视为不同时空尺度物种对全球变化的响应。因此，适应是指自然和人类系统应对正在发生或预期发生的影响，吸纳扰动、维持自身结构与功能完整性的转变（transformation）过程（Klein et al，2007）。目前，适应性已成为全球地理学、农学、生态学、环境科学等相关学科及交叉学科研究的重点，涉及国家、区域及局地等不同空间尺度（Smit et al，2006）[19]。

适应性景观的概念（adaptive landscape）最早由Arnold等提出[20]，是基于古生物遗传和进化的理论，许多学者从生物学、生态学的角度进行了深化。从风景园林学的角度，适应性景观是人类社会发展与自然两相平衡的产物，是解决城乡建设与生态环境矛盾的重要途径。其内涵是多方面的，包括人类活动对气候、地形、水文等环境的适应[21]。

"水适应性景观"是我国学者俞孔坚通过对古代黄泛平原防洪策略的研究，在提出洪涝适应性景观的基础之上进一步形成的理念（俞孔坚，2005；2007），其核心是强调人类因逐步适应水环境而形成的生态实践产物，意味着在"自然-社会"循环系统中，水之于人类活动的限制、功能、价值，以及人之于水的影响、利用和改造。本书中采用"水适应性景观"意在从多尺度、多维度探讨中国古代园林水利与自然环境、社会环境之间的相互作用机制与共进过程。通过对不同地域自然环境影响下的园林水利形态与功能机制的案例分析，以期概括出园林水利的适应性表现特征、适应方式及背后的影响因素，为当前城市水适应性景观的设计提供理论借鉴。

1.2 园林水利的提出及研究思路

1.2.1 园林水利的提出

1.2.1.1 园林与水利的关系

人类对自然真正意义上的改造和利用始于农业的出现，随之而来的是固定聚落的出现。而农业的发展在很大程度上取决于自然环境条件。在生产力极其低下的时期，"靠天吃饭"可以说是一种必然。生产力的提高，使人们逐渐具备了按照生存和发展的需要去最大限度地改造和利用自然的可能性。水利工程是人类改造自然的起点之一，是人类利用或抵抗自然的结果，在一定程度上影响了不同地区的社会组织方式、土地利用方式及经济发展水平。

园林是生产力水平达到一定程度时出现的一种人工化产物。其存在的目的是在已有居住环境中对自然的延伸或弥补，是对理想居住环境的追求。园林的形成，是对自然景观的直接摹拟或加工，或是两种手段的综合，因此园林兼具物质形态和精神形态的双重特点，象征社会文明的发展程度。就其特点而言，园林的产生和发展必须同时依赖于自然环境和人文环境，自然环境奠定了园林的基本骨架及形态，而人文环境始终制约园林的文化艺术内涵，两者共同作用成就了园林的地域特色。

水利和园林是人类两种不同需求的直观反映：生存发展和休闲游憩。水利工程的出现从很大程度上改变了区域水资源的分配格局和水体的自然流动路径。因农业灌溉、防洪需求和交通运输而兴建的水利工程是早期对水的自然循环进行人为干扰的手段。在漫长的封建社会发展时期，随着技术的不断提高，水循环的内在驱动力也随之发生改变。当人类为满足生存需求而对水的循环产生影响后，经济社会发展加快，从而催生了人的休闲游憩需求，这一切奠定和影响了园林水利产生和发展的基本特征。

我国古代的许多园林，实际上都直接或间接参与城市水利。而城市水利一般都是从供水、郊区农田水利或者水运等其中一个单项开始的[23]。因此我国古代城市园林工程与水利工程是造就独特城市水系景观和人居环境营建模式的两个相互联系的核心内容，是在自然–社会系统综合作用的结果，凝聚了丰富并独具地域文化特色的人居智慧。许多城市水利建设思想既表现出一般性的功能特点，同时在中国古代园林文化的浸润下也发挥着服务生活和促进文化传承的作用。

自唐长安开始，水利工程的建设不再仅限于区域农田灌溉和交通运输，而开始广泛关注与城市建设的结合，以供水、排水、防洪排涝、水质保育等为主要功能的城市水利工程普遍兴起，园林因其特殊的形态和诉求而广泛参与城市水利的不同环节或过程，并对维持水的自然循环发挥了积极的辅助作用。

由此可以建立如下认识，即生产力的不断提高推动了人居环境的发展和演变，并推动了以水利工程为主的、以保障民生和经济发展的基础设施的发展和完善，这为园林的建设活动提供了必要的物质基础。同时，从宏观背景来说，园林的发展也基于人类文化与人居环境的演变。在山水审美文化的持续影响下，园林对水景的审美要求，以及水利工程技术的发展决定了城市水利与园林之间将必然存在多种联系，因此水利其对园林的影响十分关键。

综上，对园林的研究，无法回避对水利的研究。而水利建设往往在功能性之外又以园林作为其形式和哲学意义上的更高层阶。因此两者之间在不同的时空背景下，往往互为因果，或互相促进。在中国古典园林的发展历史上，诸如北京颐和园、杭州西湖等著名的园林空间是直接基于水利工程建设而成的，反映了人类两种不同需求之间的相互作用。

1.2.1.2　概念提出

本研究提出的"园林水利"并不是新的专业名词，曾出现过"水利园林"等类似概念（木柱，1989）[22]。这实际上提出一种新的研究视角，即以系统科学方法为指导，对中国古代园林水景的营造机制进行整体分析，包括从城市水系的发展变迁对园林水体的空间分布的影响出发，从城市水系与园林选址、园林形态与引水方式、水景与其他园林要素的关联性及水景工程的常见技法四个方面分析中国古代园林理水的特质。通过总结中国古代园林是如何参与到城市水利系统当中，

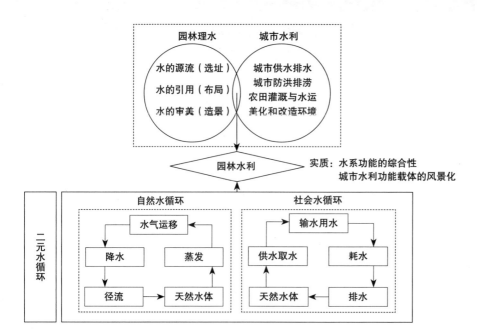

※图1-1　园林水利的提出过程
图片来源：作者自绘

以及在参与城市水利的引、供、取、净、用、排水等功能发挥的过程中，如何形成可持续的水景营造体系。在此，本研究试图以水的"自然-社会"二元循环为一个新的切入点，去阐释中国古代园林与水利的耦合关系、调控机制和价值内涵，对于补充完善中国古代园林建设的传统智慧经验，指导当前风景园林建设有着积极的现实意义（图1-1）。

自"海绵城市"理念提出以来，对城市园林绿地的要求日益提高。而从水利角度对园林的研究也提出新的课题。而风景园林学界对古典园林的认识从"园内"转向"园外"，把研究范围从街道尺度扩展至城市甚至更宏观的区域尺度，由此发现古典园林不仅蕴涵丰富的文化思想，更可贵的是在不同的时期具有相当程度的水利实用功能，体现了古代园林"低影响""可持续"的韧性生态智慧，这是中国古代园林留给现代人的又一笔财富。

1.2.2　研究思路

本书采用纵向研究结合横向研究的总体思路。

纵向研究主要基于中国园林历史的发展脉络，以周维权先生对中国古典园林历史发展分期（生成期—转折期—全盛期—成熟时期—成熟后期）的划分为时间脉络，同时也参考其他学者的划分方式，以古代都城水系格局及各代表性园林为对象，研究包括供水排水、防洪排涝、交通运输、生产灌溉、工程调控、维护管理等功能的古代城市水利系统与古代园林理水之间的关系与表现。

横向研究主要从园林与城市水系的关系、水源寻找、园林立意、园林选址、引水方式、水质水量、工程技法等方面，结合不同地域范围内具有代表性的园林案例，尽可能深入细致地讨论古代园林水利。

通过纵横两条研究主线的结合，一方面通过对各历史时期都城与地方城市水系的梳理，园林的总体分布和重要园林形态的整理，分析城市水系的发展演化对园林水利营建活动的宏观影响；另一方面以不同地域、不同时期、不同类型并具有独特风格的历史园林为代表案例，通过文献查阅和实地调研，尽量详实地从选址、引水、工程技术等更微观和具体的方面，分析古代园林水利的营建特点（图1-2）。

在具体的研究技术路线上，有三个方面的特点：

（1）案例筛选：通过对历代有记载的园林进行普查与筛选，选取300余处园林案例，并进一步对园林所在时期的代表性区域与城市水系经营活动进行研究，以此分析在古代城市水系的历史变迁过程中，水系为造园活动提供哪些便利，其发展变迁又对造园理水造成了怎样的影响。

（2）类型甄别：在对园林普查及文献整理（表1-1）的基础上，按照选址模式选出城市型、城郊型等不同类型的园林，其中又以城市型园林为主，结合地方志、文献资料及现存园林的实地调研工作，从造园之初如何相地选址，建园之时如何处理与城市水利的关系，建园之后又如何实现理水的艺术加工与工程保障，从宏观到微观分析总结中国古代园林水利的类型体系。

（3）谱系补证：中国古代园林的可持续性是另一个重要的研究视角，即研究部分盛极一时的园林如何在后世荒废，除却战乱和人为破坏的原因，重点考证水利工程兴废对于园林保障作用的得与失。这也部分为了证实一个推断：人工水循环系统，在局部区域和短时间内，可以依靠人力、物力维持，但更重要的是依赖于自然水循环的规律和人工系统的可持续性。

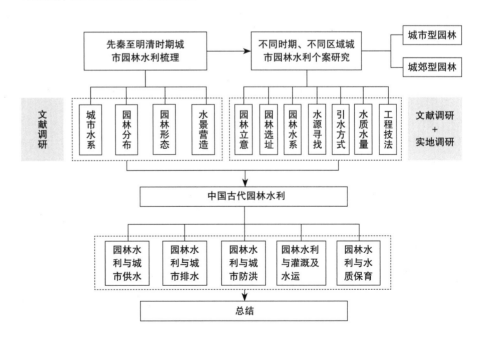

※图1-2 园林水利研究思路
图片来源：作者自绘

类型	名目
现代著作	《苏州古典园林》（刘敦桢），《江南园林论》（杨鸿勋），《中国古典园林分析》（彭一刚），《园综》（陈从周、蒋启霆），《说园》（陈从周），《江南园林志》（童寯），《造园学概论》（陈植），《中国古典园林史》周维权，《中国古代园林史》（汪菊渊），《中国历代名园记选注》（陈植），《中国历代园林图文精选》（同济大学），《古代城市水利》（郑连第），《中国古城防洪研究》（吴庆洲），《中国水利发展史》（姚汉源），《北京私家园林志》（贾珺）等
古代著作	《四库全书》《古今图书集成》，《林泉高致》（北宋郭熙），《园冶》（明代计成），《长物志》（明代文震亨），《闲情偶寄》（清代李渔），《农政全书》（明代徐光启），《水经注》（北魏郦道元），《行水金鉴》（清代傅泽洪），《水道提纲》（齐召南），《帝京景物略》（明代刘侗、于奕正），清《钦定日下旧闻考》，《扬州画舫录》《洛阳名园记》《吴兴园林记》（清代李斗），《魏书》（北齐魏收）等
总志、地方志	《中国方志丛书》《济南府志》《历城县志》《福州府志》《万历宁夏志》《嘉靖宁夏新志》《嘉靖惠州府志》

表格资料来源：相关文献整理

借鉴当代水文水资源研究提出的流域"自然-社会"二元水循环理论框架，用以探查古代水利与园林的保障关系、功用更替及兴衰用废，也是本研究的一个创新之处。研究在对二元水循环理论认知的基础上，以系统、科学的文献与实证相结合的方法论为指导，根据园林自身的属性和特点进行解析：（1）首先，肯定了我国古代园林理水中的师法自然、因循规律的指导思想，其取水、输水和排水，都反映了朴素的水文循环和水利工程原理；（2）其次，我国古代园林理水兼具多种功能，既支撑着人居环境的美化、精神、文化与日常生活，也维持着水的流动、交换等自然水体的动态平衡，并维护着自然水循环过程的健康，协助着生物栖息地的稳定；（3）再次，我国古代园林水利，也难以脱离自然-人工社会二元水循环的耦合关系，在许多历史阶段，如果人工系统的运作和管护不足，人工水循环无法维持，长此已久，园林荒废、池沼干涸，盛极一时的人工水系和园林水体必然会湮灭于沧海桑田之中，被自然的水文与生态过程所替代。

因此，与其他对于园林理水、园林水景的相关研究相比，本研究对"园林水利"概念的思考，关注于水元素在更广泛意义上的大地景观系统中的功能性，不仅包括充分利用水资源进行水景营造的城市景观系统中的功能，更触及古代园林水系在城市蓄水、排洪、灌溉、运输、防火、防御中发挥的功能。因此，从自然-人工二元水循环的关系切入，从而对中国古代园林理水的多层面、多角度展开剖析，是本研究的核心出发点。

1.3　研究综述

理水是中国古代园林造景的核心内容。园林理水实际是以水为主要造景元素和主要审美对象，结合其他造景手段以呈现水的文化、艺术和审美特色为目标，在多个方面对园林整体进行的营造活动，体现出具有中国传统园林特色的造景模式和水景营造理念及设计方法。大量研究证明，我国古代园林理水具有浓厚的中国文化特征和鲜明的共性。同时园林理水既关注园界内的具体理水技法，同时也关注园界外的城市水系与园林的关系。相关方面的研究集中见于风景园林、建筑历史以及历史地理等学科，总体来说研究主要包括园林理水手法、园林理水与城市水系关系、水利工程与园林景观的关系3个方面。

1.3.1　中国传统园林理水手法的研究

对园林理水的研究，古已有之。明代计成著《园冶》，全书关于理水的内容结合其他造园元素散见于全书各篇章，作者提出"水本无形，因器成之"，理水的关键在于池、岸等的处理，而不在于水本身。

中国古代园林理水的精髓源于中国山水画对水的描绘方式。在北宋郭熙所著的绘画理论名著《林泉高致》中提出"水，活物也，其形欲深静，欲柔滑，欲汪洋，欲回环，欲肥腻，欲喷薄，欲激射，欲多泉，欲远流，欲瀑布插天，欲溅扑入地，欲渔钓怡怡，欲草木欣欣，欲挟烟云而秀媚，欲照溪谷而光辉，此水之活体也"，"山以水为血脉，以草木为毛发，以烟云为神彩，故山得水而活，得草木而华，得烟云而秀媚。水以山为面，以亭榭为眉目，以渔钓为精神，故水得山而媚，得亭榭而明快，得渔钓而旷落，此山水之布置也。"论述了水景的景象特点和审美原则，概括了水与山、水与植物、水与建筑以及水与天象之间的组景模式。因此，在中国古代园林臻于定型的明代，文震亨著《长物志》一书中提出"石令人古，水令人远，园林水石，最不可无"，认为水石是园林造景的根本要素，对园林中多种水体如广池、小池、瀑布、天泉、地泉、流水、丹泉等营造进行了详细的论述。因此，古代绘画、文学及造园文献中已经积累了一些对中国自然式山水园林理水的范式，成为本研究基于当代风景园林学视角进一步仰读研究古代园林理水案例经典的基础。

现阶段中国古典园林理水研究主要包括中国古代名园研究和水景专类研究。前者对各名园的理水手法进行分析，后者专门介绍水景的类型、设计和建造手法。周维权先生的《中国古典园林史》，根据我国古代经济、政治、意识形态的发展与中国古典园林持续演进之间的平衡关系，将中国古典园林全部发展历史分为生成期、转折期、全盛期、成熟期、成熟后期五个时期，结合实例对每一时期的园林形态及营造方法进行了分析，对各类园林的理水情形都有描述。彭一刚先生的《中国古典园林分析》，运用建筑构图及近代空间理论的某些基本观点对传统庭园理水手法作了系统分析。刘敦桢先生在《苏州古典园林》中对苏州古典园林中自然水景的来源、布局方式、池面处理、池岸处理以及瀑布、溪流、泉水等造景特色进行了分析总结。杨鸿勋先生的《江南园林论》总结江南园林水景，有池塘、湖泊、溪流、江河、濠濮、泉水等类型。朱均珍先生的《园林理水艺术》和《园林水景设计的传承理念》，对中国水景艺术和设计理念也进行了较为深入的理论研究。

另外有大量关于园林理水方面的学术论文。总体来说，对我国古代园林理水的研究聚焦于理水手法和理水思想两个方面（表1-2）。理水手法方面，相关文献以形、声、色、动静、意境、艺术特色等方面进行分析与阐释。理水思想方面，研究集中在传统文化观、生态观等方面。有大量以明清时期皇家园林及现存江南私家园林为研究对象的文献，充分探讨了中国古代园林的理水艺术。比如章采烈先生（1991年）在《论中国园林的理水艺术》中分别分析了中国的自然园林、私家园林、皇家园林的理水艺术特点，总结出中国园林理水艺术的共性是：寻源、曲折、分隔、中心岛、曲岸设计、水口设计、大园依水、小园贴水，"虽由人作，宛自天开"。贾珺（2007年）总结了北京地区园林水景的类型分为水面分散型、水面环绕型、长河贯穿型、中心湖泊型四种；并从引水措施、防渗措施、水池形态三个方面阐述了北京私家园林理水的经营手法。郑曦，孙晓春（2009年）对《园冶》各篇中与"理水"有关的论述进行了系统的整理，从与水关联的日常生活和情感寄托、意境的追求、水体形态与结构布局和水与其他造园要素的因借关系4个层面对水景理法进行了总结。也有探讨历史时期不同地域园林理水手法的研究，鲍沁星（2012年）指出方池和直线形的池岸是两宋皇家园林理水的常见形式。陈晓媛，许大为（2013年）对汉代园林的理水技艺进行了总结，提出汉代园林理水

中国古代园林理水手法及思想总结　　　　　　　　　　　　　　　　　　　表1-2

理水手法	形	"水随器而成其形" 水源：引入活水最为理想，如果受限，通过水源与水尾"隐"与"藏"的处理来实现小中见大和水流无尽之意。 水尾：若需有无尽之意，则在分段处接通桥梁；水尾不能露出尽端的水岸线，需要对水尾处的水体分段，并在分段处通过架桥进行遮挡，增加水面空间层次，体现出水流蜿蜒无尽之意。 水岸：随曲合方。 水面："水曲因岸，水隔因堤"只有进行分隔，才能打破水面的单调，才能形成水景的多层次感； "大园宜依水，小园重贴水"，关键在于水位之高低；小水面宜聚，大水面宜散；理水的关键除了要得到合适的水源之外，全在于营造恰当的包容空间
	声	无锡寄畅园的八音涧、圆明园的夹镜鸣琴、避暑山庄的风泉清听、苏州拙政园听雨轩、"坐雨观泉"
	色	"画水不画水" 无锡寄畅园锦汇漪、苏州拙政园
	动静（类型）	静态：湖、池、泉、潭 动态：瀑、涧、溪、河
	意境	寄情于水、情景交融、藉水成景——水与其他造园要素的因借
	艺术特色	诗情画意、本于自然、高于自然
理水思想	传统文化观	儒释道文化
	传统生态观	传统风水理论

奠定了中国传统园林理水师法自然的基础，融不同形式于一身，注重整体之美。寇文瑞等（2015年）以城市宅院为对象，探讨了唐宋时水景宅院的造园艺术。周宏俊等（2017年）对明代常州名园止园的外部与内部水系及水景特征进行了分析，认为止园的理水之胜在于园林的相地。

也有研究专门探讨中国古代寺庙园林、书院园林等一些具有公共性质园林的理水意义及表现形式，如沈旸（2010年）分析了泮池的水景营造，总结其位置、平面形状、规模、砌筑材料、泮桥、用水特征。张帅（2016年）分析了儒家思想对中国古代书院理水的影响。浙江农林大学学位论文《江南传统公共园林理水艺术研究》（陈明明，2012）对富春江、杭州西湖、绍兴东湖等30余处现存典型江南传统公共园林水体进行实地调查及分析研究，归纳了点、线、面三种水体的理水手法。胡霜霜（2013年）在其学位论文《江南山地寺观园林中的理水研究》中，以杭州虎跑为例，提出意匠是虎跑理水的显性特征，艺术精神是隐性特征。北京林业大学陈云文的博士论文《中国风景园林传统水景理法研究》以风景名胜区和城市园林水景为对象，对我国风景园林传统水景理法的文化底蕴、哲学基础和设计手法进行了较为系统的专项研究，解构了水景成形、成境、成景、生意的理法机制，总结了水景的理法体系，即：疏源之去由，察水之来历；山不让土，水不择流；山水相映，动静交呈；因境选型，一型多式；随曲合方，得景随形；若为无尽，断处安桥；深柳疏芦，菰蒲水芳；水有三远，旷奥秀趣8个方面。

也有一些专门针对中西方园林理水文化差异的研究。比如刘雪芳（2007年）从水体形态、水体性格、水的地位作用三个方面对中西方传统园林中的理水手法做了比较，提出造成差异的原因之一是审美文化的不同。张薇（2007年）从东西方园林理水的具体营造和运用两方面分析比较了二者的不同，得出地理气候、审美文化、思维方式、追求意境、关注重点是造成相互差异的原因。罗彬，杨大禹（2010年）以水的自身特性为出发点，从对水的认识、理水方式、驳岸的处理分析比较东西方造园在哲学和美学上的不同。北京林业大学霍锐（2011年）在其硕士论文《中国传统自然式园林与西方传统规则式园林理水的比较研究》中梳理了中西传统园林理水的产生与发展历程，提出二者在思想上的差异主要表现为：我国园林理水崇尚自然、讲究含蓄、注重意境，后者崇尚科学、讲究张扬、注重形式；理水手法上的差异主要表现在来源去流、整体布局、空间组织、情趣倾向、形态类型、功能作用、雨水的收集与利用、水与其他景物的因借几个方面，而造成差异的主要原因是自然环境与思维方式的不同。

1.3.2 园林理水与城市水系之间关系的研究

古代园林理水研究在理水意匠和文化内涵方面已经积累了丰富的成果。相关研究进一步从城市水系全局出发，从"园内"拓展到"园外"，从区域、系统的角度研究城市园林理水，积累了许多成果。

分析不同时空背景下城市水系变迁与园林理水的关系，是当代风景园林学对古代园林理水进行研究的一个显著特点。这类研究重在探讨城市水系结构对园林水景的影响和作用，旨在为当代建设和谐的人水关系提供参考。王劲韬，薛飞（2013年）围绕元大都水系建设规划历史，阐述了元大都城市水系整治奠定了城市景观建设的整体格局及风貌。王劲（2018；2007）以明清江南园林作为研究主体，从水源选择的角度切入，认为园林的"相地"模式与水源选择很大程度上取决于区域水环境特征；全面解析明清苏州私家园林理水与城市水系的关系，并对园林理水的手法及所涉及到的工程技术问题进行深入阐述。李一帆，田国行（2018年）论述了隋唐洛阳丰富的城市水系为造园活动提供了优渥的条件，从而形成"家家流水，户户园林"的城市景观风貌。周晨，曹盼（2017年）从雨洪管理的视角梳理了北京玉泉水系"纵向连续、横向贯通、均匀分布、次第蓄排"的空间结构，认为园林理水的视野应扩大到全流域空间和景观格局。张晋（2016年）从整体性、雨洪、人性化3个方面对中国古典园林理水进行分析，认为中国古典园林理水深受山水比德思想的影响，没有受到单一的技术中心观或生态中心观的片面制约，因此是一种可持续的水设计策略。吴家洲，刘锡涛（2016年）结合史料，归结了隋唐洛阳的48处池沼，认为大量的池沼不仅可以为城市供水，且有漕运之利，同时具有游览观光功能。此类研究揭示了一个重要的研究趋势，即对于园林理水的研究应从更大的时空范围系统把握理水的整体特点和优秀经验。

目前，园林理水的研究内容已普遍扩展至城市理水层面，城市水系统与城市、区域发展之间的关系是理水研究在宏观层面的一个主要方向。相应的研究成果还有汪霞（2006年）基于景观系统的整体发展模式对城市理水方式的研究；寇文瑞（2016年）将园林水景观作为隋唐洛阳城市水系统的组成部分进行分析；毛华松认为，宋代不同城市形态的公共园林建设和风景体系都受到城市水利工程系统的深刻影响。此外还有很多以北京、南京、长安等古代都城水系建设为主体的研究，主要探讨我国古代城市理水的特点，将园林理水视为水在城市区域范围内的"自然–社会"循环中的某一连续过程的结果。众多研究的共同结论，皆在说明园林理水在城市水系中的综合效益，从而启迪和促进当代园林理水充分结合人居环境建设，在城市水系结构中发挥更广泛的功能和价值。

1.3.3　水利工程与园林景观关系的研究

在我国古代园林历史上，有许多著名的园林景观都是直接基于大型水利工程建设而成的，并在一定程度上延续了水利工程的生命，比如现存并继续发挥功效的都江堰、杭州西湖、颐和园等，以及多见于文献记载的西汉上林苑昆明池等。针对这些现象，一些学者在水利工程的认知基础之上，对水利工程与园林营造之间具有相互影响的案例进行了研究。

侯仁之先生（2000；2009）通过其重要著作《北京城市地理》《北京城的生命印记》，从城市选址、城市规划与建设、城市水利方面对北京城市水系变迁及其与城市发展的互动关系进行了深入论述。周维权先生（2008年）按照古典园林的历史发展分期，对各时期不同类型、不同权属关系的园林从造园背景、造园意匠、艺术特色、发展演变几个方面进行了全面的分析，对历史时期文献及实地可考的一些重要园林的理水手法有非常详实的论述，是本书的重要研究基础和参考资料来源。钟贞（2016年）以京西昆明湖、玉泉山水利建设为线索，围绕乾隆时期清漪园的建设，探讨了清代皇家园林与水利建设相结合的经验和做法。吴凡（2016年）概括了"借水成园"和"因园续水"两种情况，即，借用水利工程带来的水源营造园林或凭借水利设施营造园林；水利工程因园林的营造而拓展甚至替代其原有的水利功能，并且相应延续水利工程设施的生命。刘芳馨，赵纪军（2015年）以西汉昆明池、明清北京昆明湖、唐宋成都蓄水池塘、历城蓄泉池塘4个典型传统城市水利工程为例，总结了结合水利工程兴建园林的经验。梁仕然（2012年）论述了古代惠州西湖风景区的形成是基于西湖供水、蓄洪、兴农、军事防御等水利功能。可见，对古代水利工程结合园林营造的大量案例研究，体现了园林景观介入水利工程的必要性和可行性，进一步说明了园林在水的"自然-社会"循环系统中的重要性及价值。

综上所述，中国古典园林独特的体系成就了园林理水的独特风格，早期基于生产用途而产生的园林理水经历了不同时期的发展与进化，如今已成为人居环境科学领域的重要研究方向。北京林业大学赵鸣教授（2002年）在其博士后研究报告中对我国古代城市水资源的开发利用如何与人居环境的改善相结合进行了分析，提出很多古代名园的建设都是依托水资源开发，以重视生存环境的治理以及生态环境的改善为目标，其建园的初衷决非为了单纯的享乐或对诗情画意的追求和表达。这为我们提供了一个有益的启发：中国古代园林理水的研究，除了基于美学、哲学视角的研究之外，从城市及其周边地区的城市水利设施及水利系统进行综合性的研究，不仅有重要的学术价值，同时也有十分重要的实践价值。这也是本研究提出"园林水利"概念的初衷。

1.4 中国古代园林水利的基本功能

1.4.1 园林水利与城市供水

城市水系是一个综合系统，很大程度上改变了区域水资源的空间分布状态。城市供水是古代城市水利工程的基础性内容，以满足生活、生产、航运、灌溉、园林景观，以及消防用水等需求。基于城市供排水目的而修建的人工沟渠与天然河湖、池沼、井泉等共同构成城市水系，为古代城市园林水利的兴建提供了用水保障。

解决古代城市供水的重要措施有凿井取水、开渠引水、筑坝引水三种方式，此外还有人工水车送水的辅助措施[24]。凿井取水、开渠引水的方式是不同类型、不同尺度的城市园林水利工程所普遍采用的引水方式。

从供水工程的性质和目的来看，中国古代的大部分园林都是城市供水工程的直接产物或衍生产物。早在园林萌芽之初的商周秦汉时期，园林水利的实际供水功能是高于其休闲游憩功能的。经过两千余年的发展，直至清末，大型的园林水利建设仍以发挥城市供水功能为首要任务，与水利工程互相影响，互相发展。这一现象与不同时期的社会发展水平、工程技术水平是吻合的。对水资源的合理开发和利用，是园林水利建设的动力和依托；而园林水利工程，是营造和改善人居环境的有效手段。因此，基于城市供水功能的园林水利是人类生存与游憩需求并存的真实反映（表1-3）。

基于城市供水功能的古代园林水利实证列举　　　　　　　　　　　　　　　表1-3

园林名称	所属时代/园林发展分期	园林类型	园林水利建设理念	水源及引水方式	考古发现/现存遗址情况
长安未央宫沧池	西汉/生成期	皇家园林	宫苑日常供水、蓄水	昆明池水/开渠引水	沧池为一处人工湖遗迹，平面略呈曲尺形，面积39万m²；南北两岸存在进水口和进水道的可能性；池底有石块堆积物，池西岸有石子路，池岸全部用砖砌；所在基址范围为广阔的低地
南越国宫苑水景	西汉/生成期	皇家园林	宫苑日常供水、蓄水	/	宫苑遗址发现大型石构水池一角，池底有向南延伸的木制导水暗槽；水池南面发现长逾150m的石渠，其北端与大石池底部暗槽相接；石渠南北向延伸，再蜿蜒向西，最终与西边暗槽相接，而暗槽的去向正是1974年发现的秦汉遗址（造船或建筑）
洛阳陶光园九洲池	隋唐/全盛期	皇家园林	宫苑日常供水、蓄水	潋水/开渠引水	九洲池遗址总面积约55600m²；九洲池西北和东北各发现1个引水口，南面发现3个出水口；发现池内有小岛和亭台建筑
绛守居园池	隋唐/全盛期	衙署园林/公共园林	灌溉、蓄水	开渠引水/挖土成池，蓄水为沼	国家级重点文物保护单位
惠州西湖	宋/成熟期	公共园林	供水、蓄纳、灌溉、防护	自然湖泊/筑堤蓄水	国家级风景名胜区

1.4.2 园林水利与城市排水

《管子·乘马》中"高毋近旱而水用足，下毋近水而沟防省""地高则沟之，下则堤之"等反映了合理的城市规划思想及城市供排水设施建设原则。中国古代城市，特别是都会，都会建有完整的城市排水系统。

一般来说，城市建设之初，通过开渠引水的方式将城市附近作为水源的自然江湖河流之水引入城中，由此形成供水系统；另外开凿一条或数条专用于排泄自然河湖之水流经及维持城市日常运行而使用后的水，流向同一河流下游阶段或者低洼地段，由此形成排水系统。这是中国古代城市供水和排水系统设计的一般模式[25]。其中，城市排水系统主要由排水沟渠、排水河、护城河及城内河渠组成：（1）排水沟渠，主要分布于城市各居住区空间，包括宫苑区，按形式分类有地下、地上两类，由排水干渠联接通往不同功能分区的数条排水支渠，形成网状结构，用于将雨水、生活生产之使用产生的废水、污水排入城内河渠；（2）排水河：穿城而过的河流，或由城内往城外而建的沟渠，主要功能是将城内污废水排出城外；（3）护城河：绕城而建，形成城市的物理边界。早期城市护城河的功能以防御为主，之后其功能主要以雨洪排蓄、排水、园林观赏为主。因此，城市内外的河渠，是城市水系统的关键组成部分，由自然河流水系或人工沟渠水系组成，是城市内水体进行"自然-社会"循环的主要空间场所，以发挥供水和排水作用。

基于中国古代城市排水系统而形成的园林空间，多以滨河型公共园林的形式出现，影响着城市的景观空间形态。例如隋唐洛阳、北宋东京等城市。隋唐东都洛阳城跨河而建，洛水穿城而过，人类改造和利用水资源的能力大大提升，宫城西面引谷水，东面引入泄城渠和瀍水，环城水系作为护城河的防御体系加以利用。分布于城内外发达的自然河流及人工渠道，使城内具备了建设大量池沼园林的可能，并带动了漕运的发展和河道周边滨河景观的繁荣。洛河与漕渠是当时洛阳城内众多河流水道中以排水为主的重要河道。唐代洛河沿岸筑有横堤。在河道岸边开挖池塘，流量大时，河水会泻到河塘中，从而调节河水流量。这些河塘大多分布在城市外围用以削减外来洪水的冲击。《唐会要·桥梁》记载显庆五年（660年），修筑洛水"月堰"。月堰即为《河南志·京城门坊街隅古迹》所记载积善坊北部的月陂。《元和郡县图志》记载月陂为宇文恺主持修筑，其修建改变了洛水从西苑内向上阳宫东南流的走向，使其东北流，控制洛水曲转，型似偃月，所以称之月陂。池沼园林与河流渠道结合布局的方式，充分发挥了自然优势，有利于取水及排水。

相似的情景也曾出现于北宋东京城。东京城水系发达，包括3重城壕、4条穿城河道（汴河、蔡河、五丈河、金水河）、各街巷的沟渠以及城内外湖池，外城城壕护龙河。城内丰富的河渠水系，造就了东京繁荣的滨河景观。有宋以来，中央及地方政府都非常重视城市河岸的堤防绿化保护，如太祖建隆三年（962年）十月诏"缘汴河州县长吏，常以春首课民夹岸植榆柳，以固堤防。"因此，多元的城市滨水园林成为汴京城一大特色。此外，城市大街小巷有明渠暗沟等排水设施，另有凝祥、金明、琼林、玉津4处大型池沼型水景园林分别位于城市外围，在不同时节发挥排蓄功能。由此形成北宋东京城市排水系统河道密度大，排蓄容量大的主要特点。

1.4.3　园林水利与城市水运

以传统意义上具有明显实体围合边界的园林空间而言，其与城市水运之间并无直接的关联。若跳出传统园林边界就可发现，古代许多城市都拥有公共特性的滨水景观，其形成与发展就得益于发达的区域航运体系。

如元大都什刹海区域是因城市漕运而成的典型园林场所。自元朝起，西山诸泉通过人工渠道引至什刹海，将其作为京杭运河的终点码头，在交通区位优势和浓郁人文气息的双重作用下，使什刹海成为了以水域为核心的景观复合体。其中恭王府花园、昆贝子府花园等名园均为清代什刹海园林的组成内容，形成了城市公共园林与私家园林之间的嵌套型格局。

扬州地处平原，除蜀冈外并无自然山水，故其城市沿运河一带成为建设园林的首选地带[26]。因此，扬州园林不论是个体或是整体，其风格和内涵都源于大运河的直接影响。扬州园林特征的形成，是以京杭大运河作为载体的。运河的岸线、支流乃至运河疏浚、游览行为，直接影响与塑造了扬州园林的空间、建筑、叠山风格。现存大部分传统扬州园林，都是与运河互动产生的结果。扬州园林与运河之间的关系除了体现在选址上，也体现在各类宅园因运河而产生的多种造景处理方式。比如叠山、康山与梅花岭就是因运河疏浚产生的淤泥堆积而成的人工山体，其后便成为园林聚集之地。入清之后扬州成为"四方豪商大贾，鳞集麋至，侨寄户居者，不下数十万"的经济高度发达城市，在此期间所营造的所有园林，均带有大运河的"文化基因"。大运河不仅是扬州园林可资利用的外部景观条件，其本身也因园林建设的影响而成为具有景观特质的城市公共空间，形成了鲜明的观光游赏特征。可以说，传统扬州园林所具有的不同于江南私家园林的独特景观风格，其根本原因是大运河从风景资源和人文事件等方面对其所发挥的多重作用。由此，扬州园林所具有的园林水利功能及价值毋庸置疑。

1.4.4　园林水利与农业灌溉

中国古代有许多兼具农田水利和城市供水双重作用的水利工程，长期发挥着基础设施的作用，经过人为的经营和管理，往往会形成具有一定农业生产特质的"农业景观"。比如许多古代城市内外的水域，都可种植菱荷茭蒲，养殖鱼虾龟蟹。许多名园所在地，其实是在因农业、园圃灌溉水利工程而形成的"农业景观"的宏观背景下择址修建而成的。例如在曹魏邺城区域的园林，曹操修建的天井堰使得邺城区域形成了"澄流十二，同源异口，畜为屯云，泄为行雨。水澍粳稌，陆莳稷黍。

黝黝桑柘，油油麻纻。均田画畴，蓄庐错列。姜芋充茂，桃李荫翳"[27]的独特农业景观，于是在此基础上引漳水入城，修建玄武池、铜雀园等具有水利功能的皇家园林。

又如明代宁夏镇城的金波湖及宜秋楼。宜秋楼是位于金波湖畔的滨湖景观建筑，登楼可望秋收之景"禾黍尽实，东皋西畴，葱茏散漫，芄芄莛莛，极目无际。有民社寄者，值时年丰，置酒邀宾，睊禾黍之盈畴，金穗累累，异亩同颖[28]"。可见金波湖水与周边的农业灌溉用水之间是存在联系的。

1.4.5　园林水利与水质保育

水质保育一方面强调如何确保园林内部景观水体的水质水量，另一方面指通过园林水利建设发挥城市水体水质的保育作用。在古代，园林可以发挥水质保育功能的基本原理就是维护健康的水循环状态。

就园林内部景观水体的水质保育而言，常用的有引水、补水、生物净化、生态净化、径流阻断等方法。保证水量稳定及水质清洁的关键在于引用活水，凿渠引水、凿井取水、围泉入园等常见的引水方式，这些措施的目的是为了通活地表水或地下水，这也是《园冶·相地》中所总结的"卜筑贵从水面，立基先究源头。疏源之去由，察水之来历"。所以，梳理水系不仅对园林布局有至关重要的影响，同时也是保证和促进水体正常流通功能的关键。

园林水景形态的塑造，其实质可视为是一种创造和维护园林水体内循环系统的方法。蜿蜒曲折的岸线形式和动静结合的水体形态，为各类生物提供了栖息地，并形成生物多样性，看似诗情画意的背后，实则是一个个功能完整的小型生态系统。除了私家园林对岸线形式及水体形态的塑造从较小尺度上发挥了拦截和过滤地表径流的作用之外，古代大型皇家园林中因有意识地考虑雨水净化而设置的一些类似于今天所探讨的人工湿地等设施，也充分发挥了汇集雨水、保证水质的功能。如颐和园前山与昆明湖之间设置有葫芦河，对前山径流进行提前拦截。葫芦河的作用相当于昆明湖的预处理前池，让前山的暴雨径流先在此进行短时的蓄积沉淀，去除泥沙、树叶等杂质，避免直接排入昆明湖，增加湖体的淤积量[29]。另如避暑山庄，园中水体除了引园外武烈河及园内热河泉水，还承接了园内的山泉及山谷径流。梨树峪、松云峡的山麓区域布置有狭长型的水系，水系局部放宽营造半月湖，用以汇集西北区域的雨水径流。拓宽的水面起到降低径流流速的作用，澄清雨水携带的泥沙[1]。

自古就有"深柳疏芦，蔬蒲水芳"的说法，是古人关于园林水景植物造景的总结性描述，也是利用水生植物达到水体净化效果，实现生态治水的重要方法。此外，鱼、龟等水生动物的培养，也是保证水质的常见方法。明代徐光启所著《农政全书》中记载了当时的凿井技术和程序，对其中的关键环节"澄水"做了详细说明："作井底，用木为下，砖次之，石次之，铅为上。既作底，更加细石子厚一二尺，能令水清而味美。若井大者，于中置金鱼或鲫鱼数头，能令水味美，鱼食水虫及土垢故"[30]。又如，考古工作者在广州南越王御苑遗址的水池底部发现大量龟鳖残骸，并在连接水池的石渠中发现三处用于龟鳖登岸的斜面出入口，可见当时御苑中有大量动植物，尤其是龟鳖[31]。这是利用生态系统食物链原理达到稳定水体生物群落结构关系从而改善水质，保持健康的水体内循环的做法[32]（表1-4）。

中国古代园林水景水质保育机制[32-34]　　　　　　　　　　　　　　　　表1-4

园林水景水质保持途径	方法	措施
外循环	引水、补水	梳理水系：疏源之去由，察水之来历 寻找水源：地表水、地下水
	径流阻断、径流下渗、径流蓄留	岸型、岸线处理 场地竖向设计 植物空间营造
内循环	水形态塑造	水面开合有度 水体动静、缓慢结合
	水生植物净化、生物操控	植物配置 水生生物放养 驳岸及池底材料的选用

　　特别值得一提的是考古工作者于浙江永嘉溪口村李氏民居中发现的净水池。该净水池为明代晚期构筑，是目前我国发现最早的水处理净化工程，对于古代园林水景水质处理工艺具有一定的代表性。水池四壁均用大块鹅卵石垒砌而成，石头间缝隙用黄泥与蛎灰拌合而成的金灰泥填抹，全池分为5个大小不一的小水池，各自之间互不相通，池壁间无流水孔或预埋管道，各水池间流水通过溢流方式输送。在水池的东壁墙基处有一个进水口和一个出水口。进水口用圆形陶管将水从墙外引入墙内，出水口下半部用弧面陶结构铺设，两侧及顶部用石块构筑，废水从此口流向墙外。从各池结构和铺筑材料看，5个水池应为一套水处理净化系统。各池之间的水是通过溢流方式传输的，即从1号池流入2号池，2号池流入3号池，依次溢流，直至5号池（如图1-3所示）。总进水口与总出水口之间存在10cm高差，5个水池按溢流顺序分配高差，每池间的高差为2～2.5cm。每个水池有各自的功能，1号池底呈斜坡状，池底尚存20cm厚的黄沙，此池可能用于沉淀水中杂物。池底做成斜坡是便于清池。2号池从池内结构和有木炭分析，应与净化水质有关，1号池水经过初步沉淀流到2号池后，再用木炭净化水中杂质。3号池池底平坦，面积最大，储水最多，可能用于水的再次沉淀，同时提供生活及其他用水。4号池池底铺设讲究，均铺设大砖和小砖，池底呈圆底状，平滑干净。水源经1号、2号和3号池沉淀净化后，流到4号池的水已经比较洁净，推测此池的水用于饮用，因此池

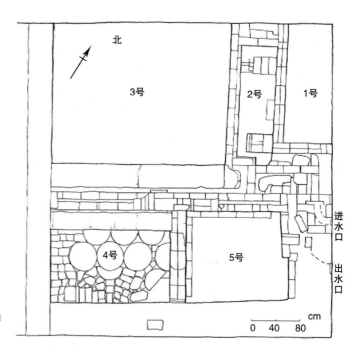

北

3号

2号 1号

4号 5号

进水口

出水口

cm
0 40 80

※图1-3　永嘉溪口村李
氏民居净水池平面图[35]

底铺设讲究。5号池西壁顶部的青砖平面上留有较大面积的经长期摩擦而形成的凹面，从这一现象结合5号池的位置分析，此水池的水很可能用于洗涤。考虑到在该池中洗涤，污物易沉淀，故在水池底部设置了一个排水孔，以便污水从池底直接排放[35]。此净水池的工艺若运用于园林水景水质处理也完全是有可能的，其原理即通过溢流方式对引入的水体进行层层输送，各水池因各自的功能而确定在整个系统中的位置，以及池底、池壁所选用的材料。古代园林中的水体往往呈现不规则形态，并且动静相间，从表现形式上来看，采用以上方式进行景观水质的净化处理是可行的。

古代园林水利对于城市水体的健康循环在多数时候是能发挥正面效应的。这与园林水体在城市供排水体系中所具有的排蓄、滞纳功能是相辅相成的。比如济南古城大明湖与其他小型园林水体之间共同形成调蓄系统，大明湖作为最大的调蓄设施，承接来自城市其他方向的排水及充溢的泉水。在排入大明湖之前，会在小型的滞纳水体中进行过滤、澄净，之后通过各明、暗渠道排入大明湖，再由大明湖排入小清河。园林贯穿这一过程的始终，以人工的方式联络城市水循环的各个环节或阶段，遵循水的自然循环规律，发挥了水系的衔接、过渡和过滤、净化作用。

古代都城是中国各历史时期人居环境建设思想的集中体现和优秀成果，蕴含了古代中国人居环境系统工程建设认识论与方法论的最高水平。作为人类文明和自然互动关系的最直接体现，都城具有理想栖居环境的重要意义，是一个时代建造文化的见证。造园活动是古代城市聚落人居环境建设的重要内容之一，根据文献记载，至少从两汉都城皇家园林的营建[36]至清代扬州地区沿运河一线园林的营建[26]，都具有相当明确的社会调控功能。可以说，园林是古代城市人居环境系统工程的支撑点[37]。而都城园林的营建，一般更是集结了大量人力物力资源，不仅数量众多、类型多样，具有时代和地域代表性，并且有大量的文献记载和历史遗存，比如有专门论述唐代都城建设的《唐两京城坊考》；有针对古都洛阳的《洛阳伽蓝记》《洛阳名园记》；有关于北京历史时期城市建设及园林景观营建的专著《日下旧闻考》《帝京景物略》；也有关于江南私家园林的《吴兴园林记》等。

根据吴佳雨、潘欢（2016年）研究表明，中国现存的历史园林遗产多数分布于历史时期的都城或区域中心性城市。其中，48处皇家园林集中分布在北京市、京杭大运河沿线，而私家园林则主要分布于北京及太湖流域的江南地区[39]。此外，西安、洛阳地区出土了大量汉唐园林遗址遗迹，比如汉长安未央宫沧池、上林苑昆明池、唐长安曲江池、洛阳上阳宫等。

因此，本书选择历代都城园林水利作为研究对象，主要是基于其文献和遗存资源丰富，能代表和体现一定时期和区域内园林水利建设的总体特点，可以为后面章节其他案例的研究奠定宏观的时空背景，进而提供坚实的研究基础和总体思路。

2.1 先秦至秦汉都城园林水利

2.1.1 先秦

商周秦汉时期是中国古代园林的生成期。限于当时对自然世界的认知能力，对园林建造的实践活动也是相对粗放的，其最初的源头"囿""台""园圃"3类具备园林性质的场所或构筑物，以生产、栽培、圈养、观天、通神为主要功能，园林的游赏功能尚在其次。根据文献记载，商周时代的皇家园林当中已经出现了为便于禽兽生息活动、果蔬灌溉、鱼类饲养功能而人工开挖的水池与沟渠，以供皇室贵族日常生活消费所需。

周文王时期所建的"灵台、灵沼、灵囿"是园林生成期的代表，根据《诗经·大雅》的描绘："经始灵台，经之营之；庶民攻之，不日成之。经始勿亟，庶民子来；王在灵囿，麀鹿攸伏。麀鹿濯濯，白鸟翯翯；王在灵沼，于牣鱼跃"，可见，"灵台、灵沼、灵囿"，是在一定地段范围内，对天然山水地貌经过人工改造利用而形成的场所。灵沼是人工开挖的水池，筑造灵台的土方就是开挖灵沼得来的土方。据《新序》中记载："周文王作灵台，及于池沼……泽及枯骨。"生成期园林理水采用的主要手法，即人工开挖的水池结合人工构筑的土台，从而形成"灵沼"，已具备比较鲜明的观赏功能。但值得注意地是，通过"庶民攻之"、"庶民子来"的描述可以想见，周文王建造"灵台、灵沼、灵囿"过程本身有凝聚民心，维护稳定统治的作用。虽然是否具备水利功能尚无从考证，但一定具有相应社会功能。

春秋战国时期，园林的生产及通神功能得以延续。"台"与"园囿"结合的园林形式继续存在，其游憩观赏功能已经日渐重要，王公贵族非常重视在城郊风景优美的地段修建宫室园林，尽可能地使用天然风景资源。这一时期最具代表性的实例是楚国的章华台和吴国的姑苏台。

章华台的选址位于云梦泽北沿的荆江三角洲，这里是丘陵地带，湖泊众多，水网密布。《水经注·沔（miǎn）水》中记载："水东入离湖……湖侧有章华台。"园中开挖水池东湖，从汉水引水注入湖内，湖边建有章华台，临水而成景。《国语·吴语》："昔楚灵王……乃筑台于章华之上，阙为石郭，陂汉以象帝舜。"韦昭注："阙，穿也。陂，壅也。舜葬九嶷，其山体水旋其丘下，故壅汉水使旋石郭以象之"。周维权先生在《中国古典园林史》中推断台的三面为人工开凿的水池环绕，水池的水源于汉水，同时提供水运交通之便。因此，章华台是目前文献可考的首例人工开凿大型水体工程的园林。

姑苏台建于姑苏山上，居高临下，太湖美景尽收眼底。《述异记》中有一段文字描述："夫差作天池，池中造青龙舟，舟中盛陈妓乐，日与西施为水嬉。"可见山间有人工开挖的水池即天池，一方面具有蓄水功能，为宫廷提供日常用水，相当于山上的蓄水库，另一方面又是水上游玩的好地方[1]。

综上，章华台和姑苏台是后世历代园林水利的滥觞，开创了园林因水成景的手法先河，以及通过园林营造而达成与水运及蓄水、供水功能相结合的先例。

2.1.2　西汉长安

2.1.2.1　西汉长安周边自然环境及城市营建概况

西汉长安城地处关中平原中部的渭南河岸，南倚秦岭山脉。总体地势南高北低，西高东低，但在南部的台塬地带，地势却是由东向西和由南向北呈阶梯状下降，这种地形条件决定了汉长安城及其周边地区的河流水系、水利设施的方位和走向[42]。西汉长安城地区河流密布，素有"八水绕长安"的美称。西汉司马相如所作《上林赋》中有"终始灞、浐，出入泾、渭、沣、滈、潦、潏，纡余委蛇，经营其内，荡荡乎八川分流，相背异态"的描述[40]。所谓的"八水"（图2-1），指的是流经西汉长安城附近的泾、渭、浐、灞、沣、潏（读yù，潏水在汉时称为

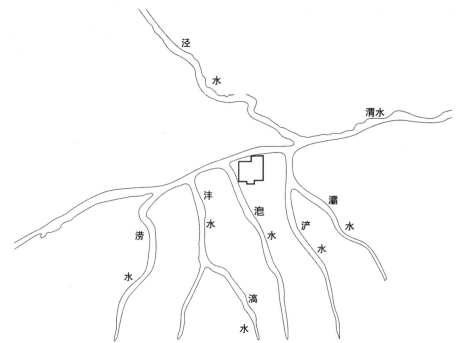

泡（bì）水，隋唐时称潏水）、涝、滈八条自然河流。丰富的流量为西汉长安城的
存在及发展提供水资源保障（图2-1）。

西汉长安本是秦代都城咸阳郊区的一个乡聚，位于西周丰、镐二京故址的东
北方，咸阳之南的微偏东侧，与位于咸阳二道塬上的秦咸阳宫隔渭河相望。早在
秦代，咸阳城的范围就已经向渭南扩展。由于咸阳城背靠咸阳原，南邻渭河，缺
乏进一步发展的空间，并且面临渭水泛滥的威胁，因此从战国晚期开始，秦国在
渭水南岸兴建了一批宫殿，见于记载的有兴乐宫、章宫、甘泉宫、宗庙、社稷、
上林苑等。公元前200年，西汉王朝建都长安。汉高祖五年（公元前202年），开
始在秦代离宫兴乐宫的旧址上修建长乐宫，后又在其东侧修建未央宫。汉惠帝时
修筑城墙。汉武帝时期（公元前157～公元前87年），西汉长安城的建设进入高潮
阶段，这一时期的建设活动包括扩建旧宫、建设新宫、扩建上林苑、修筑桥梁、
渠道等设施，新修工程主要是建章宫、桂宫和明光宫等[42]。

2.1.2.2 西汉时期长安区域及城市水利工程

潏水是西汉长安城首先利用的水源。西汉初年，在周秦原有地上水系统"以
沣、滈二水为主要水源，以滈池为主要蓄水水库"的基础上，开发潏水，使之成
为汉长安城的主要水源。随着都城建设，潏水水源不能再满足城市用水的要求。
汉武帝时期，在城西南开凿昆明池，引洨水入城。洨水发源于秦岭北麓，汇集樊
水、杜水等水流，水量充沛但水流湍急。在长安城西南开凿昆明池，可以涵蓄洨
水的水源并调节流速，保证干旱时期长安的城市用水。西汉初年，潏水沿汉长

安城西城墙由南向北汇入渭水，在章城门分一支流引入城中，流入未央宫的沧池和长乐宫的酒池、鱼池，被称为明渠。明渠由西南向东北流至清明门附近出城，分为二水，一排泄为王渠水源，沿城而北注于渭，一东流与漕渠合，补充漕渠水源。潏水的主流自章门外仍沿城北流，经建章宫凤阙东，又分出一条支流，沿西城墙平行向北流，至城西北角折向东北，绕城北而行，供应西城、北城附近主要居民区用水[43]。这条支流又分为两小支，一汇为藕池，一东注于渭。而潏水主流则折入建章宫内，汇为太液池；出太液池后，又经渐台以东，北流入于渭水。还有一项重要的引水工程是飞渠。《水经注》说潏河支渠"于章门西飞渠引水入城"。由于章门外地势低洼，于是架飞渠引水，使潏河支渠得以跨越低洼之地架空进入长安城[44]。

汉武帝时期开凿的昆明池以洨水为水源，昆明池通过两条渠道向下游供水。北出的一支叫昆明池水，下游又结为㳚水陂，是又一级调节水库，既可加大蓄水量，又可直接控制向长安城各用水部门分配用水。㳚水陂下流又与潏水合，后分为两支：一支北流入建章宫太液池，其尾水排入渭水；另一支东北流，水入城后入未央宫沧池，再后流出城注漕渠。昆明池向东出的一条水道叫昆明故渠，也叫漕渠，用于运送粮食及其他物资，是长安城的供给生命线，取渭水为水源，昆明池向漕渠供水是一种辅助补水措施[23]。

2.1.2.3　西汉长安园林水利

1. 宫苑园林——长乐宫、未央宫

长乐宫原是秦代的兴乐宫，位于长安城东南角，有"东宫"之称。长乐宫布局严整，中轴线上的主要宫殿有前殿、临华殿和大厦殿。宫内有鱼池、酒池和台，是一组虽对称布局但相对自由的建筑群落和园林区。未央宫位于长安城西南隅，有"西宫"之称。据《长安志》载："台、殿四十三所，其三十二在外，其十一在后宫。池十三，山六，池一，山二亦在后宫。门阁凡九十五"。由城外引来昆明池水，穿西城墙注入沧池，再经石渠导引，分别穿过后宫和外宫，汇入长安城内王渠，构成一个完整的水系。石渠是宫内的主要水道，沿渠建置石渠阁和清凉殿[45]。

"昆明池—沧池—后宫/外宫—王渠"这一以昆明池为中心的城市水利系统是蓄、供、排结合，同时兼具园林景观功能的综合利用系统。首先，位于城外的昆明池既是汉长安城水利系统的中心，也是上林苑中规模最大的水体（图2-2）；位于宫城内的沧池，是未央宫最大的园林水体，也是长安城中的一个大型蓄水池，其水源来自昆明池，用于供应城内日常用水。其次，昆明池在城外的一级调节水库㳚水陂下流与洨水汇合之后，其中一支"飞渠引水入城"，沧池的存在，即是为了提高水位，满足城内用水高程，以保证水的正常流动。可见"**置酒未央宫渐台，大纵欢乐**"[46]，观赏游憩功能之外，沧池更主要的功能在于

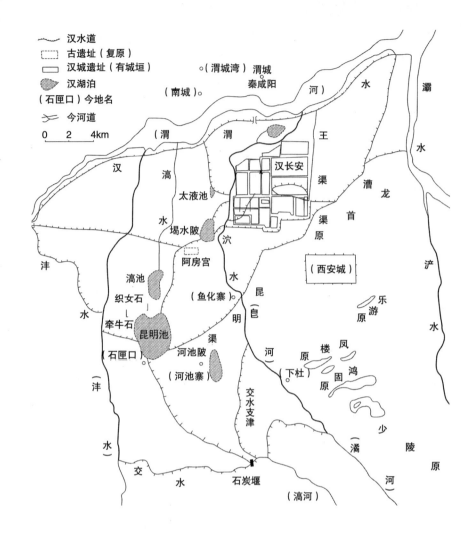

图例：
- 汉水道
- 古遗址（复原）
- 汉城遗址（有城垣）
- 汉湖泊
- （石匣口）今地名
- 今河道

0 2 4km

※图2-2 昆明池及其上下游环境[49]

储蓄和调节未央宫及长乐宫两大建筑群的用水[47]。考古工作者在今未央宫前殿遗址西南处发现了一大片洼地，已被证明是沧池所在的遗址范围，这与文献记载的"飞渠引水入城，东为沧池，池在未央宫西"[48]的位置吻合，还有待进一步确定其水利功能。

2. 离宫别苑——上林苑

上林苑是我国早期皇家园林的代表，规模庞大，占地面积广阔，苑内除了有众多自然河流之外，还有天然湖泊数十处（表2-1）。穿凿池沼有水源可引，并利用挖湖的土方在其旁或其中堆筑高台。上林苑巨大的园林水体，直接构成都城的主要供水体系，其中包括补给漕渠用水，以保障畿辅农桑的灌溉和大量外地物资输入长安的漕运交通[45]。昆明池是蓄水工程结合园林造景之开端，以昆明池作为主要水库的上林苑水系将城市供水与园林水系一体化，这项开创性的举动深刻影响了之后中国历代都城的城市建设。

池沼名称	园林理水特色及园林水利功能
昆明池	《三辅黄图》："汉昆明池，武帝元狩三年穿，在长安西南，周回四十里。""周以金堤，树以柳杞。豫章珍馆，揭焉中峙"
镐池	《三辅黄图》："镐池在昆明池之北，即周之故都也。"《庙记》曰："长安城西有镐池，在昆明池北，周匝二十二里，溉地三十二项。"昆明池、镐池、彪池是呈南北分布的三个水池。镐池在昆明池之北，彪池在镐池之北，镐池之水承自昆明池而流入彪池，最后，彪池之水流入镐水
太液池	《三辅黄图》太液池在长安故城西，建章宫北，未央宫西南。太液者，言其津润所及广也。《关辅记》云"建章宫北有池，以象北海，刻石为鲸鱼，长三丈。"《汉书》曰："建章宫北治大池，名曰太液池，中起三山，以象瀛洲、蓬莱、方丈，刻金石为鱼龙、奇禽、异兽之属"
唐中池	《三辅黄图》："周回十二里，在建章宫太液池之南。"又据《西都赋》云："前唐中而后太液，览沧海之汤汤。"《西京赋》云："前开唐中，弥望广像"
琳池	《三辅黄图》：昭帝始元《拾遗记》作"淋池"，广千步，池南起桂台以望远，东引太液之水。池中植分枝荷，一茎四叶，状如骈盖，日照则叶低荫根茎：若葵之卫足，名曰低光荷。实如玄珠，可以饰佩，花叶虽萎，芬馥之气彻十余里，食之令人口气常香，益脉治病，宫人贵之，每游燕出入，必皆含嚼，或剪以为衣。或折以障日，以为戏弄
灵沼	《三秦记》曰："昆明池中有灵沼，名神池，云尧时治水，尝停船于此地
十池	《三辅黄图》："上林苑有初池、糜池、牛首池、蒯池、积草池、东陂池、西陂池、当路池、犬台池、郎池"
影娥池	《三辅黄图》："武帝凿池以玩月，其旁起望鹊台以眺月，影入池中，使宫人乘舟弄丹影，名影娥池，亦曰眺蟾台"

3. 私家园林

西汉初年，私家园林并不多见。汉武帝以后，私家园林营建逐渐增加，集中于权臣与富商宅园，其中尤以建置在城市及近郊的居多^[45]。当时的私家园林建设，多摹拟皇家园林而建，园林占地规模大，奇珍异树、珍禽异兽比比皆是，宫室林立，多有假山及人工水体。以昆明池园林水系的建设为蓝本，私家园林的引水方式以通过沟渠引用天然河湖之水最为常见^[50]。根据多地出土的汉画像可见，水体是园林中的主要景观元素，水体形态以大型水面见多，能够承载舟船行走其间。通过规模、引水方式及形态特点可以想象，当时的私家园林水利工程普遍具有蓄水、供水功能。就西汉长安城地区来说，各私家园林中大小不同的水体，作为昆明池、沧池等的补充设施，有共同加强城市水利供蓄功能的作用（表2-2）。

西汉长安私家园林文献案例 表2-2

园林名称	相关记载	水源	园林理水特色
曲阳侯王根第宅园林	《汉书·元后传》："……大治室第，第中起土山，立两市，殿上赤墀（chí），户青琐。"	/	/
成都侯王商第宅园林	《汉书·元后传》："注第中大陂以行船，立羽盖，张周帷，辑濯越歌。"	引入长安城内沣水（王渠）之水	园林内有大池，池水源自长安城王渠。"穿城引水""决引沣水"
袁广汉园	《西京杂记》："于北邙山下筑园，东西四里，南北五里，激流水注其内……积沙为洲屿，激水为波潮。其中置江鸥海鹤，孕雏产毂，延漫林池。"	/	人工开凿的大型水体

2.1.3　东汉洛阳

2.1.3.1　东汉洛阳周边自然环境及城市营建概况

《尚书·召诰》云："王来绍上帝，自服于土中。"对于古代帝王来说，居于"国土之中"的地理位置既易掌控四方，又能被四方所守护，是使国运长久的有利位置。东汉都于洛阳，也是基于这一原因。正如班固在《白虎通·京师》中所述："均教道，平往来，使善易以闻，为恶易以闻。"东汉时期洛阳的地理位置正如张衡在《东京赋》中道："区宇乂宁，思和求中"，"审曲面势，泝洛背河，左伊右瀍。西阻九阿，东门于旋。"

东汉洛阳城是在周成王时期的洛邑基础上增修而成。班固《东都赋》描写到："增周旧，修洛邑，翩翩巍巍，显显翼翼"，与规模更大的西汉长安相比，东汉洛阳更注重城市的实用功能。城址在洛水之北一块略微倾斜的平地上，从地形上看，从邙山至洛河自北向南地势逐渐降低，有利于取水和排水。

2.1.3.2　东汉洛阳区域及城市水利工程

"引谷入城"及"堰洛通漕"是东汉洛阳城地区的两大水利工程。东汉建武五年（29年），河南尹王梁"穿渠引谷水注洛阳城下，东泻巩川"，也就是引谷水向东，经过洛阳城下，再向东至今天巩义市附近注入洛水。但是由于水源和坡降问题，这次开凿并没有成功，"及渠成而水不流"。

建武二十四年（48年），大司空张纯主持开凿阳渠，"上穿阳渠，引洛水为漕，百姓得其利。"[51]《水经注》中也记载到"张纯堰洛水以通漕，洛中公私穰赡，是渠今引穀水，盖纯之创也"。即由洛阳城西南开了一条渠道，引洛水入此渠，以增加城南渠道中的水流量，渠水流至偃师县，再归入洛水（图2-3）。

阳渠的开凿成为东汉洛阳主要的供水渠道和漕运道路，使洛水上下游的物资得以方便运送，供给东汉洛阳城中百姓生活需要和宫苑用水（图2-4）。

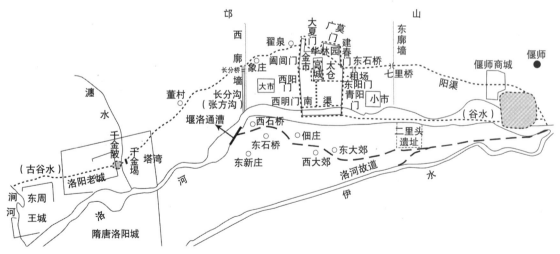

※图2-3　引谷渠道行经线路示意图[52]

图片来源：庆祝苏秉琦先生考古十五年论文集. 北京：文物出版社，1989年.

　　　　　　　　　　中国古代园林水利

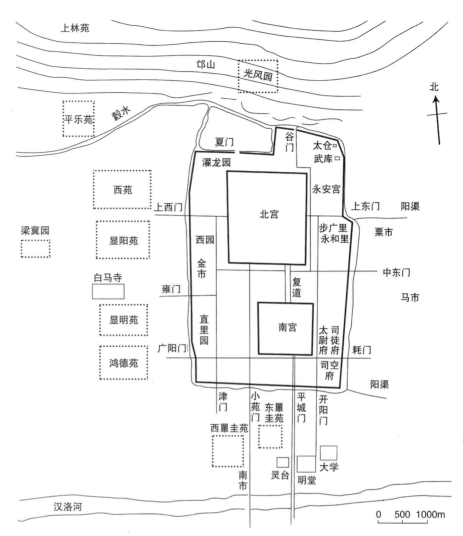

※图2-4　东汉洛阳平面布局示意图[53]

2.1.3.3　东汉洛阳园林水利

东汉洛阳城将阳渠水引入城内，加之城周围本身水源丰富，大量皇家园林和私家园林便应运而生（图2-4）。"外则因原野以作苑，顺流泉而为沼"。[54]洛阳城内有永安宫、濯龙园、西园、南园（直里园）等宫苑。近郊一带见于文献记载的有罼圭苑、灵琨苑、平乐苑、上林苑、广成苑、风光园、鸿池、西苑、显阳苑、鸿德苑[1]（图2-5）（表2-3）。

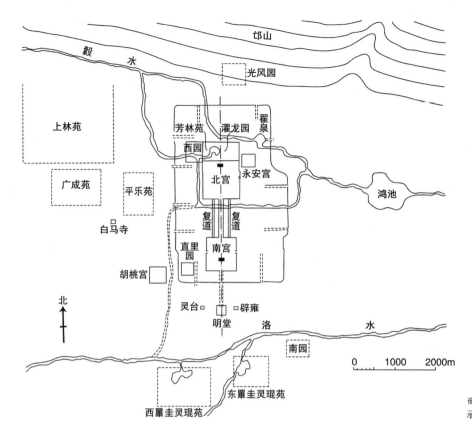

※图2-5 东汉洛阳主要宫苑分布示意图[55]

东汉洛阳皇家园林水利文献案例概况[1]

表2-3

园林	园林理水特色与园林水利功能
濯龙园	濯龙望如海，河桥渡似雷，濯龙芳林，九谷八溪。芙蓉覆水，秋兰被涯。渚戏跃鱼，渊游龟蟳。永安离宫，脩竹冬青。阴池幽流，玄泉洌清。鹤鸿秋栖，鸧鸹春鸣。睢鸠丽黄，关关嘤嘤
西园	在北宫西，园内堆筑假山，水渠周流澄澈，可行舟。引渠水以绕石砌，周流澄澈……渠中植莲，大如盖，长一丈，南国所献……煮以为汤，宫人以之浴浣毕，使以余汁入渠，名曰"流香渠"
墨圭苑 灵琨苑	墨圭、灵琨苑皆在南城外南郊洛水南岸。前者位于开阳门外，周围1500步，苑中有鱼梁台
鸿池	在东郊穀水之滨，以天然水景著称，池畔筑土为"渐台"。鸿池是调节水量的蓄水库。张衡《东京赋》云："洪池清籞，渌水澹澹"
鸿德苑	在洛水之滨，"六月，洛水溢，坏鸿德苑……延熹元年春三月己酉，初置鸿德苑令"
平乐苑	上西门外，御道之南有融觉寺，寺西一里许有大觉寺。又西三里，渠北有平乐苑，亦称平乐观。西北有上林苑。又西七里为晋所建之长分桥，谷水注于城下
广成苑	兼有狩猎、生产基地性质的园林
上林苑	兼有狩猎、生产基地性质的园林

东汉中期，洛阳社会奢靡成风，官场腐败。豪门贵族仿造皇家园林竞相营建宅第园池互相攀比。洛阳的私家园林规模虽小，但多建于地势、风景等自然条件

优越之处，广植名花佳木，且筑有楼台亭榭，并刻意堆山筑池，为我国私家园林水利建设繁荣时期的到来拉开了序幕（表2-4）。

东汉洛阳私家园林水利文献案例概况

表2-4

园林名称	位置	园林理水特色	相关文献描述
梁冀别第	洛阳城西，西门与雍门之间往西3~4里处	土山、水池	成玉宁.中国早期造园的研究[D].东南大学博士论文，1993
梁冀之妻孙寿"大第舍"	洛阳城西，西门与雍门之间往西3~4里处，与梁冀宅对立	"鱼池钓台""飞梁石磴"为此私家园林的水景构筑物	《后汉书》卷三十四《梁统列传》："翼乃大起第舍，而寿亦对街为宅，殚极土木，互相夸竞。堂寝皆有阴阳奥室，连房洞户。柱壁雕镂，加以铜漆，窗牖（yǒu）皆有绮疏青琐，图以云气仙灵。台阁周通，更相临望；飞梁石磴，陵跨水道。金玉珠玑，异方珍怪，充积藏室。远致汗血名马"
梁冀"林苑"	又多规苑围，西到弘农，东到荥阳，南及鲁阳，北径河渠	包括山林沼泽	《后汉纪》卷二十《孝质皇帝纪》
梁冀菟园	洛阳城西数十里地的范围内	/	《后汉纪》卷二十《孝质皇帝纪》："缭绕数十里，大兴楼观"
王圣第舍	皇宫津城门内	花园池塘	《后汉书》卷五十四《杨震列传》："伏见诏书为阿母兴起津城门内第舍，合两为一，连里竟街，雕修缮饰，穷极巧伎。今盛夏土王，而攻山采石，其大匠左校别部将作合数十处，转相迫促，为费巨亿"
朱瑀宅第	/	鱼池	《后汉书》卷七十八《曹节传》："父子兄弟被蒙尊荣，素所亲厚布在州郡，或登九列，或据三司。不惟禄重位尊之责，而苟营私门，多蓄财货，缮修第舍，连里竟巷。盗取御水以作鱼钓，车马服玩拟于天家"

东汉时期洛阳私家园林的构筑以山水和建筑为主。现已出土的汉代画像中，建筑和植物都与水有着密切的关系[50]。修建鱼池是私家园林水利的特征之一。这一时期，由于园林的观赏游憩价值逐渐得以提升，因此园林水利技术也日趋复杂，梁冀之妻孙寿宅第中的水景小品"飞梁石磴"可作为例证。此外，通过各类汉画像所反映的内容可以发现：庭院中水体形态很灵活；庭院中常有方形水池、自然形水池，多放养游鱼、植荷花；除了储存生活所需之水，其造景功能相当明显。

综合西汉与东汉时期园林水利研究可见，中国古代园林水利技术在汉代已经得到重大发展，不论是水面辽阔的皇家池苑，还是一泓池水的私家宅园，园林所用水源多来自自然水系。汉代园林采用石质小品、蓄养禽鸟龟鱼、种植荷花等水生植物、水边建筑楼阁，已成为园林理水的重要特色，并且园林水体已逐渐具备集观赏与实用为一体的多功能复合体。

2.1.4 小结

两汉时期，大量兴修的水利工程取得了巨大成就，为社会经济的发展创造了基础条件。造园活动的兴盛得益于不断进步的水利工程技术，在园林水系的营造和具体的理水手法方面都有了更多的艺术加工和表现。西汉长安皇家园林水利建设体现了城市供水系统与园林水系一体化建设的显著特点。不筑外郭城，大力发展城郊地区，城区建设以宫城为重心的建设思想，使城市内外园林融合成多功能体系。水利工程可作为园林，园林亦可作为水利工程，水利工程为园林提供充足稳定的水量，园林的良好运行也是城市水利功能正常的直接表现。把园林用水与城市供水结合起来考虑，是西汉长安为后世历代都城城市规划建设所做的一项开创性成就。与西汉园林不同的是，东汉洛阳园林的营造更趋于精致，水景的营造重心偏重于城内。引用天然河水作为园林建设的水源，并借此修建大量台观、亭楼、舟桥等园林景观[56]，是东汉园林水利建设的鲜明特点。除此之外，围绕主体水景辅以溪流、瀑布、喷泉等水景是东汉洛阳皇家园林理水的主要手法，园林内会建有排水渠道，以满足水体的正常流动及循环。

两汉园林水利大规模营建的主要原因有两点。首先，西汉长安地区和东汉洛阳地区地表水资源丰富，为园林水利的发展提供了自然基础。其次，两汉时期，中国水利事业发达，中央政权修建了许多大型水利工程，以发展农业生产和防止水灾，为园林水利工程的开发建设创造了必备条件。从这一时期开始，园林水利越来越多地介入城市水循环体系中，成为当时利用和管理水资源的一种有效途径。

2.2 魏晋南北朝都城园林水利

2.2.1 北方邺城

2.2.1.1 邺城周边自然环境

邺城地处今河北省南端临漳县境内，坐落在太行山东麓的山前冲积洪积扇区，西部为太行山系，东部为广阔的华北平原。邺城所在地区西高东低，以今漳河流经的路径来看：其南岸地区西北高，东南低，北岸地区则西南高，东北低，整个邺城遗址完全处于该区域的最高点。选择河流沿岸的高地修建城池既可以使取水便利，又可以有效防止洪涝灾害[57]，其选址符合"凡立国都，非于大山之下，必于广川之上，高勿近阜而水用足，低勿近水而沟防省"的理念。邺城周边河流众多，除黄河故道、滏水、污水、谷水、漳水外，邺都附近还有洺河、洹水、荡水、淇水、滹沱河等。曹魏政权利用华北平原上的自然河道，通过开挖人工渠道白沟、平虏渠、利漕渠将黄河、淇水、窳水、滹沱河等河流沟通联系起来，共同构成了邺城及其周围的水环境，以漳水与洹水对邺城的选址及布局影响最为深远。

2.2.1.2 邺城区域及城市水利工程

如前文所述，曹魏邺城的区域水利开发从用水功能上大致可以分为城市供水、区域生产灌溉、城市交通航运等三种类型。城市供水主要依靠长明沟，区域生产灌溉依靠天井堰，城市交通航运则依靠白沟运河水系[58]。

1. 邺城区域水利概况

邺城始建于春秋时，为战国时魏国重镇。邺城由北、南两座相连的城组成，可以分称为邺北城和邺南城。文献记载邺为春秋时齐桓公所筑，邺的名称由此开始。建安九年（204年）曹操平袁绍，开始营建邺城，为曹操的根据地。后来成为曹魏的五都之一。曹魏时期的邺城（邺北城），城池为严格的长方形，以连接金明门和迎春门的城市主干道为轴，将邺北城划分为南北两部分。北部即"内城"，为统治阶级专用，正中为宫城，其中布置了一组举行封建典礼的宫殿建筑及广场。宫城东为贵族的居住区，西为铜雀苑（又名铜爵园），为王室园林专用，靠近西城为粮食武器库。轴线以南为"外城"，是居民、商业、手工业区，划分为若干正方的坊里（图2-6）。

十六国时期的后赵（335～350年）、冉魏（350～352年）、前燕（357～370年）均建都于邺北城。北朝时期的东魏和北齐（534～577年）建都于邺南城，邺北城仍继续使用。邺城废于大象二年（580年），先后有六个王朝建都邺城[59]，是当时我国北方地位显赫的城市，其水利规划和实践十分完备和突出[23]。

三国时，曹操经营邺城，以原引漳渠道为源，引水入城。当时在这里曾修建

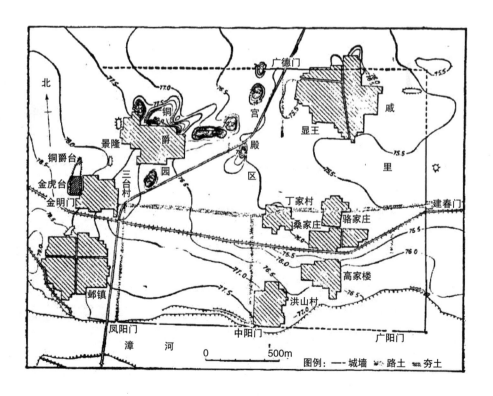

图2-6 邺北城遗址实测图[59]

天井堰，意欲引漳水灌溉，因此在漳水上做十二个滚水坝，形成十二个梯级。每一级相距三百步，每堰上游开一道引水渠，渠首有闸门控制，总称"漳水十二渠"，这是古代常用的多渠首引水。

曹魏时期引漳水进城时，城墙下的专门建筑物叫水门，上装有铁窗棂，是我国古代引水入城的常用建筑。进城后的渠道称为长明沟，横贯全城，经石窦堰流出城，石窦堰为石砌的水门。清澈的水流，有葱郁的树木洒下的荫凉，有淙淙的流水散发的湿润。汲引方便，饮灌兼利，四通八达，赏心悦目[23]。因此，引漳灌溉给邺城带来了繁荣和兴旺。

邺城南面的洹水（今称安阳河），自西向东流，当流经城南时，人工开了一条支河，叫洹水支津。这条河又分为两支，南支通白沟，就是曹操时开的通向东北方的运河；北支直北通邺城东侧至东北角，转向西与引漳的一条渠道汇合。这两条分支都能行船，与白沟相接，则邺城的水运就由此线沟通更大的范围，是城市航运的专线，加强了邺城的经济和政治地位，这是此城水利的又一方面。此外，曹操于邺城西部开凿的玄武池，承接上述运渠河漳水，其原意是以修建船舶码头为目的，是邺城的吞吐港站[23]。

2. 城市生产灌溉

邺城周边的水利开发历史悠久，早在先秦西门豹为邺令的时候即已"发人凿十二渠"，引漳水灌溉了。曹魏时期的水利开发较前代力度又有加大，使邺城地区的农田得以充足灌溉，呈现欣欣向荣的景象[60]，正如《魏都赋》所描绘："澄流十二，同源异口，畜为屯云，泄为行雨。水澍粳稌，陆莳稷黍。黝黝桑柘，油油麻纻。均田画畴，蕃庐错列。姜芋充茂，桃李荫翳。"（图2-7）[27]

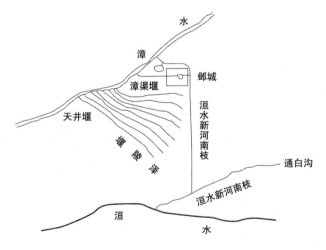

※图2-7　曹魏邺城水利示意图[23]

3. 城市供水——引漳入邺

曹魏时期的邺城供水系统由水源工程（引漳十二渠）、取水工程（漳渠堰）和输配水工程（从漳渠堰到邺城外的引漳渠和入城之后的长明沟）3个环节构成（表2-5）[58]。

《水经注·浊漳水》："魏武又以郡国之旧，引漳流自城西东入，迳铜雀台下，伏流入城东注，谓之长明沟也，渠水又南迳止车门下，魏武封于邺为北宫，宫有文昌殿。沟水南北夹道，枝流引灌，所在通溉，东出石窦堰下，注之隍水，故魏武《登台赋》曰：'引长明，灌街里'，谓此渠也。"

根据文献描述[27]，入城后的长明沟在邺城内的流经途径可推测如下：从铜雀台起东注穿过铜雀园，至文昌殿前止车门下东南流出宫，分南北两条支渠夹道而行，经过以金明门——建春门大街为界的南北二里，最后于北里的长寿、吉里两里之间合流，由石窦堰出城注入隍水。隍水，即洹水新河北枝，此渠流经曹魏邺城的东墙与北墙之外，形似护城河，因我国古代又称护城河为"隍"，故《水经注》中称长明沟出城注入洹水新河北枝为"注之隍水"[58]。

邺城供水系统 [58]   表2-5

邺城供水系统
《水经注》："魏武又以郡国之旧，引漳流自城西东入，迳铜雀台下，伏流入城东注，谓之长明沟也。"唐人李善在对左思《魏都赋》的注文中也提到："魏武帝时，堰漳水在邺西十里，名曰漳渠堰，东入邺城"

水源工程	漳水是曹魏邺城城市用水的地表水源之一，且可认为是主要地表水源，或者是包括地下水在内的主要水源
取水工程	曹操在邺城西十里处漳水东岸所修建的漳渠堰是这一时期邺城城市供水系统的重要取水工程
输配水工程	主要由两部分组成，其一是从漳渠堰到邺城城外的一段，该段没有专门的名称，通常被称为漳渠堰或引漳渠；漳水到了城西后过铜雀台下，伏流入城，城内的这一段工程有了专门的名称，即长明沟

引漳入邺，为城内生产、生活、园林景观所用提供丰富充足的水源，使邺城作为王业根基所在，发挥了重要作用。

4. 交通航运

曹操统治邺城前后，为了战争转输的需要而广开航运渠道，在黄河下游北平原地区逐渐形成了以邺城为中心、以白沟为主航道的交通航运体系。建安九年（204年）修建白沟，铺就了邺城水运的主航道；建安十一年（206年）开平虏渠、泉州渠、新河，进一步延伸了白沟水运航路；建安十八年（213年），曹操再次"凿渠引漳水过邺入白沟以通河"。《水经注·浊漳水》载："魏太祖凿渠引漳水东入清洹，以通河漕，名曰利漕渠。"这是漳河最早出现的南支[61]。种种举措使得邺城周围的水运体系进一步健全，邺城由此通过水路交通而四通八达。

2.2.1.3 邺城园林水利

1. 邺城园林水利功能

（1）邺城园林与城市引水

邺城园林主要以皇家园林为主。园林的形成主要基于城市引水工程，园址与城市水系之间的联系表现为直接串通。另外，贯穿城市坊里之间的引水沟渠作为生活用水的重要保障，往往注重绿化保护，从而形成开放空间，具有一定程度上的公共园林性质。文献可见的各类皇家园林几乎全部分布于邺城西或者西北，这是由于受到魏晋时期漳水以西南-东北的流向流经邺城西的影响。引用漳水作为园林水源相对便利，而就当时的园林理水工程技术而言，是以直接引用地表水源为主要手段，因此园址选于城市西郊区域就成为一个必然结果（表2-6）。

邺城园林水系 表2-6

邺城园林	园林水源	水系
铜爵园	漳河	漳河-漳渠堰/引漳渠-长明沟
玄武苑	漳河	漳河-引漳渠-玄武池-洹水支津北水-白沟
华林园	漳河	漳河-天泉池-宫城御沟
桑梓园	漳河	邺城西
灵芝园	漳河	邺城西
游豫园	漳河	漳河南
清风苑	漳河	邺南城西南
仙都苑	漳河	邺南城西
龙腾苑	漳河	邺南城西

（2）邺城园林与城市防洪

邺城园林与城市防洪之间的关系主要体现在城市选址以及堤防、城墙、城壕等防御系统的建设等方面。首先，在选址方面，邺城城址位于太行山东麓的山前冲积洪积扇区，漳河南岸是整个区域中地势最高的部分，于防洪排涝均有利。因此，城市位置和河流位置直接影响了园林位置的选择。另外，位于城市西部的园林均为水景园林，园内有大量的池、陂、沟、渠等水景观设施，对城市水系的调蓄能力发挥了重要的作用。其次，修筑城墙、堤防与城壕也与园林空间的营造发生着直接或间接的关系。太行山诸孔道之一的滏口陉就在邺西北五里的鼓山上，它既是邺的西大门，又是邺的后方退路，战守之势十分有利[62]，一旦被占据则有高屋建瓴之势。在曹操进攻邺城的时候，袁尚就曾带兵万人"依西山来"，"临滏水"救急。之后曹操将铜爵园、玄武苑两大园林分别布置在邺城内、外的西部，正是起到了军事缓冲区的作用[60]。而铜爵园本身也是一座兼有军事坞堡功能的皇家园林[1]，玄武苑中的玄武池亦是为训练水师而预备的，两座园林一内一外，起到了护卫都城的作用。据邺北城的考古报告，其南城墙位于今漳河北岸，长期被河水冲刷，起着河堤的作用[59]。后赵时期，华林园天泉池与宫城御沟形成完整的水系，因此在天泉池修建的千金堤也对城市防洪发挥着重要的作用。东魏政权时期，对曹魏邺南城再次向南进行了扩建，据《北齐书·高隆之传》记载："以漳水近于帝城，起长堤以防汛溢之患。又凿渠引漳水周流城郭，造治碾硙，并有利于时。"这段文字描述的是东魏邺城引漳水修护城壕，起到防御作用。而北齐政权时期营建的大型皇家园林仙都苑，其中的"四海"与漳河水系直接相连，对漳河水量进行调蓄，起到了城市防洪的作用。

2. 邺北园林水利实例

邺城内通达的水网，创造了良好的城市环境。邺城的宫苑园林，就是结合城市水网系统开挖池沼，引流环殿而形成的（图2-8）。另外，邺城道路两侧植青槐为行道树，道侧有明渠，使得邺北城"疏通沟以滨路，罗青槐以荫涂，比沧浪而可灌，方步櫩而有逾。李善注：'步櫩，长廊也。'"邺城周围优越的自然环境和水环境，以及曹魏时期我国园林艺术的进一步发展等因素，使邺城成为古代都城建造史上第一个处于园林之中的都城[63, 64]。

根据《河北临漳邺北城遗址勘探发掘简报》（1990）[59]，邺北城的城墙地面部分已无任何痕迹，但地下部分已有线索。南城墙位于今漳河北岸，长期被河水冲刷，起着河堤的作用。邺北城分为南北两部分，南部地区地势较低，主要为普通市民居住区，北部城区地势较高，是全城的核心区。由于漳水不是穿邺北城城区而过，因而它对邺北城城市宫殿、坊里布局的影响不大。漳水对邺北城布局影响最大在于园林布局。曹魏北朝时期，漳水自西南向东北流经邺都西，受漳水流

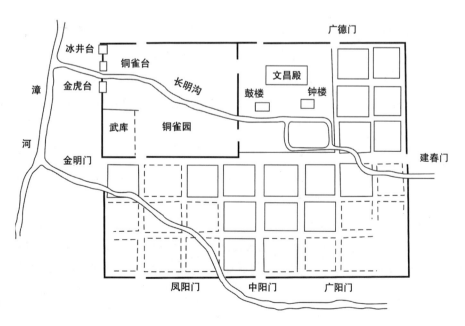

图2-8　邺北城水利布局示意图[57]

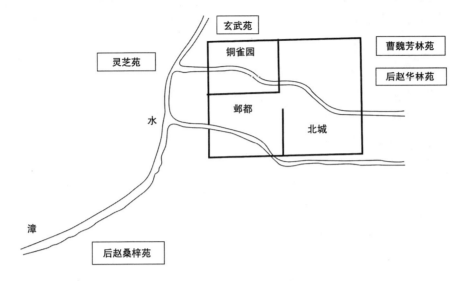

※图2-9　邺北城园林布局示意图[57]

经途径的影响，邺北城的园林多分布在城的西部或西北，如城郊的玄武苑、灵芝园、桑梓苑等，城内的铜雀园也位于城区的西北角（图2-9）。其主要原因是引漳入园相对便利。

（1）铜爵园

铜爵园（也称铜雀园）在宫城西，常被称为西园，是大内御苑，它是邺城内最重要的皇家园林。根据《魏都赋》描述："右则疏圃曲池，下畹高堂。兰渚莓莓，石濑汤汤。弱葼系实，轻叶振芳。奔龟跃鱼，有睟吕梁。"曹丕《芙蓉池作》云："乘辇夜行游，逍遥步西园。双渠相溉灌，嘉木绕通川。卑枝拂羽盖，修条摩苍天。惊风扶轮毂，飞鸟翔我前。"曹植《公宴》也有对西园芙蓉池饮宴游玩的描述，"公子敬爱客，终宴不知疲。清夜游西园，飞盖相追随。明月澄清影，列宿正参差。秋兰被长坂，朱华冒绿池。潜鱼跃清波，好鸟鸣高枝。"可见铜爵园是一座以建筑为主的水景园林。漳河通过长明沟首先"入铜雀园，进入宫城，再分流入里坊，最后由建春门附近流出外城，"[65]在解决城内居民日常用水的同时，也为营建皇家园林提供了必需的水源，使得铜雀园清水长流，景色秀丽。

（2）玄武苑

曹魏邺城的西北建有玄武苑，是曹魏建安十三年（208年）修建的一个大型郊野园。苑中有引漳水所筑的玄武池。曹操修凿玄武池的最初目的是"以肆舟楫"，即训练水军[58]。后在玄武池基础上营建玄武苑。玄武苑中有钓台、竹园、葡萄诸果，林木繁茂，风景绝佳，曹丕诸兄弟经常于玄武苑中游憩，留下了许多诗篇，如曹丕《于玄武陂作诗》云："菱芡覆绿水，芙蓉发丹荣。柳垂重荫绿，向我池边生。乘渚望长洲，群鸟喧哗鸣。萍藻泛滥浮，澹澹随风倾。忘忧共容与，畅此千秋情。"《魏都赋》描写其环境："苑以玄武，陪以幽林。缭垣开圃，观宇相临。硕果灌丛，围木竦寻。箟箷怀风，蒲桃结阴。回渊灌积水深，蒹葭赞蘿蒻森。丹藕凌波而的皪，绿荩泛涛而浸潭。"[66]由此可知，玄武苑是以植物景观为主，并有大面积水面的大型水景园林[67]。

（3）华林园

明代嘉靖《彰德府志·邺都宫室志》载："《图经》载《魏志》云：太祖受封于邺，东置芳林园，西置灵芝园。"又载："芳林园，《邺中记》曰魏武所筑，后避秦王讳，改名华林。后赵石虎建武十四年重修。"《资治通鉴·晋纪》亦有注云："洛都、邺都皆有华林园，邺之华林则魏武所筑也。"由此二书可知曹操当年曾经在邺城之东建芳林园，后改名为华林园，成为后赵华林园之前身，但与《晋书》所载后赵华林园的方位不合[68]。另据《邺中记》记载：华林园内开凿大池"天泉池"，引漳水作为水源，再与宫城的御沟联通成完整的水系[1]。《太平御览》载曰"华林园中，千金堤上，作两铜龙，相向吐水，以注天泉池，通御沟中。三月三日，石季龙及皇后、百官临水宴赏。"[69]此处指的是后赵华林园，属于离宫御苑。[68]

（4）桑梓园

后赵时期的皇家园林。园中有临漳宫，距离漳水近。《邺中记》云："邺城西三里桑梓苑，有宫临漳水。"《历代宅京记》引《邺中记》："邺南城三里有桑梓苑，苑内有临漳宫。"《晋书》："永和三年，季龙亲耕籍田于其桑梓苑"。[70]

（5）灵芝园

曹魏时期的皇家园林，位于邺北城西，始建于曹操。"《图经》载《魏志》云：'太祖受封于邺，东置芳林园，西置灵芝园。'"[71]园中有灵芝池，黄初三年魏文帝所开。《历代宅京记》引《邺中记》云："此池在城西三里，黄初三年文帝凿，至四年有鹈鹕集于池。"但也有文献认为关于灵芝园应该是发生在洛阳。如果《历代宅京记》的说法可信，则推测灵芝园的水源来自漳水。

3. 邺南城市水利与园林

东魏天平二年，丞相高欢以邺北城狭窄、不能满足国都发展需要为由，在紧靠邺北城南墙处营建了新的都城，即邺南城。这是继曹操、石虎之后，邺城的又一次大发展。

邺南城的选址与漳水、洹水的流经途径有关。漳水流经邺北城西，洹水流经其南。将新城建在老城南，既便于引流漳水，又便于引用洹水[57]。考古工作者在邺南城东、南、西三面发现了护城河遗迹，护城河与城墙基本平行，东、南边距城墙较远。另外，在西华门外护城河西还发掘出一段引水渠道，应是护城河引水渠的一部分。综合考古推断，邺南城周围的地形应是西高东低，护城河应自西部引漳水东流。另外需要指明的是，邺南城的护城河既是城市防御体系的一部分，也是城市供水系统的一部分。与邺北城一样，邺南城的一些大型园林也都修建在城西，如游豫园、清风园、仙都苑等（图2-10）[72]。

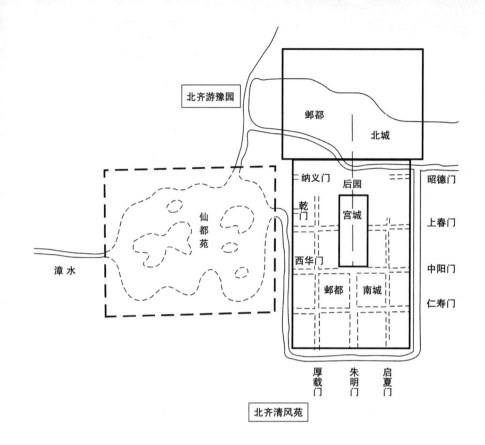

北齐游豫园

邺都 北城

纳义门　后园　昭德门
乾门　宫城　上春门
西华门　中阳门
邺都　南城　仁寿门

漳水

仙都苑

厚载门　朱明门　启夏门

北齐清风苑

※图2-10　邺南城位置及园林布局示意图[57]

（1）游豫园

位于邺北城西，北齐后主高纬所建。"邺都故事云：'齐文宣天宝七年（556年），于铜雀台西，漳水之南筑此园，以为射马之所。'"《隋书·食货志》记："周回二十里。"天统（565~569年）年间，"于游豫园穿池，周以列馆，中起三山，构台以象沧海，并大修佛寺，劳役巨万。"据此可知，游豫园中的水源来自漳水，园中有池，且池域面积颇为宏大，池中筑有三座山丘，这与两汉时期"一池三山"的园林布局相一致[57]。

（2）清风园

根据《历代帝王宅京记》的描述，清风园是北齐政府官用菜园，位于邺南城西南。从其所处地理位置来推测，灌溉用水当引自漳水[57]。

（3）仙都苑

北齐皇家园林，在邺南城西。武成帝在华林苑的基础上修建而成。"齐武成增饰华林园，若神仙所居，遂改为仙都苑。"[73]仙都苑是邺都近郊最大的皇家园林，其引漳水入苑，封土为岳，山水相依，九曲环绕。《历代帝王宅京记》记载：

苑中封土为五岳。并隔水相望。五岳之间，分流四渎为四海，汇为大池，又曰大海。每池中通船，行处可二十五里。中有龙舟六艘，又有鲸鱼、青龙、触首、飞隼、赤乌等舟。海池之中为水殿。其中岳嵩山北有平头山，东西有轻云楼，架云廊十六间。南有峨眉山。山之东头有鹦鹉楼，其西有鸳鸯桥。北岳南有玄武楼，楼北有九曲山，山下有金花池，池西有三松岭。次南有凌云城，西有陛道，名曰通天坛。大海之北，有飞鸾殿。其殿十六间。檐下列水，周流不绝。其南有御宿堂。其中有紫薇殿、宣风观、千秋楼，在七盘山上。又有游龙观、大海观、万福堂、流霞殿、修竹浦、连璧洲、杜若洲、靡芜岛、三休山。四海有望秋观、临春观，隔水相望。海池中又有万岁楼。北海中有密作堂，堂周回二十四，架以大船浮之于水，为激轮于堂……贫儿村，高阳王思宗城。已上并在仙都苑中。[74]

（4）龙腾苑

是邺都范围内一处很重要的皇家御苑，为后燕慕容熙所筑。苑中有景云山、曲光海、清凉池等山水建筑。《古今图书集成·考工典》引《慕容熙载记》云："龙腾苑，广袤十余里，役徒二万人。起景云山于苑内，基广五百步，高十七丈。又起逍遥宫、甘露殿，连房数百，观阁相交。凿天河渠引水入宫，又为其昭仪符氏凿曲光海、清凉池"[57]。

4. 小结

邺城城市水利的类型主要以河渠、湖泊、护城壕等为主，影响着邺城风景园林体系建设[57]。邺城历史上出现过三次园林建设高潮[67]，均是以对漳水的引用为核心而展开的。在曹操经营邺城的时期，邺城迎来了第一次园林建设高潮，铜爵园，玄武苑等都是这一时期修建的。这两座园林均得益于对漳水的成功引用而繁荣。城市中的供排水渠道为城市内外的园林建设提供了便利的引水条件。由于政治功能是当时城市的主导功能，训练水军、航运交通、创造战略制高点及满足皇家及居民用水需要得到充分保障，从而促进了城市水利工程的建设和发展。因此铜爵园和玄武苑在宫廷用水及军事演练方面所具有的实际功能远重于其在园林景观方面的游赏功能，特别是玄武池在邺北城水运中所发挥的作用不容忽视。这两处园林以军事训练为初始目的，但后来游赏与漕运逐渐上升为主要功能。作为玄武苑主体景观的同时，玄武池还承担邺城对外水运船舶码头的角色，尤其洹水新河开通以后，它上接新河北枝，下以引漳渠道沟通漳水，无疑加强了邺北城的水运能力[23]。

邺城园林建设的第二次高潮是在后赵石虎据邺时期[67]。这一时期建造的规模最大、最著名的园林即华林园。"起三观、四门，三门通漳水，皆为铁扉。"[75]可见，当时的统治阶级依然充分利用漳河的水源条件，引漳入园，使华林园拥有浩大的水面。

邺城园林的第三次修建高潮是在北齐文宣帝高洋、武成帝高湛、后主高纬和幼主高恒在邺统治的时期[67]。北齐后主高纬于邺城之西修建的仙都苑亦是一座大型的人工水景园林，苑中封土堆筑为五座山，象征五岳。五岳之间，引来漳河之水分流四渎为四海——东海、南海、西海、北海，汇为大池，又叫作大海。大海之中，有连璧洲、杜若洲、蘼芜岛、三休山，还有万岁楼建在水中央。后有长廊，檐下引水，周流不绝[74]。总之，邺城园林规划体现了充分利用自然环境，并结合水利功能的思想，由此出现了系统的大规模人造山水景观。这种自觉将自然水资源与水利工程结合起来进行的设计经营活动，成为中国古代园林理水的主要内容。

2.2.2 南方建康

从3世纪到6世纪末（229年至589年），先后有孙吴、东晋和南朝宋、齐、梁、陈六个政权先后在今南京建都，历史上称这段时期为"六朝"。吴黄龙元年，"*秋九月，帝迁都于建业。冬十月至武昌，城建业太初宫居之。*"孙吴大帝孙权选定南京作为都城的所在，时称"建业"。此后，建业遂成为南方政治、经济和文化的中心。其后，东晋和南朝（宋、齐、梁、陈）袭孙吴都城之旧，相继都此，均称为"建康"。本书内容所讨论的"南方建康"即指孙吴时期的建业城、东晋和南朝时期的建康城。

2.2.2.1 建康周边自然环境及城市营建概况

1. 建康周边自然环境

建康，地处长江下游的丘陵地区，东临长江三角洲，西倚皖南丘陵，南连宁镇丘陵，北接江淮平原。境内低山盘曲，山环水带，长江自西南向东北横穿市区，秦淮河有300m宽，蜿蜒伸入长江，玄武湖镶嵌其间[76]。六朝时期建康城以钟山余脉富贵山、覆舟山、小九华山、鼓楼冈、五台山、石头山为分水岭，划分为南北两大水系，南面是秦淮河水系，北面是金川河水系。两大水系通过玄武湖相连在一起[77]（图2-11）。

2. 建康城市营建概况

孙吴建业城平面呈南北略长的矩形。城内基本可划为两区，北部是宫苑区，占总面积的三分之二，内为宫室和御苑、仓库等；南部是太子宫和官署等，军营在城的东部。宫苑区南有御街，穿城而下，直抵秦淮河，长约七里。建业的主要居住区集中在城南门外至秦淮河岸的三角地带，而后又发展到秦淮河南岸，以大小长干里最为著名，同时，城外御道两侧还建有大量官署[78]。孙吴时期的建业城的基础建设已基本完善，都城已经初具规模。而其建设一直伴随着东吴的发展直至其灭亡。西晋灭吴后，建业成为一座地方性城市，更名秣陵县，被一分为二，"*分淮水北为建业，水南为秣陵县*"[79]。

317年琅琊王司马睿重建晋政权于建康，史称东晋。东晋建康城即孙吴政权在此建都后再次成为国都，东晋建康进入持续发展时期。东晋咸和五年（330年），晋成帝开始在孙吴苑城基址上建造宫城，名曰建康宫，开五门，南面两门，东西北各一门。"*即今之所谓台城也，今在县城东北五里，周八里，有两重墙。案《修*

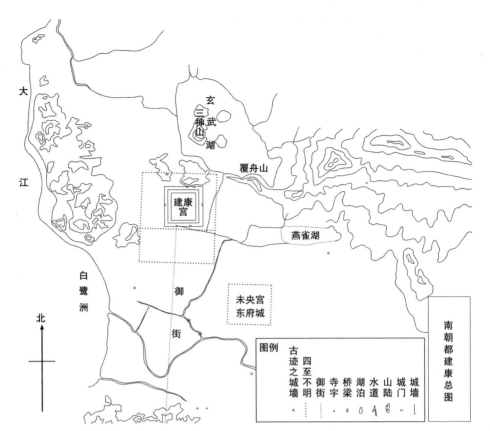

宫苑记》'建康宫五门，南面正中大司门，世所谓章门。拜章者伏于此口待报，南面对宣阳门，相去二里，夹道开御沟，植槐柳，世或名为阙门。'"[79]此后几十年，东晋建康基本无更建。太元三年（378年）建太极殿，接着在御道尽头修建了朱雀门，义熙十年（414年），刘裕在秦淮河南岸修筑东府城[80]。

南朝包括宋（420~479年）、齐（479~502年）、梁（502~557年）、陈（557~589年）四个朝代。刘宋王朝除了修建宫城之外，还修建了数处皇家园林，有乐游苑、南苑、华林园。萧齐政权对建康城的建设最值得称道的是其对建康城墙的改造，将前朝由竹篱围成的城墙进行了重建。梁武帝时期，是建康城市发展的鼎盛时期，城市范围较前朝有很大的扩展。秦淮以南的商业区、居民区空前繁荣。557~589年，陈王朝对前朝受到严重破坏的建康进行了修复[80]（图2-11）。

2.2.2.2 建康区域及城市水利系统

六朝以来建康地区多有河湖滋润，建城时就利用有利的自然条件建设了一系列引水工程。秦淮河历来是水运的通道，又是两岸农田灌溉的水源[77]。利用天然河道和人工河道形成的水系，在城市给水排水、交通运输、军事防御以及农田灌溉等方面都发挥了积极的作用（图2-12）。

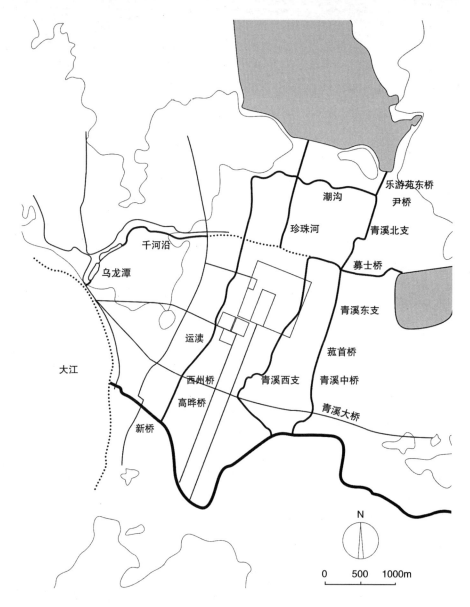

图中文字标注：
乐游苑东桥
尹桥
潮沟
青溪北支
珍珠河
募士桥
千河沿
乌龙潭
青溪东支
菰首桥
运渎
青溪中桥
大江
西州桥
青溪西支
高晔桥
青溪大桥
新桥

N
0 500 1000m

※图2-12 六朝建康水系格局图[81]

1. 六朝建康城市水利概况

六朝建康城内外河道的利用和改造主要包括三个方面：一是依靠天然优势长江和秦淮河；二是大力改造天然河道青溪；三是开凿人工河道，如运渎、潮沟、城北渠、破冈渎等，形成相互连通的水上交通网[77]。

229～280年，孙吴政权都于建业。建业城在玄武湖南，钟山西南较平坦处。孙权利用建业城南的秦淮河，开渠引水，营建城市水系。240年，孙权在城西开"运渎"，引南面秦淮河水入城西北的仓库，以便运粮。241年，又在城东开青溪，引秦淮水向北行，为城东的城濠。大约同时，又在北城外开凿城壕，称为"潮沟"，潮沟北通北湖（即后世的玄武湖），并把东面的青溪与西面的运渎连为一体，使建业的北、东、西三面为城壕环绕，南面则以秦淮为屏蔽[78]。

受限于秦淮河有限的流域面积，孙权定都建业后，于赤乌八年曾发兵三万，开凿了连接秦淮河和江南运河的一支新运河。这条河只有四五十里长，但却越过分水岭，形成一条跨流域的水利工程，即破冈渎。该工程旨在沟通淮水与江南运河，加强建业与三吴（吴、吴兴、会稽郡）经济区的联系，以便吴会漕船可由此渎进入京师，免蹈长江航运之险[82]。这条运河的地势是两端低中间高，水源不丰，又容易走失，为保存河内有限的水量，在河上设了十四个堰埭，就是用横断运河的坝把水拦住。破冈渎把秦淮河与江南运河相连，即把建业同广大太湖流域相连，更加强了这座城市在政治、经济和军事上的重要地位。建业上游秦淮河两源相交处的方山埭，就成为城市的门户。

孙吴以后，东晋、南朝的宋、齐、梁、陈都建都于此。六朝都基本保持了建业城的旧貌，在有些时期城市发展规模很大，因此城市用水一直保持较高的需要。而直至六朝时期，破冈渎一直是建康地区的经济命脉。梁时在破冈渎的东南，平行开凿了一条相同作用的运河，叫上容渎，两条运河曾交替使用。东晋时，在后湖上作北堤以保持其蓄泄能力，并作为操练水军的地方；湖的南面建大闸，以供应潮沟等河渠的用水，湖区也逐渐发展为风景区[23]。

2. 交通运输与城市给排水

环绕六朝建康的水道网由运渎、潮沟、青溪和淮水组成。运渎开凿于东吴赤乌三年（240年），南接淮水，北达宫城（又名苑城，仓城），流经六朝建康城西。位于六朝建康城北的潮沟是与运渎同时开凿的另一人工水道。《建康实录》卷二："潮沟亦帝所开，以引江潮，其旧迹在天宝寺后长寿寺前，东发青溪，西行经都古承明、广莫、大夏等三门外，西极都城墙，对今归善寺西南角，南出经阊阖、西明寺二门，接运渎，在西州之东南，流入秦淮。其北又开一渎，在归善寺东，经栖玄等寺门，北至后湖，以引湖水，至今俗为运渎。"《景定建康志》记载："潮沟，吴大帝所开，以引江潮，接青溪，抵秦淮，西通运渎，北接后湖。"由上可知潮沟是一条东西向河道，得名于通玄武湖水以引江潮。开凿于鸡笼、覆舟二山之间的地势低洼处。孙权开潮沟的目的除了用作都城北堑外，更主要的是为了引玄武湖水补给运渎，保证漕运畅通[82]。青溪是发源于钟山西北麓的一条自然河流，下流蓄为前湖（燕雀湖）和琵琶湖，继而西行南折流经六朝建康城东南后注淮水，所以又称东渠，东吴时也把这条河扩宽浚深加以利用[23]。六朝时，青溪是从东面进入都城的重要水道[82]。于此，东青溪、西运渎、北潮沟，再加之南部的秦淮河，共同构成了六朝建康的护城河。

综上，六朝建康城内外的天然河道和人工河道相互贯通，构成了一个纵横交错的水道网，满足都城给水需求的同时，也为都城的排水问题找到了出路。而破冈渎的开凿确保了都城与三吴间交通的畅达，满足了皇室和官僚机构的漕运需求，对于六朝建康的政治、经济、文化的发展都发挥着重要作用[77]。

3. 农田灌溉

孙吴政权对建康地区进行军事性质的大规模屯田，对此区的农业发展打下了基础。由于建康地区的地形以丘陵山地为主，因此主要修建陂塘堰坝，拦洪蓄水，以供灌溉之用。[83] 因此，从孙吴至东晋南朝时期，建康地区利用天然的自然优势大量兴修农田水利工程，使该区域的农业呈现出富庶的景象（表2-7）。

孙吴至东晋时期建康地区水利工程[85]　　　　　　　　　　　表2-7

水利工程	功能	出处
东渠	赤乌四年冬十一月，记凿东渠，名青溪，通城北堑潮海	《建康实录》卷二《太祖下》
城北渠	又开城北渠，引后湖水激流入宫内，巡绕堂殿	《建康实录》卷四《后主传》
秦淮河横塘及栅塘	天监九年新作缘淮塘，北岸起石头迄东冶，南起后渚离门连于三桥	《建康实录》卷十七《高祖武皇帝》
娄湖	县东南五里，吴张昭所创，溉田数十顷，周回七里	《元和郡县图志》卷二十六《润州·上元县》
句容道（破岗渎）	赤乌八年遣校尉陈勋，将屯田及作士三万人，凿句容中道	《三国志·吴主传》
堂邑涂塘	赤乌十三年遣军十万，作堂邑涂塘以淹北道	《三国志·吴主传》
浦里塘	永安三年都尉严密建丹杨湖田，作浦里塘……遂会诸兵民就作，功用之费不可胜数 作浦里塘，开丹阳湖田	《三国志·濮阳兴传》 《建康实录》卷三《景皇帝传》
练塘	令弟谐遏马林溪以灌云阳，亦谓之练塘，灌田数百顷	《元和郡县图志》卷二十六《江南道一》
吴塘	广屯田，修芍陂茹陂七门，吴塘诸堨，以溉稻田	《晋书·食货志》
新丰塘	时所部四县并以旱失田，（张）闿乃立曲阿新丰塘，溉田八百顷，每岁丰稔	《晋书·张闿传》
赤山塘	明帝复使瑀筑赤山塘 县南境诸山溪之水悉流入焉，下通秦淮，县及上元之田，赖以灌溉。志云"吴赤乌中筑赤山塘，引水为湖，历代皆修筑，后废"	《梁书·沈瑀传》 《读史方舆纪要》卷二十绛严湖
迎担湖	西北有迎担湖，溉田三十项	（景定）建康志卷十八《山川志二》
苏峻湖	在城西北一十五里，周回十里，灌田十二余顷	（景定）建康志卷十八《山川志二》
葛塘湖	在城东南七十二里，周回七里，溉田四十余顷	（景定）建康志卷十八《山川志二》

水利工程通南北方向称为纵浦，东西走向称为横塘。建康地区在六朝时期所修筑的是东西走向的横塘，绝大部分位于丹阳郡内，主要以蓄水灌溉为主，低洼

地区的泄洪水利工程比较少。六朝的水利工程在天然河道旁挖掘引水沟渠，还包括在沟渠两岸修筑堤防，以防止沟渠中水量过多时，溢入两岸田中[84]。晋左思《吴都赋》描写孙吴屯田"屯营栉比，解署棋布"，"珍赆无数，膏腴兼倍"。《陈书·宣帝纪》描述建康地区"良畴美拓，畦畎相望，连宇高薨，阡陌如绣"。都是对建康地区农田水利景观的形象描绘。

2.2.2.3 六朝建康园林水利

六朝时期建康城市内外有众多的河流和湖泊，水量远较现代丰沛，水质纯清。山峦之中树木也很丰富，生态环境十分优越。遍布城内外的公私园林有许多可供观赏的水面。皇家华林园有天渊池，宋少帝又在园中开渎聚土，以象破冈渎。晋明帝为太筑园，号称西池，园景以水面为主。南朝东宫玄圃园中有九曲池。

魏黄初六年（225年）孙权建都于武昌，吴黄龙元年，始迁都于建业。东晋南渡，在原吴旧城的型制上改称建康，咸和间又在吴的太初宫与昭明宫的基础上，正式建宫城。城市布局在建业城的基础上仿魏晋洛阳。之后南朝没有太大改变，故六朝建康城一直沿袭原孙吴建业城格局。六朝园林的选址方位，亦在此基础之上延续[86]。当时六朝建康的园林基本上分布在玄武湖、青溪、淮水、钟山周围及长江之滨等山水秀美的地方，其中大部分属皇家园林[87]。

1. 皇家园林水利

根据文献记载初步统计，六朝时期建康地区的皇家园林共有30余处，部分在不同朝代延续使用，此处在总数中进行了重复计入。其中，华林园历史最为悠久，延续五朝；乐游苑次之，延续四朝。皇家园林营造活动以齐为最盛，梁次之（表2-9）。

如孙吴时期的宫城禁苑西苑，位于孙吴太初宫西门外运渎曲折处。《建康实录》记载："晋建康宫城西南，今运渎东曲，折内池，即（吴）太初宫……吴以建康宫地为苑"[88]。孙吴建业城的禁苑区在宫殿群的北侧和东侧，东晋建康宫城的基址原为吴的禁苑，在吴太初宫东北，而这一带正是运渎流经之地。"自秦淮北抵仓城"，运渎是北接潮沟，南连秦淮河，向宫中仓城运输物资的重要通道，西苑基址位于"潮沟—运渎—玄武湖"区间，借水成园，成就了以水景为主的园林。

模仿曹魏、西晋洛阳华林园而建的六朝建康华林园，是六朝时期最负盛名的皇家园林，在名称的选择上一仍其旧，继续沿用了其他两地"华林园"的称谓。《资治通鉴》卷一百零八《晋纪三十五》"于华林园举酒祝之日"下胡三省注："晋都建康，仿洛都，起华林园。"[89]这座园林贯穿了六朝建康作为都城时代的始终（表2-8）。

唐代许嵩编著的《建康实录》卷十二《宋中·太祖文皇帝纪》有一条关于华林园建设始终概况的记载：

"案《地舆志》：吴时旧宫苑也。晋孝武帝更筑立宫室。宋元嘉二十二年，重

期间	造园实践	历史事件
孙吴（始建时期）	（后主）起新宫于太初之东……大开苑围，起土山作楼观，加饰珠玉，制以奇石。又开城北渠，引后湖水流入宫内，巡绕堂殿，穷极技巧，功费万倍	264~265年，后主孙皓建昭明宫，开凿城北渠，引玄武湖（后湖）之水入宫城
东晋（增修时期）	（太元）二十一年春正月，造清暑殿	晋都建康，仿洛都，起华林园
宋（大规模改扩建时期）	元嘉二十三年，"筑北堤，立玄武湖于乐游苑北，兴景阳山于华林园，役重人怨。"孝武大明中……又于湖侧作大窦通水入华林园天渊池，引殿内诸沟，经太极殿，由东西掖门下注城南堑，故台中诸沟水常萦迴不息	两次大规模改扩建：第一，修筑景阳山、天渊池；第二，利用玄武湖的水位高差"作大窦"通入华林园天渊池
齐（发生火灾，修整复建时期）	后宫遭火之后，更起仙华、神仙、玉寿诸殿……（永元）三年夏……跨池水立紫阁诸楼观，壁上画男女私亵之像。齐武帝时置钟景阳楼上，应宫人闻钟声并起装饰	遭火灾受损，之后修建大量园林建筑
梁（大规模增修之后，在人为的水灾中遭受严重破坏）	在景阳山修建"通天观"	曾有过一次大规模修建。之后发生侯景之乱。侯景利用玄武湖水，水淹台城，华林园被毁
陈（重建时期，毁于战争）	至德二年，乃于光昭殿前起临春、结绮、望仙三阁。阁高数丈，并数十间，其窗牖、壁带、悬楣、栏槛之类，并以沈檀香木为之，又饰以金玉，间以珠翠，外施珠帘，内有宝床、宝帐，其服玩之属，瑰奇珍丽，近古所未有。每微风暂至，香闻数里，朝日初照，光映后庭	重建华林园，隋灭陈朝，华林园彻底被毁

园林名称	新建、扩建、改建年代	所在位置	相关文献
西苑	孙吴	太初宫西门外	《建康实录》卷二二、《裴注三国志·卷四十八·吴书三》《晋书·卷二十八》
后苑	孙吴	昭明宫内	《建康实录》卷四、卷七、《裴注三国志·卷四十八·吴书三》
桂林苑	孙吴	落星山之南	《景定建康志》卷二二、《六朝事迹编类》卷四《楼台门》
落星苑	孙吴	/	《南京史话》
华林园	首建于孙吴	前身为孙吴宫苑	《景定建康志》卷二二
华林园/华林圃	东晋	台城	《景定建康志》卷二二
西园（别苑）	东晋	冶城	《建康实录》卷十、《晋书·隐逸传》
乐游苑（北苑）	刘宋	覆舟山之南	《建康实录》卷十二

园林名称	新建、扩建、改建年代	所在位置	相关文献
上林苑（西苑）	刘宋	玄武湖北	《宋书》卷六《孝武帝纪》
南苑	刘宋	秣陵建新里	《宋书》卷八《明帝纪》
华林园/华林圃	刘宋	台城	《建康实录》卷十二、《宋书》卷五三《张永传》
芳林园（芳林苑、桃花园）	齐	台城	《南齐书》卷三《武帝纪》、《建康实录》卷二
玄圃园（玄圃、元圃）	齐	东宫内	《南齐书》卷二一《文惠太子传》
娄湖苑	齐	娄湖	《南史》卷四《齐本纪上》
方山苑	齐	方山	《上元县志》
新林苑	齐	新林	《南齐书》卷三《武帝纪》《南史》卷四《齐本纪上》
灵邱苑	齐	新林	《乾隆江宁县志》注引《宫苑记》
博望苑	齐	燕雀湖旁	《建康实录》卷二
芳乐苑	齐	阅武堂内	《南齐书》卷七《东昏侯纪》
乐游苑（北苑）	齐	覆舟山之南	《南齐书》卷五二《文学传·祖冲之》
华林园（华林圃）	齐	台城	《南齐书》卷三五《高帝十二王传》
建兴苑	梁	秦淮河南岸秣陵建新里	《梁书》卷二《武帝纪中》
江潭苑（王游苑）	梁	新林	《建康实录》卷十七、《景定建康志》卷二二
兰亭苑	梁	不详	《梁书》卷三《帝武纪下》
南苑	梁	秦淮河南岸秣陵建新里	《梁书》卷二一《王锡传》
玄圃园（玄圃、元圃）	梁	东宫内	《梁书》卷八《昭明太子传》
乐游苑（北苑）	梁	覆舟山南	《景定建康志》卷二三
华林园	梁	台城	《建康实录》卷十二
延春苑	梁	秦淮河南岸	《南京史话》
乐游苑（北苑）	陈	覆舟山南	《建康实录》卷十二
华林园	陈	台城	《建康实录》卷十二
青林苑	刘宋	玄武湖东	《上元县志》
白水苑	刘宋	覆舟山	《首都志》

修广之。又筑景阳、武壮诸山，凿池名天渊，造景阳楼以通天观。至孝武大明中，紫云出景阳楼，因改名景云楼，又造琴堂，东有双树连理，又改为连玉堂，又造灵曜前后殿，又造芳香堂、日观台。元嘉中，筑蔬圃，又筑景阳东岭，又造光华殿，设射棚，又立凤光殿、醴泉堂、花萼池，又造一柱台、层城观、兴光殿。梁武又造重阁，上名重云殿，下名兴光殿，及朝日夕月之楼，登之，而阶道绕楼九转。自吴、晋、宋、齐、梁、陈六代，互有构造，尽古今之妙。陈永初中，更造听讼殿。天嘉三年，又作临政殿。其山川制置，多是宋将作大匠张永所作，其宫殿数多，旧来不用，乃取华林园以为号，陈亡悉废矣"[90]（此段记载中关于"宋元嘉二十二年，重修广之"的时间记载有误，根据其他各类文史资料、地方志及学者研究确定正确时间为"宋元嘉二十三年"）。

《景定建康志》卷二一记载：

"起新宫于太初之东……大开苑囿，起土山作楼观，加饰珠玉，制以奇石。又开城北渠，引后湖水激流入宫内，巡绕堂殿，穷极技巧，功费万倍。[91]"这里所说的位于"太初之东"的新宫（东吴后主孙皓所建的显明宫）"苑囿"，即华林园前身，此时尚未正式定名，但这一时期通过"开城北渠，引后湖水（玄武湖）流入宫内"的引水措施奠定了华林园此后五朝的总体水系格局。此为华林园建设之初。东晋定都建康之后，在东吴宫苑基础上修建了"台城"，华林园得以增修，名称正式确定。

《宋书》卷五《文帝纪》：

"（元嘉）二十三年……筑北堤，立玄武湖，筑景阳山于华林园"[92]。

《宋书》卷五十三《张永传》："（元嘉）二十三年，造华林园、玄武湖，并使（张）永监统。凡诸制置，皆受则于（张）永"[92]。

《南史》卷二《宋本纪中》："元嘉二十三年，筑北堤，立玄武湖于乐游苑北，兴景阳山于华林园，役重人怨"[93]。

《景定建康志》卷十八《山川志二》："（刘宋）孝武大明中……又于湖侧作大窦通水入华林园天渊池，引殿内诸沟，经太极殿，由东西掖门下注城南堑，故台中诸沟水常萦迴不息。"[91]

宋文帝刘义隆有诗《登景阳楼诗》对刘宋时期景观格局已成熟的华林园进行描绘：

"崇堂临万雉，层楼跨九成。瑶轩笼翠幌，组幕翳云屏。阶上晓露洁，林下夕风清。蔓藻嬛绿叶，芳兰媚紫茎。极望周天险，留察浃神京。交渠纷绮错，列植发华英。士女眩街里，轩冕曜都城。万轸扬金镳，千轴树兰旌。"

根据以上记载可知：刘宋时期，对华林园先后进行的两次大规模修建，完善和确定了其水系景观空间格局，通过水窦引源于宫城（台城）之北的玄武湖水入新建的天渊池，并通过"交渠纷绮错"的网状人工水渠联系方式，使水流经过太极殿，出东西掖门后注入南护城河，而后再沿青溪最终汇入秦淮河。

刘宋之后，华林园经过齐、梁、陈几朝的几番大起大落，在陈朝时其景观曾盛极一时。隋文帝开皇九年（589年），华林园与六朝建康城彻底毁于战火。《梁书》卷五六《侯景传》记载了梁朝末年侯景之乱的一则事迹："（侯景）引玄武湖水灌台城，城外水起数尺，阙前御街并为洪波矣。又烧南岸民居营寺，莫不咸尽"[94]，可以想见，玄武湖之水在梁末时依然是华林园水体景观的主要水源，稳定的水源保证了园林景观的持续性。

华林园的历史发展沿革表明，其园林水利的形成是引玄武湖水进行水景设计的结果。华林园几度浩劫，但贯穿六朝始终，得以维持的原因，首先是与城市水系的沟通，保证了园林水景的丰沛水源和稳定的水量；其次，六朝政权对华林园及其水系的经营管理始终持续。回顾六朝建康华林园的发展脉络，历次遭受灾患直至最终消亡，无一例外是由人为因素引起，并非园林本身对自然环境的不适应所导致。

2. 私家园林水利

六朝是私家园林营建的高峰期。六朝建康地区私家园林最早出现于东晋，到南朝时已遍布都城内外景致佳丽之处，尤以青溪、钟山为两大园林集中地。私人的宅园建设少不了湖塘水池，时人有"十亩九宅，山池居半"之说。东晋司马道子营东第，"筑山穿池，列树竹木。功用巨万，又使宫人为酒肆，沽卖于水侧，与亲昵乘船就之饮宴，以为笑乐"。至于沈庆之的娄湖园，更直以娄湖为名[96]。梁朱异"自潮沟列宅至青溪，其中有台池玩好"。陈张讥"所居宅舍，营山池，植花果"。其余凡史书提到的王邸私宅，都莫不有池沼湖面，规模大的甚至还有人工河，如宋阮佃夫"于宅内开渎，东出十许里，塘岸整洁，汛轻舟，奏女乐"[97]（表2-10）。

六朝时期建康私家园林[97]   表2-10

园林主人	所属时代	园林位置	史料文献
王导	东晋	钟山	《梁书》卷七《太宗王皇后传》
谢安	东晋	土山	《晋书》卷七九《谢安传》
纪瞻	东晋	乌衣巷	《晋书》卷六八《纪瞻传》
司马道子	东晋	东府城	《晋书》卷六四《简文三子传》
郗僧施	东晋	青溪	《建康实录》卷十
阮佃夫	刘宋	不详	《宋书》卷九四《阮佃夫传》
刘宏	刘宋	鸡笼山	《景定建康志》卷四二
沈庆之	刘宋	娄湖	《景定建康志》卷四二
何尚之	刘宋	南涧寺侧	《宋书》卷六六《何尚之传》
周山图	刘宋	新林	《南齐书》卷二九《周山图传》
刘勔	刘宋	钟山之南	《南史》卷三九《刘勔传》
萧嶷	齐	青溪	《南齐书》卷二二《豫章文献王传》

园林主人	所属时代	园林位置	史料文献
萧子良	齐	鸡笼山	《景定建康志》卷四十
萧长懋	齐	东田	《南齐书》卷二一《文惠太子传》
张欣泰	齐	南冈	《南齐书》卷五一《张欣泰传》
萧正德	梁	自征虏亭至于方山	《南史》卷五二《梁宗室传》
王骞	梁	钟山	《南史》卷二二《王骞传》
徐勉	梁	东田	《梁书》卷二五《徐勉传》
梁尚书令	梁	山斋寺	《南朝寺考》卷五
萧伟	梁	青溪中桥旁	《南史》卷五二《梁宗室传下》
沈约	梁	东田	《梁书》卷一三《沈约传》
朱异	梁	自潮沟至青溪	《六朝事迹编类》卷七
何点	梁	东篱门	《梁书》卷五一《处士传》《南史》卷三十《何点传》
到溉	梁	近淮水	《南史》卷二五《到彦之传附到溉传》
张缵	梁	钟山之侧	《全梁文》卷六四
谢举	梁	乌衣巷	《南史》卷二十《谢举传》
韦载	陈	江乘	《陈书》卷一八《韦载传》
张讥	陈	不详	《建康实录》卷二十
江总	陈	青溪西	《六朝事迹编类》卷七
孙瑒	陈	青溪东	《六朝事迹编类》卷七
裴之平	陈	不详	《陈书》卷二五《裴忌传》
徐伯阳	陈	不详	《陈书》卷二四《徐伯阳传》

3. 小结

在六朝建康平缓逶迤的山水之间诞生并繁盛起来的六朝园林，其外在和谐温情，恬静淡雅，内在实则依托当时逐渐进步的水利工程技术，在满足水利功能与安全性的基础上，以自然河湖、人工沟渠等水系形态为对象进行的园林化创作，包含了审美与生产、生活、交通等实体功能之间的有机联系，多方面之间互为交集的部分即充分体现了中国传统园林的山水特质。

（1）多功能的城市水系为园林空间的形成提供基础

魏晋南北朝是中国园林发展的重要转折时期。六朝建康皇家园林虽在总体造园风格方面与秦汉园林恢宏的山川气势大有不同，但就功能而言，依然具有游宴、听政、骑射、籍田、畋猎等多项功能[87]。皇家园林浩大的规模有赖于对水利工程的有效利用。水利工程作为保障民生的重大社会举措，其建设会改变地表水资源的空间分布，促成水体空间形成具有一定观赏性的风景区域。水利工程在很大程度上为城

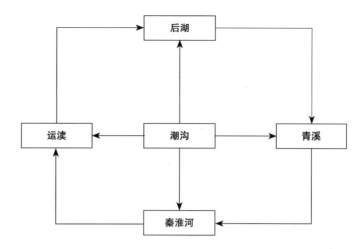

※图2-13 六朝建康城市水系示意图
图片来源：作者自绘

市风景园林场所的形成提供了基础。六朝建康城内外的水利建设直接导致其以秦淮河、金川河水系为两端，构成由后湖（玄武湖）、潮沟、青溪（东渠）和运渎等水道和水体组成的城市水系。该水系具有供水、交通运输、军事防御、排水排洪、调蓄洪水的多种功能，也为园林景观的营造创造了必要的条件（图2-13）。

（2）城市调蓄设施为园林造景创造条件

位于玄武湖南侧的华林园是六朝建康最具有影响力的皇家园林。早在孙吴时期就已引玄武湖之水入园，东晋在此基础上开凿天渊池。刘宋文帝时期利用玄武湖的水位高差"作大窦，通入华林园天渊（泉）池"[1]。在功能方面"太元十年（385年），大旱，井渎皆竭，太官共膳皆资天泉池"[98]。可见，六朝建康华林园以玄武湖为水源，兼具观赏游览和调蓄水量的水利功能型园林。玄武湖的水位高差保证了天泉池水的流动性，从而保证了景观水体的水质。

2.2.3 曹魏、西晋、北魏洛阳

2.2.3.1 魏晋南北朝时期洛阳的城市水利

东汉末年爆发的董卓之乱，使洛阳遭受空前劫难。曹魏政权定都洛阳之后，继续在东汉旧址上修复和兴建城池、宫苑。至西晋王朝建立，仍都于洛阳，城池、宫苑的建设沿用旧制。西晋"永嘉之乱"使洛阳又一次遭到严重破坏。拓跋魏太和十七年（493年），孝文帝元宏自平城迁都洛阳，使洛阳再次成为北方的政治、经济和文化中心（图2-14）。在这四百多年间，洛阳城市范围并无发生太大变化，水资源条件变化也不大，虽经两衰两兴，但水利工程的不断修缮成就了洛阳较为完善的供水体系[23]。

曹魏洛阳城北依邙山，南临洛水，西北还有瀍水东来。魏都是在东汉洛阳都城废墟上重建的，东汉时的城墙、十二城门、二十四街等主要部分都保存下来，引城西北的瀍水环城而修的城濠也沿用于东汉[100]。而伊洛瀍瀍四条河流是曹魏至北魏时期洛阳的主要水源。伊河、洛河以及瀍水，支流较多，河流水量大，为洛阳用水

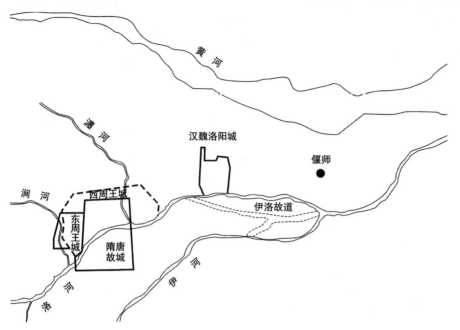

※图2-14　洛阳古都城址示意图[99]

储备了水源。各河流河床高度适中，为后来千金堨等工程修建奠定了基础[101]。

引瀍（谷水）、堰洛是汉及魏晋时期洛阳的大型水利工程。引瀍工程主要是为解决城市生活、生产用水及园林和护城河水源问题，堰洛工程主要是解决漕运问题（图2-15）。二者彼此联系，实为既能够解决城市供排水问题，又有益于漕运的综合性水利工程。东汉时期王梁实行的引瀍水入城是第一次大规模的改造洛阳用水；其后，张纯在前者的基础上，通过堰洛通漕工程，解决了洛阳漕运交通发展问题。阳渠环绕洛阳城，也方便了洛阳城内输水、排水，为后期千金堨工程进一步解决洛阳其他用水提供了途径[23]。曹魏时期，对东汉堰谷旧工程进行重修，建千金堨，并在堨旁开凿了五龙渠；西晋时对千金堰进行修葺和加高，据《元河南志》卷三记载，当时因"谷（瀍）水浚急，注于城下，多坏民舍，立石桥以限之，长则分流入洛，故名长分桥"，沟即为长分沟。又因晋时遣将张方，营军于此桥，又名张方桥，沟亦称作张方沟，有泄洪功能，北魏时又为其外郭城西垣的护城河[102]（图2-16）。

汉魏洛阳时期，因瀍水地势较高利于引用，便成为这一时期的城市主要供水来源。通过建库蓄水，实现引水入城。千金堰是建于洛阳城西的一座堤坝工程，其功能实际上类似于一座小型储水库。因此千金堰是汉魏洛阳城供水系统的核心。通过千金堰这一水利堤坝工程，挡截瀍水，瀍水东流截断了瀍河，瀍河便作为瀍水支流，水量全部供应城内[99]。对于千金堰，曹魏至北魏间各朝代除不断的增修外，平时也注意维护，设置专门机构进行定时的维修管理，《洛阳伽蓝记》记载："陈协所造，令备夫一千，岁恒修之"[103]，目的是维持千金堰良好的运行状态。

千金渠为自千金堰以下的渠道。水过千金堰，通过千金渠从魏晋洛阳城西北角流入洛阳城。瀍水自洛阳城西北角（金墉城）向东、南两个方向分为两支，分别绕

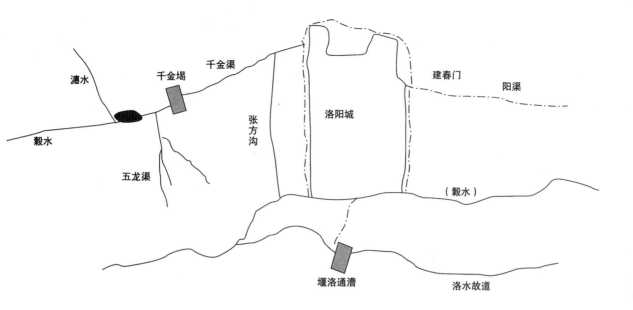

※图2-15　洛阳城市水源开发示意图[101]

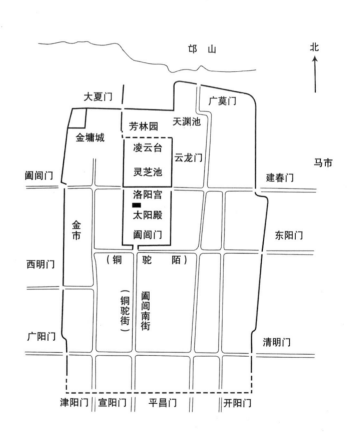

※图2-16　魏晋洛阳城平面示意图[102]

城四面，在城东建春门外汇合为阳渠，东流至偃师，南入洛水。环城水道即形成了护城河，由北、西两面分出三条渠道入城。第一条自北穿城墙入华林园天渊池，由天渊池流出，沿渠道在城内流通，注为南池，也称翟泉，而后出城入护城河。第二条自西入城，至宫城外分为两支：一支由宫城西墙下的石涵洞入城，流蓄为九龙池，另一支沿宫墙外南下，至西南角转向东，至宫城南门南转，分两支夹铜驼街南行，流入南渠。第三条即南渠，也穿西城墙入城，直东流，汇铜驼街两侧的北向来水后继续东流，出城入护城河。入城的三条水道，支分回转，遍布全城，形成了畅通的水网[23]。三条渠道的水入东护城河后一支北流至建春门，后屈而东流，过东石桥、七里桥，穿过偃师商城中南部，南流与洛阳城东南东出之谷水交汇；另一支自城东南隅东去，过鸿池与阳渠汇合，在偃师南汇入洛水[102]。

2.2.3.2　魏晋南北朝时期洛阳园林水利

魏晋南北朝时期的洛阳城，城市水利技术持续进步，充分利用千金堰引瀍水入城，使城市内部水源增加，用水充足。在山水审美热潮的推动下，这一时期的洛阳园林较之东汉时期有了新的发展，城内因而出现大量以人工池沼、湖泊等为主要审美对象的园林化场所。不仅皇家园林中出现湖、池等大面积的水域景观，私家园林、寺庙园林中也充分强调以水造景，营造山水景观。

相比于同一时期的南方六朝建康，洛阳的自然水资源远不及后者，洪灾涝灾旱灾均有较多发生。但作为古老的国家政治中心城市，中央政府对其的水系开发活动产生了优良的社会效益，比如为城市提供充足的水源、为漕运提供便利、为城市提供防卫等[104]。前朝秦汉时期园林水利的建设风格，与南方汉族政权统治下发达的园林水利文化，深深影响着北方都城人居环境的营建。因此，魏晋南北朝时期，洛阳地区各类园林大量采用不同形式的园林水利工程以丰富居住景观。其原因首先在于，水利工程推动洛阳城市水资源利用程度得到极大提高，人们利用城市内的人工河渠之水作为园林水源，创造水景；第二，深受以六朝建康为代表的南方地区都城园林文化的深刻影响，表现出了对山水审美风格的向往。此外，通过洛阳皇家园林水利建设，依然可以追寻到供水、蓄水以及区域水文管控等功能性需求。因此，是时是地的园林造景充分重视水利功能，是基于对水资源利用、水利功能管理及文化建设的综合考虑。

1. 皇家园林——华林园（芳林园）

洛阳华林园历经曹魏、西晋及北魏的若干朝代，经过2个多世纪地不断建设，不仅是当时北方著名的皇家园林，更是中国古代园林的辉煌成就。

华林园前身名为"芳林园"，后改称"华林园"。芳林园是曹魏洛阳宫城御苑，位于洛阳城北偏东位置[68]，在宫城北与洛阳北城墙间，东汉时此处就是御苑区，有大片水域，通过暗渠与城濠相连。魏文帝曹丕在位时，没有对洛阳进行大规模的园林建设。至黄初二年（221年）筑陵云台，三年（222年）穿灵芝池，五年（224

年）穿天渊池，七年（226年）筑九华台。魏明帝曹叡时，开始着力大修园囿，并将御苑起名芳林园。青龙三年（235年）修建陂池，景初元年（237年）堆筑景阳山，铸造承露盘于园中前；并在天渊池南设流杯石沟[1]，景致远胜于前。这一时期华林园中的天渊池，实际是对东汉天渊池的扩大，"黄初五年，穿天渊池"，应该是指对天渊池水系的疏通，及对池沼淤泥的清除。园的西北为各色文石堆筑成的土石山——景阳山，山上广植松竹。天渊池水源自瀔水，瀔水绕过园内主要殿堂形成完整的水系[1]。经过魏文帝、魏明帝两代的建设，芳林园规模不断扩大，内部景色壮丽。魏明帝驾崩后，其子齐王曹芳继位，为避讳，将芳林园改为"华林园"。《三国志·魏书》裴松之有注："芳林园即今华林园，齐王芳即位，改为华林。"

西晋保留了曹魏的宫苑，并修建了芙蓉殿、崇光殿、光华殿、蔬圃殿、九华殿及其他馆、堂、果园等[105]。北魏迁都洛阳后，华林园虽破败，但景阳山、天渊池以及一些殿台建筑尚存，孝文帝在此基础上对宫苑进行了大规模重建。孝文帝驾崩后，世宗宣武帝元恪继位，永平四年（511年）"迁代京（平城）铜龙，置天渊池"[106]。北魏对华林园地增修和扩建，使园林规模和景致空前繁荣。园林水源引自城外瀔水，瀔水经城西大夏门入园，入园后汇入东南部的天渊池，并将园内的玄武池、流觞池、扶桑海等众多湖池串联为一体，向东流入翟泉，并与阳渠相通，另设石洞沟通地下[68]。金墉宫在西北，宫内的绿水池也是与瀔水连通的。这一套合理而巧妙的水系设计，保证了水景效应在旱季和汛期的稳定发挥，大小不等的园林池沼对洛阳城市水量的调蓄发挥了积极的作用。《洛阳伽蓝记·城内》对洛阳宫苑水域有一段这样的描述："凡此诸海，皆有石窦流於地下，西通穀水，东连阳渠，亦与翟泉相连。若旱魃为害，瀔水注之不竭；霖毕滂润，阳瀔泄之不盈。至於鳞甲异品，羽毛殊类，濯波浮浪，如似自然也。"由此可见，借助城市水系规划的洛阳园林理水，促进了自然水文过程在城市空间中的良性循环。

除了华林园之外，魏晋南北朝时期洛阳城内的皇家园林还有灵芝池、九龙池、翟泉、西游园等，园林内容以追求山水景观为主，内部均出现大面积的池沼、人工湖泊等水景形式（表2-11）。

魏晋南北朝洛阳皇家园林及其水利功能[1,78]　　　　　　　　　　　　　　表2-11

园林名称	园林理水特色及水利功能
芳林苑 （后改名华林园）	曹魏时期：魏文帝五年（224年）"穿天渊池"，七年（226年）天渊池中建九华台，台上建清凉殿，各式水景。魏明帝天渊池南设流杯石沟，宴群臣。 西晋时期：华林园内有崇光、华光、蔬圃、华延、九华五殿，繁昌、建康、显昌、延祚、寿安、千禄六馆。园内更有百果园，果别作一林，林各有一堂，如桃间堂、杏间堂之类……园内有方壶、蓬莱山、曲池。（《元河南志·卷二》）"山之东，旧有九江。"陆机《洛阳记》曰："九江直作员水，水中作圆坛三破之，夹水得相迤通。"（《水经注·穀水》） 北魏时期：利用曹魏华林园的大部分基址改建而成。园内有天渊池、玄武池、流觞池、扶桑海

园林名称	园林理水特色及水利功能
九龙殿庭园	通引穀水过九龙殿前，为玉井绮栏，蟾蜍含受，神龙吐出
灵芝池	曹魏时期：黄初三年，穿灵芝池。(《魏志·文帝纪》) (黄初四年五月)鹈鹕集灵芝池沼。(《全三国文·卷五·魏五》) 《魏略》曰：魏文帝，神龟出于灵芝池。(《初学记·卷九·帝王部》) 《太平御览·卷六十七》引《晋宫阁名》记载：灵芝池，广长百五十步，深二丈，有连楼飞观，四出阁道、钓台，中有鸣鹤舟、指南舟
九龙池	《水经注·谷水》描写其九龙吐水的情况："(渠水)又枝流入石，逗伏流注灵芝九龙池"
濛汜池	曹魏时期：濛汜池在西明门内御道北，魏明帝所建。魏明帝曾欲坏宫西佛图。外国沙门乃金盘盛水，置于殿前，以佛舍利投之于水，乃有五色光起，于是帝叹曰："自非灵异，安得尔乎？"遂徙于道东，为作周阁百间。佛图故处，凿为濛汜池，种芙蓉于中(《魏书·释老志》)
翟泉	曹魏时期：翟泉在洛阳城东面东阳门内道北，推测是东汉芳林园旧址，曹魏时应该还有水域残迹，与华林园天渊池水系相通。 西晋时期，《洛阳伽蓝记·城内》载：(建春门内)御道北……晋中朝时太仓处也。太仓(西)南有翟泉，周围三里……水犹澄清，洞底明静，鳞甲潜藏，辨其鱼鳖。 北魏时期：称为苍龙海。紧邻太仓，对运粮水道的水位起着重要的调节作用
玄圃	玄圃在洛阳城东的太子东宫之北，是为皇太子建造的园林。"东宫之北，曰玄圃园。"《文选·卷二十·陆士衡(陆机)皇太子宴玄圃宣猷堂有令赋诗一首》注引杨佺期《洛阳记》
西游园	北魏洛阳城内一个规模较小的大内御苑，是利用曹魏芳林园基址的另一部分改建而成。园内有碧海曲池
金墉宫 (在北魏时期发展成皇家离宫)	原为曹魏时期具有战备防御作用的小城，北魏时进行改建。《洛阳伽蓝记·城内》：皇居创徙，宫极未就，止跸于此。南日乾光门，夹建两观，观下列朱桁于堑，以为御路。东日含春门，北有退门。城上西面列观，五十步一睥睨，屋台置一钟，以和漏鼓。西北连庑函荫，墉比广榭，炎夏之日，高祖常以避暑。为绿水池一所，在金墉者也

2. 私家园林——"花林曲池，园园而有"

可见于文献记载的曹魏至北魏时期的洛阳私家园林较多，直接反映了洛阳当时的园林营建盛况以及较为理想的城市供水和园林理水条件(表2-12)。以北魏洛阳为例，在全面推行汉文化的基础之上，城市布局充分借鉴六朝南方建康，规划格局更趋于完备，构成宫城、内城、外郭城三套城垣的形制。大量的私家园林散布于外郭城的居住坊里间。《洛阳伽蓝记·城西》描写道："当时四海宴清，八荒率职……于是帝族王候、外戚公主、擅山海之富，居川林之饶，争修园宅，互相夸竞。崇门丰室，洞户连房；飞馆生风，重楼起雾。高台芳榭，家家而筑；花林曲池，园园而有。莫不桃李夏绿，竹柏冬青"。外郭城西部的寿丘里，南临洛水，北达邙山，是王公贵族私家园林集中分布的区域[1]。

园宅名称	位置及水源	园林理水特色
河间王元琛宅院池	寿丘里	"入其园后，见沟渎蹇（jiǎn）产，石磴礁峣，朱荷出池，绿萍浮水，飞梁跨阁，高树出云，咸皆唧唧，虽梁王兔苑想之不如也"
夏侯道宅院池	洛阳西	"于京城之西，水次之地，大起园池，殖列蔬果，延致秀彦，时往游适，妾妓十余，常自娱兴"
张伦宅	洛阳东阳门外御道南昭德里	"园林山池之美，诸王莫及"
清河王元怿宅院池	西明门外一里御道北	"土山钓台，冠於当世。斜峰入牖，曲沼环堂"
高阳王元雍宅园池	津阳门外三里御道西	竹林鱼池，侔于禁苑，芳草如积，珍木连阴
广平王元怀宅园池	在融觉寺西一里许（融觉寺在阊阖门外御道南）	堂宇宏美，林木萧森，平台复道，独显当世

2.2.3.3 小结

魏晋南北朝时期的洛阳城风光旖旎，园林荟萃，这得益于通过引瀍（谷水）、堰洛工程而对自然河流的开发利用，从而为宫苑园林、城市园宅及寺观园林用水提供了充足的水源。园林选址多靠近城市西部以方便引水入园。官苑园林多利用自然基址或结合调蓄水工程而建，参与构建完整的城市水网体系。比如，华林园天渊池、灵芝池、九龙池、翟泉都是基于蓄水工程的园林场所。不仅于此，这些水体在城市防洪排涝方面也起到了巨大的作用。而大量位于城区里坊间的私家园林多是兼顾城市用水、景观营造及处理园林内部雨洪3方面而进行的园林设计，具有重要的生态功能。综上，魏晋南北朝洛阳的皇家、私家园林及人工渠系构成的点线面空间，有效增加了城内的水网密度，不同程度地发挥自然滞洪、蓄洪的水文缓冲调节作用。

2.3　隋唐都城园林水利

2.3.1　长安

2.3.1.1　隋唐时期长安地区自然环境与城市营建概况

1. 隋唐长安城地区的自然环境概况

"八水绕长安"的美誉由来已久（图2-17）。"八水"分别为长安城北之泾水、渭水；城西之涝水、沣水；城南之滈水、潏水；城东之灞水、浐水。"八水"中渭水是干流，是黄河的一级支流，其他"七水"都是黄河的二级或三级支流，分别从长安城东侧、西侧流经多处后最终汇集于渭水。渭水流经长安城的地段属其中下游，水质难以保证，在当时的技术条件下，渭水只能作为排水渠道使用。又因

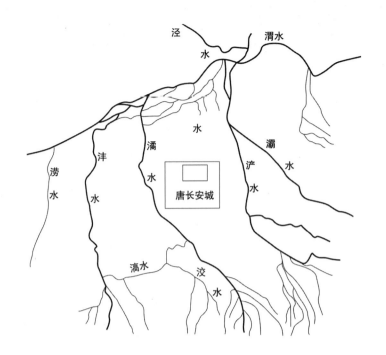

※图2-17　隋唐长安城区位示意图[113]

泾水位于渭水以北、涝水位于沣水以东，远离长安城，所以对长安城水系统的影响也不是很大，几乎可以忽略不计。除围绕长安城的"八水"之外，还有一些非常重要的支流，如潏水支流大峪河，是提供曲江池水量的黄渠的引水源，其所起的作用不容忽视。"八水"及其支流分布在隋唐长安城周边，除泾、渭之外，其余河流均发源于秦岭北麓，隋唐时期这些河流水量充沛，相互交织形成一个环绕长安城的水系网，一方面提供着城内人口生活及漕运所需要的水量，如潏水、滈水；另一方面发挥着长安城天然的排水渠道作用，如渭水[107]。

隋唐时期的长安八水，与秦汉时期八水之划分并无区别，这一结论已经得到史念海、马正林、李令福等历史学家的认可和肯定。马正林（1990年）[108]分析了河流对长安作为都城选址影响的重要性。史念海（1998年）[109]论述了八水与汉唐长安城生态环境之间的关系。李令福（2007年）[110]论述了"八水环绕"的地理基础对于西安古都4大城址的作用。

但随着数百年变迁，水系的状况已发生不少变化。唐德宗贞元元年（785年），"春，旱无苗，至于八月，旱甚，灞浐将竭，井皆无水"；唐德宗贞元四年（788年）八月，"甲辰又震，灞水暴溢，杀百余人"。根据诸如此类记述可知：隋唐时期，气候变化、地震灾害等自然原因均引发了长安地区"八水"环境的变化。据史念海先生考证研究（1998年）：汉唐时期，尽管对土地的垦殖力度加大，但"八水"的流量依然能够保持相当大。隋唐后期，沙漠风蚀化加剧，水土流失愈演愈烈，河水中泥沙含量加大，"黄河"之名在这个时期载于史册。"八水"中渭水是干流，是黄河的一级支流。随着河流含沙量的增加，渭水流量已逐渐减弱，《隋书·卷二十四》当中关于

"渭川水力大小无常，流浅沙深，即成阻阂，计其途路，数百而已，动移气序，不能往复，汎舟之役，人亦劳止"的描述，正是说明了这种情况。

2. 隋唐长安的城市选址及布局概况

隋初，文帝开皇二年（582年）开始在汉长安东南龙首原设计新京，名大兴城（图2-17）。《隋书·文帝本纪》中诏书云"龙首山川原秀丽，卉物滋阜，卜食相土，宜建都邑，定鼎之基永固，无穷之业在斯。"遂令左仆射高颎、将作大匠刘龙、巨鹿郡公贺娄子干、太府少卿高龙义等创造新都[111]。至唐高宗永徽五年（654年）全面建成，改称长安。城东西长9721m，南北长8651m，周长37.7km，面积约84km²，由外郭城、皇城、宫城组成。皇城和宫城在外郭城内北面的中部，宫城又在皇城的北面，大城之四角：东北入禁苑；西北为汉明堂、辟雍旧址，建有积善寺；西南隅永阳坊置庄严寺、大禅定寺；东南隅是曲江池芙蓉苑。城内街道纵横宽阔，内外遍布宫苑、寺观、园林、民居。

隋唐长安之所以选址于龙首原，而没有沿用汉长安城旧址，主要基于以下几方面的原因。第一，汉长安城地处渭水冲积平原，紧临渭河南岸，地势低洼，如遇大雨，排水不畅，就会造成宫内潮湿不堪。其次，渭水出宝鸡峡后地形豁然开阔，表现出很强的游荡性，渭河曾经数次改道，城市安全存在严重隐患。再者，隋时汉长安城地下水质污染严重，已不适饮用。据《隋书·庾季才传》记载："汉营此城，经今将八百岁，水皆咸卤，不堪宜人。"[112]另外，经过汉末和南北朝战乱，汉长安以昆明池为中心的水利工程早已被毁坏，水源断绝，修复难度大，并且引水方位过于偏西，无法满足城市长期发展的需求。再一原因是，汉长安周围的河流把城市局限在一个比较小的范围内，限制了城市的发展。因此，新都城的选址于灞、浐以西，潏河以东，龙首原以南，乐游原以北的这一片区域，这里地势既不是太低，可以避免在汛期各河洪泛威胁；也不太高，能很容易地引用从南面秦岭山脉流下的诸河之水。就地下水而言，这里也因地势较高，距渭河较远，水质比汉长安城地区好[107]。同时迁都于龙首原，则可巧妙利用地形高差，由高趋低，引水成渠（表2-13）。

2.3.1.2　隋唐长安城区域及城市水利系统

1. 隋唐长安城的输水渠道

开渠引水是中国古代一种普遍、重要的引水方式。隋唐长安自建都之后，根据地形、地势相继开凿了龙首渠、清明渠、永安渠、漕渠和黄渠5条渠道，从城东、城西两面分别把"八水"引入城中，渠道纵横交错，形成了"八水绕城、五渠穿城"的城市水系构架，解决了生产、生活以及各类园林景观用水，是一套比较完备的供水系统（表2-13）。

水渠名称	水源	取水设施	流经区域	主要功能	特征
龙首渠	浐水	龙首堰	龙首渠在长安城东南马头控引浐水北流。马头控在隋唐长安城延兴门的东南，长乐坡的南面。渠水流至长乐坡西北，分为东西两渠。东渠北流，经通化门外至外郭城东北隅，由东南向西折入东内苑，入东内苑为龙首池，入苑后又分为南北两支渠，一支东北流经凝碧池、积翠池后向西北注入太液池，另一支进入大明宫南部向西流去，再折而北流，入于苑内；东渠入苑的余水，则复归于浐水	龙首渠是唐长安城东北隅各坊及东内苑、西内苑、禁苑等宫廷的供水渠道	开渠于少陵原东侧，便于引浐水和义谷水（主要为禁苑供水）主要供应长安城的东北部分和大明宫、禁苑等的用水
永安渠	洨水	福堰（香积堰）	永安渠距洨水汇合浐水不远处的香积寺西南附近引洨水西北流，至外郭城西南，流入城内而直向北流。永安渠流入城后，最先流到朱雀大街西第三街第十三坊大安坊，再往北流，依次经大通、敦义、永安、延福、崇贤、延康六坊之西，再经西市之东，在此分出一枝支渠与漕渠汇为池，又依次经布政、颁政、辅兴、修德四坊之西，经兴福寺西，又北出外郭城，流入芳林园，又北入苑，分为两枝，一枝向北注入渭水，一枝东流注入大明宫太液池中	长安城西部用水的重要来源。满足皇城和宫城内的生活用水，以及达官贵人等私家园林中的用水	开渠于少陵原西侧，便于引浐水和洨水入城（长安城的主要引水渠）主要供应长安城的西半部分和皇城、宫城用水
清明渠	潏水	梁山堰	青明渠自南郊引潏水。其引水处在樊川。然后循少陵原西北流，经牛头寺，再西过韦曲、塔坡至外郭城西南安化门紧西北流入城，清明渠入城处，在朱雀门街西第二街最南的一坊，也就是由北向南第九坊安乐坊西。清明渠入城后，至安化门东朱雀街西第二街最南的安乐坊的西南隅屈而北流，再北依次经昌明、丰安、宣义、怀贞、崇德、通义、太平七坊之西，又北经布政坊之东，进入皇城，曲折流去，至直皇城南面最西的含光门之北，转而北流，北入宫城南面最西的广运门，更北流依次注入宫城内的南海、西海和北海。然后在皇城的西南角，折向西北方向，随即又折向北面，继续北流，进入宫城，注入宫城诸海	是隋唐长安城的3条主要引水渠之一，主要分布于外郭城的西部。清明渠位于永安渠东，与永安渠同为隋唐长安城西部各坊及皇城、宫城的供水渠道	开渠于少陵原西侧，便于引潏水和洨水入城（是长安城的主要引水渠）主要供应长安城的西半部分和皇城、宫城用水
黄渠	潏水（义谷）	不详	黄渠水从长安城东南角入城，流经敦化坊，注入修政坊中的曲江池的北端，唐长安城东南隅的曲江	曲江水的水源主要来自黄渠水，开凿黄渠的直接目的是让其灌注曲江。另外还要供给都城东南隅的各个里坊用水。黄渠在城东南，黄渠自南山义谷口引义谷水北流，经少陵原入京城西南隅，汇入曲江池，再引小渠穿城而过，流入东南各坊，一支西北流入慈恩寺，另一支东北流入升道坊龙华尼寺，这两条渠道都是解决都城东南隅生活用水的渠道	开渠于少陵原东侧，便于引浐水和义谷水入城，满足长安城东南部分的用水
漕渠	潏水	不详	从秦岭山脉脚下开始，一直向北，然后在金光门入城，随后流到外郭城西市的放生池，再流到宫城，最后注入禁苑中	一是解决西市的木材运输问题。一是进行城市与城市之间的物资和粮食的运输	开渠于少陵原西侧，便于引潏水和洨水入城

2. 隋唐长安城的水井

"八水五渠"构成的隋唐长安市水系，主要是以地表水为水源的城市供水系统。根据现有研究成果及考古资料，"五渠"的服务区域主要是皇城、宫苑区，服务对象直接面向统治阶层。而在这样一座人口规模超过百万的"都城"，满足其居民日常生活的给水设施有哪些？与当时中国其他地区城市无异，隋唐长安城的城市居民以取用地下水资源为主要方式来满足日常生活，水井是最直接有效的地下水取水设施。"八水绕长安"的自然环境，使当时的长安城的地下水水位较高，对于普通居民凿井取水是极有利的。20世纪50至90年代，考古工作者分别在隋唐长安城遗址范围内的大明宫、西内苑、醴泉坊、太平坊、宣平坊、西明寺等处零星发掘了一些形制、规模不同的水井[116]，反映了隋唐长安城对地下水开采利用的基本情况。可以推测凿井取水是当时一种主要的取水手段，水井是居民日常生活的必备设施。

3. 隋唐长安的排水系统

隋唐长安城的排水系统包括排水沟渠、渗井和城壕。其排水路径一般如下：首先在居民房屋附近有专门用于汇集污水或雨水的坑，连接到小的排水沟（明沟或暗沟），小排水沟再把水排入街边的大排水沟，再排入城壕，最后由排水渠排入周围的河流。

具体而言，雨水排放主要通过街道两侧的水沟（御沟、杨沟、羊沟）完成。雨水汇集到街道旁的明沟之后，顺势流淌至与明沟相连、埋设在各街巷内的暗渠中。里坊内雨水的排放与街道的排水方式基本相同，相比街道排水较为简单，主要是通过地表自然渗透配合渠道外排来完成里坊内雨水的排除。在长安城的给水渠道中，永安渠、清明渠及龙首渠入城后，经过城内各坊、里、湖泊后均顺利向北，注入渭河和浐河，这些渠道除了承担供水任务以外，在某种程度上也起到分洪作用。

除了雨水排放设施之外，考古发现隋唐长安城还布设有很多解决城内居民生活污、废水排放的专用排水管网，这些管网都各为体系、相互独立存在于各个里坊内，负责所处里坊内居民的生活污、废水排放。其管网由主管、支管及渗井三部分组成，其在规模上相对雨水排水管网要小，所以一般管道较短，支管及排放水量也较少。排污管道一般都为地埋式陶制或砖砌暗渠，各建筑下的排水管道出建筑后汇入改为砖砌的明渠内，明渠的末端往往都连接有渗井[107]。渗井是排污系统的重要组成部分，虽然宫苑内有设施完备的排水渠道，坊里有四通八达的下水管道和排水沟相通，但是在一个建筑群中或单个建筑中，除了与里坊下水管和排水沟相连接的设施外，还有渗井和排水道组成的院内排水设施，甚至在院内挖一眼渗井排掉污水[116]。渗井是污废水排水系统的末端处理设施，综合考古研究显示已于长安城内发现多处渗井，分为两种类型，一是与排污管道连接的渗井，一是单独存在的渗井。目前于原太平坊温国寺内（1982年）、西明寺遗址（1985年）、平康坊（1992年）、宣平坊（1994年）等遗址范围内均发现有渗井的分布痕迹[115]。

总的来说，隋唐长安城的排水系统是比较完整的，可以认为，遍布全城、沿各主要街道的排水渠为一级排水渠道，位于各里坊间的排水渠道为二级排水渠道，与二级排水渠道相接的小排水渠为三级排水渠。大排水沟的两壁都会加固处理或砌砖，以防止倒塌；小排水沟则较短、浅，或砖砌，或用筒瓦铺接，或用石刻水槽、陶水管相连[114]。大排水沟结合路面排水，主要解决雨水的排放和收集；小排水沟更多时候解决生活污废水的排放问题。而城壕是隋唐长安城排水系统的末端设施。

2.3.1.3　隋唐长安园林水利

隋唐时期是中国古代园林发展的全盛时期，不仅继承了秦汉恢宏的气魄，而且在艺术表现上也有了明显的升华。隋唐皇家园林在规模、内容、功能和艺术特色方面集中体现了"皇家气派"；私家园林以小喻大，山水景物与诗画风格相互渗透，极力追求诗画的情趣，已趋于典雅精致。而不论皇家园林或是私家园林，都得益于水利工程技术、建筑技术及城市规划思想的进步，园林水景的创造结合实际条件充分利用一切水资源，表现形式更加多样化，并配合城市水利系统，发挥一定的城市基础设施作用。

1. 隋唐长安的皇家园林水利

隋唐时期，长安城中的皇家园林有数十处之多，最著名、文献资料最丰富的有禁苑（即隋代的大兴苑，唐时改称禁苑，包括禁苑、西内苑、东内苑三个部分，故又称"三苑"）、大明宫（位于长安城禁苑东南之龙首原高地上，因此而称之为"东内"）、太极宫（与大明宫相对，因此称之为"西内"）、兴庆宫（位于长安外郭城东北、皇城东南面，因此称之为"南内"）的"三大内"宫苑园林（图2-18）。其中，"三大内"宫苑园林处于城中较高的区域。园林内以大型水池为主的各类水景突出，大明宫东设龙首池，北部有太液池[117]。据考，"龙首池北尚有凝碧池。"[118]此外，太极宫中有三海池，兴庆宫中有龙池（原兴庆池）。以各宫殿区的大型水域为中心，周边还散布其他中小型的水景空间。很多时候，这些水域作为宫廷中的蓄水池，发挥着调节水量的作用。禁苑一带地形开阔平坦，利用流经附近的河流及天然的下洼地段形成了多处人工或自然湖泊，对城区气候及水文循环有积极的调节作用。这种皇家园林中的大型水体结合临水建筑的有机布置方式，影响了后世历代皇家园林对水景的重视及其综合功能最大限度地发挥（表2-14）。

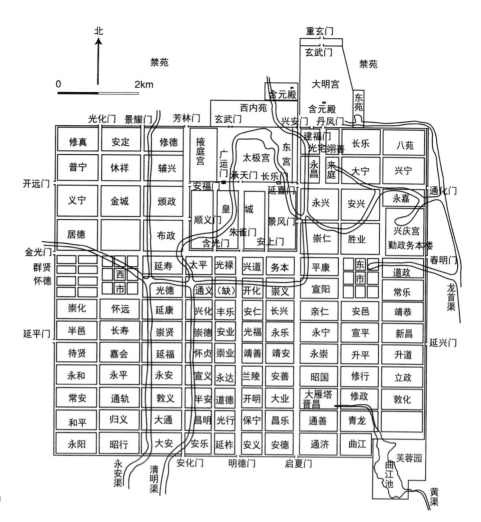

图2-18　唐长安宫苑分布图 [119]

隋唐长安皇家园林水利

表2-14

园林名称	园林性质	水源及位置	园林理水特色及园林水利功能
太极宫三海池（隋大兴宫，唐大明宫建成之前，一直作为大朝正宫，因此也称为"西内"）	宫城御苑	清明渠	园林区以东海池、北海池、南海池三个大水池为主体构成水系，并围绕三大水池建置一系列殿宇和楼阁
大明宫（东内）太液池	宫城御苑	龙首渠	/
东宫山池	宫城御苑	龙首渠 位于东宫山池院内	/
兴庆宫（南内）龙池	宫城御苑	龙首渠 位于南内兴庆宫南	本是平地，自垂拱、载初后，因雨水流潦成小池
禁苑（隋大兴苑，包括禁苑、西（内）苑、东（内）苑三部分）凝碧池	行宫御苑	龙首渠	周十余里，为蓬莱，方丈，瀛洲，诸山高出水百余尺，台观殿阁罗刘山上
禁苑鱼藻池	行宫御苑	灞河	深一丈
禁苑九曲池	行宫御苑	灞河	山池按旧书庄

园林名称	园林性质	水源及位置	园林理水特色及园林水利功能
东内苑龙首池	行宫御苑	龙首渠	/
西内苑（西内山池）	行宫御苑	清明渠 位于宫城西北隅山池院内	/
玉华宫	离宫御苑	/	/
仙游宫	离宫御苑	/	/
翠微宫	离宫御苑	/	/
华清宫	离宫御苑	/	/
九成宫	离宫御苑	/	/
凤泉宫	离宫御苑	/	/

2. 隋唐长安的私家园林水利

在隋唐长安城的五条给水渠道周边，聚集了大量私家园林池沼。据史念海先生在《唐长安城的池沼和林园》一文统计，城内62坊中共计分布着72处池沼，除去重复的坊，实际上有池沼的为52坊。就以这52坊而言，已接近当时外郭城108坊的半数。除了固有的园林景观价值外，这些池沼在城市的给水系统中从蓄水和净水两方面发挥了重要的作用。其一，大量池沼有可观的储水量，可以以均衡旱涝季长安城的用水量。城内绝大多数池沼均临渠而设或与输水渠道直接相连，在汛期渠水饱和的时候，渠水顺势补给池沼园林用水；在旱季渠水水量减少时，水位下降，池沼内的水倒流回渠道中，补充渠道水量，保证渠道下游用水。其二，目前经考古发现的长安城池沼，普遍通过支渠与输水干渠进行连接，这种布局方式可使水在渠道与池沼之间进行循环与沉淀，形成了以池沼为主，渠道为辅的多级沉淀水处理系统，从而保证官苑区用水的水质[107]。

引水筑池是唐长安私家园林水利的显著特征。"八水五渠"的城市水系结构为唐长安私家园林繁荣兴盛的局面奠定了充足的水利基础。据宋人张舜民所著《画漫录》载："唐京省入伏，假三日一开印。公卿近郭皆有园池，以至樊杜数十里间，泉石占胜，布满川陆，至今基地尚在。省寺皆有山池，曲江各置船舫，以拟岁时游赏。"[120]唐长安作为当时世界级的大都市，高官显贵云集，所营造的私家园林数量多、规模大、技术精湛，艺术风格浓厚。据《长安志》和《两京新记》载，长安城内的大多数坊区内都有王公贵族的私家园林，规模大者甚至占据半坊以上。这些贵族园林常被称为"山池院"，多是通过引水筑池进行人工水体的构筑。比如：

张说《独孤公燕郡夫人李氏墓志》载，许敬宗小池，"*引泾渭之余润，萦咫尺之方塘……叠风纹兮连复连，折回流兮曲复曲，爰凿小池，依于胜地，引八川之*

余滴，通三泾之洋汹……尔其潺湲绕砌，激没萦除。"

《长安志》卷十载，王昕园："引永安渠为池，弥亘顷亩。"

《关中胜迹图志》卷六载，宁王山池："引兴庆水西流，疏凿屈曲，连环为九曲池……又有鹤州仙渚，殿宇相连，左沧浪，右临漪，王与宫人宾客宴饮弋钓其中。"

此外，依靠文人雅士的匠心独运和巧妙设计，唐长安一些私家园林也很重视在园林空间中营造形态完备的水景体系。比如王维的辋川别业，其中有泸、湖、溪、濑、泉、滩等水景，全园水体连为整体，但又动静相兼容，活泼自然。这类水景空间的布局，使人工水体成功再现了自然水体的灵动丰富，体现了唐代私家园林理水技术的日渐成熟。

3. 唐长安的公共园林——曲江

曲江位于隋唐长安城的东南隅，向里让进两坊之地。在古代曲江池本是一个大池塘。"其水曲折，有似广陵之江，故名之"[121]。在秦代称隑州，在汉代是宜春苑之所在。西汉以后，曲江年久失修，一度干涸。随着隋唐两代定都长安，隋唐政府对曲江池进行了整治，使之北部（南部为芙蓉池，属御苑）成为当时著名的公共园林[122]（图2-19）。

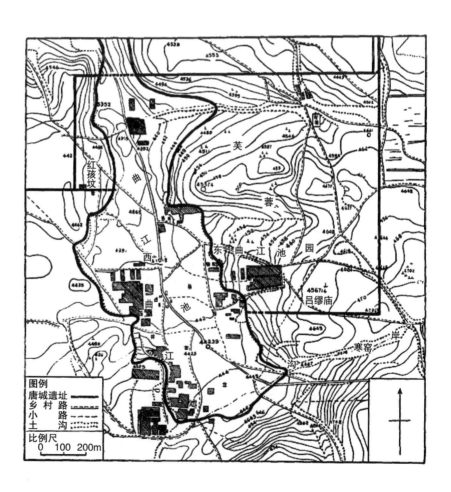

图2-19 唐长安芙蓉园、曲江池测图[123]

隋唐两朝对曲江池的大规模整治主要有3次。

（1）隋开皇二年（582年）扩大曲江池水面。隋初，宇文恺随大兴城的修筑，因曲江在京城之东南隅，地势较高，遂不设置居住坊巷而凿池以厌胜之，于是在南面的少陵塬上开凿黄渠以引义谷水入曲江，扩大了曲江池的水面。曲江北半于城内，南半于城外。城外的南半部分是隋御苑所在，隋文帝不喜欢以"曲"为名，故改名为"芙蓉池"。唐初一度荒废。

（2）唐玄宗开元中，重新加以疏浚。一方面挖掘池边的淤泥，疏通曲江所在洼地间的各水道；另一方面，导引浐河上游之水经黄渠汇入芙蓉池，恢复曲江池旧名。池水充沛，池岸曲折优美，环池楼台参差，林木蓊郁。

根据陕西省文物管理委员会1958年的《唐长安城地基初步探测》报告资料：现已探明的唐代曲江池是一处范围为144万m²，遗址面积为70万m²的大型园林[123]。曲江池是唐长安时期最大的公共游览地，康骈的《剧谈录》中有如下描写：

"花卉环周，烟水明媚。都人游玩，盛于中和上巳之节，彩幄翠帱，匝于堤岸，鲜车健马，比肩击毂（gǔ）。上巳即赐宴臣僚，京兆府大陈筵席，长安、万年两县以雄盛较，锦绣珍玩，无所不施。百辟会于山亭，恩赐太常及教坊声乐。池中备彩舟数只，唯宰相、三使、北省官与翰林学士登焉。每岁倾动皇州，以为盛观。入夏则菡蒲葱翠，柳荫四合，碧波红蕖，湛然可爱。好事者赏芳晨，玩清景，联骑携觞，亹亹不绝。"[38]

（3）唐文宗大和九年（835年）疏浚曲江。安史之乱直接造成了李唐王朝由盛及衰的局面，曲江池也大幅度受损。唐文宗大和九年（835年），唐文宗发左右神策军各一千五百人疏浚曲江，并修复紫云楼、彩霞亭。文宗在敕书里说："都城胜赏之地，惟有曲江。承平已前，亭馆接连，近年废毁，思俾葺修，已令所司，芟除栽植。其诸司如有力及要创制亭馆者，给予闲地，任其营造"[124]。但已无复开元天宝时的景象[122]。

曲江池在晚唐时期，因黄渠年久失修，池边原来的泉眼也被堵塞，逐渐断流干涸而最终湮废。在五代十国时期，新筑长安城的规模远不及唐长安时代，因此位于原城东南隅的曲江池在此时则位于城市的荒野区域。随后，池周边及池底先后变为农田。

根据《旧唐书》《资治通鉴》等文献的记载，曲江池所在的基址范围原先是水洼，有地下泉水作为水源，在唐代黄渠开通后水量倍增。由此可见，其发展和兴衰主要依赖于黄渠水。《类编长安志》卷六之泉渠"对黄渠的记载："黄渠自南山东义谷堰水，上少陵原，至杜陵南，分为二渠，一灌鲍陂，一北流曲江"，表明黄渠在长安城东南，自南山义谷口引义谷水北流，经少陵原入京城，汇入曲江池，再引小渠穿城而过，流入东南各坊，一支西北流入慈恩寺，另一支东北流入升道坊龙华尼寺。具体黄渠入城处在长安城的东南约9km处的鲍陂，黄渠堰大峪水北上少陵原，经韦兆东、戎店西分为两路，一支经鲍陂，向西流到敦化坊的东南隅入城，入城后，一直向西流经修政、晋昌，到达慈恩寺，然后在晋昌坊的西南隅折向西南流，然后斜穿过昌乐、保宁、光行、安乐等坊，汇入清明渠。黄渠的另一支支渠从新昌坊的西南隅曲江池出发，一直向西南流，在升平坊的西南隅又折向西北方向，终与龙首西渠汇合。因此，黄渠的开凿并不仅仅是为了扩大曲江池的水面，以方便园林造景，其开凿之后作为城区东南隅各里坊用水的主要供给之源，保证了长安城东南区的日常用水需求。

总之，可以将曲江池视为城市东南分区的"水库"，由于东南部地势高，曲江池水面的扩大和水位的抬高是为了顺利引水入城，否则东南一带的日常供水就会因地势的限制而发生困难。因此，开元年间疏浚底泥、扩大水面、开渠引水等一系列工程，是为了增加曲江池的蓄水量，以保证城东南部用水的重大举措。

2.3.2 洛阳

2.3.2.1 隋唐洛阳地区自然环境与城市营建概况

1. 隋唐洛阳地区的自然环境概况

张衡《东京赋》曾描述洛阳所处"泝洛背河，左伊右瀍，西阻九阿，东门于旋，盟津达其后，太谷通其前，回行道乎伊阙，邪径捷乎轩辕，太室坐镇，揭以熊耳"。洛阳联系关中、山右、荆襄、徐州、冀州等地的咽喉，故洛阳河山拱戴，形势甲于天下。隋炀帝选择伊洛河中间的冲积平原建都，西部涧（谷）水，东部瀍河的四水环绕，肥沃的冲积平原土壤，充沛的水源、适宜的气候，为洛阳提供了富饶的物质资源[125]。

2. 隋唐洛阳的城市选址及布局

隋炀帝于大业元年（605年）下诏在汉魏洛阳城故城西十八里处经营东都。隋唐洛阳"前直伊阙，后据邙山，左瀍右涧，洛水贯其中，以象河汉"[126]，是隋唐长安之外的又一座大型都市。隋唐洛阳城跨洛水而建，洛水横贯其中，被分为洛南、洛北两部分。洛水贯都，瀍、涧汇于其间，极大地方便了城市供排水、交通运输及园林用水。跨河而立的建设布局，使都城北岸有漕渠、瀍水、洩城渠、写口渠；南岸有通济渠、通津渠、运渠及两条伊水支渠。河渠入网，使城市经济繁荣发展（图2-20）。

洛阳在正式成为隋唐都城之前，已经有东周洛邑及汉魏洛阳城址。隋唐洛阳跨河而立，另辟新址，其规模也远远超越以往城址。隋唐东都选址于汉魏洛阳城以西地势稍高的部位，首要原因是对汉魏时期堰洛通漕工程一些消极影响的积极回应。堰洛通漕工程使洛水大部分水流量流入城南之谷水，因此使汉魏洛阳城的南垣经常受到谷水的冲刷而受损，同时也使洛水原河道逐渐废弃，令汉魏洛阳城频遭水患。其次，隋唐洛阳的选址是对交通和水利的综合考虑的结果。隋唐洛阳

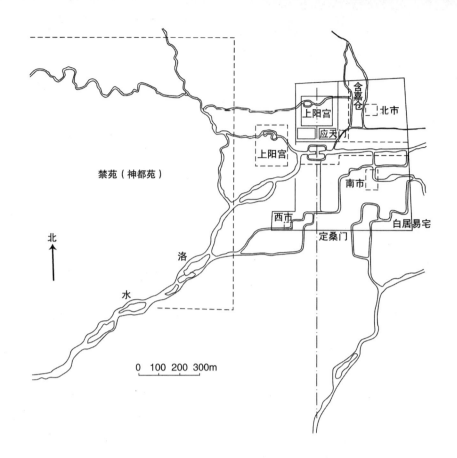

（图中标注：）

含嘉仓

北市

上阳宫

应天门

禁苑（神都苑）

上阳宫

南市

北

西市

白居易宅

洛

定桑门

水

0 100 200 300m

※图2-20　隋唐洛阳总体规划示意图[1]

城址所在地控制了伊洛瀍涧四水，使城市供水更为丰沛。从城市交通来看，水路上，新址跨河而建，为伊洛瀍涧四河纵横交错的中心，成为水运中心。城内水路河渠如网，处处通漕，整个漕运系统以洛水为中枢，南北两翼遍布河渠；城外陆路交通便利，是洛阳平原陆路交通的枢纽，控制了伊洛瀍涧四河的谷口[102]。

2.3.2.2　隋唐洛阳区域及城市水利系统

1. 隋唐洛阳城的供水系统

（1）自然水系

根据考古发掘证实，隋唐洛阳是在北魏所因袭的汉魏故城（东汉、曹魏、西晋、北魏的国都）西二十里谷水之东[127]。洛水、伊水、瀍水（谷水）、瀍水构成了洛阳城的自然水系系统。其中以洛河水量最大，而伊水、涧水（瀍/谷水）、瀍水三河为洛水支流[102]。洛水是与隋唐洛阳城有密切关系的水系中最大的一条[128]。《唐两京城坊考》雒（同"洛"）渠记载："雒水在洛阳县西南三里，河南县北四里。西自苑内上阳宫之南，流入外郭城。东流经积善坊之北，分三道，当端门之南立桥……又东流经询善、嘉猷、延庆三坊之北，出郭城。[129]"根据考古研究得出的隋唐洛阳实测图可知：洛水从隋唐洛阳城中部东西方向横穿，将城址分为洛北、洛南两部分[128]。

伊水是洛阳的第二大河流，掠城东南而北流，而后东注洛河。从洛阳城南，分东西二支水流，均是连接洛水与伊水两大水系的重要人工渠道。目前根据考古发掘已经推测出伊水东西支流的基本走向与《唐两京城坊考》的描述相符，均为南北走向[128]。

谷水在洛河的北部，《水经注·谷水条》载："《左传》襄公二十五年……韦昭曰：洛水在王城南，谷水在王城北，东入于瀍。"[130]《大业杂记》载："都大城，周回七十三里一百五十步，西拒王城，东越瀍涧，南跨洛川，北逾谷水。"[131]《唐两京城坊考·谷渠》记载："渠在雒水之北，自苑内分谷水东流，至城之西南隅入雒水。渠南隋有石泻，后入上阳宫。"[132]文献资料说明：谷水从都城西北方向注入上阳宫和宫城，成为皇家园林的专用水源，后入洛水[125]。考古发掘工作已经证实了谷水与隋唐洛阳城宫、皇城及上阳宫等建筑给排水的关系[128]。

瀍水在隋唐洛阳城的北部，由城北直接流入城内[44]，流经洛阳城西部，经进德坊、履顺坊、思恭坊、归义坊又东南流入漕渠[133]。

（2）人工引水渠道

隋唐洛阳的城市供水，以洛河为主要水源，配合其支流谷、伊、瀍诸河，又开凿若干引水渠道，组成了一个具有相当规模的城市水系（图2-21）。由于地形限制，洛河南北岸分为两种情况：洛河南岸地势高，引水渠道都自洛河上游和伊河上引水入城，在城内流入洛河。洛河南岸入城共有通津渠、通济渠、两条伊河

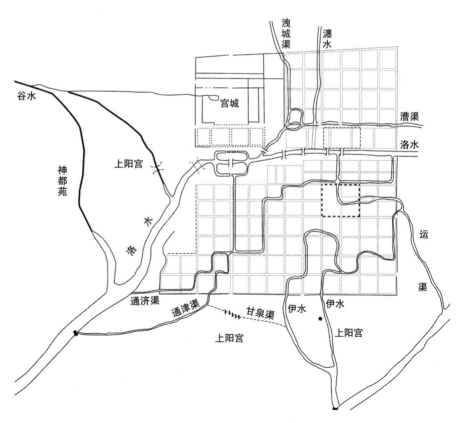

图2-21　隋唐洛阳城市水系示意图[134]

第2章　中国古代都城园林水利　　073

支渠和运渠共5条渠道，其中通津渠、通济渠二渠引水在洛河上游，两条伊河支渠和运渠引自伊河。南岸渠道布局均匀，基本覆盖整个城南区域，伊水两条支渠所经之处池沼集中。洛河北岸，地势较低，从城内洛河直接分引北出，或者从支流谷水和瀍水注入城内。北岸的人工渠道有4条，即漕渠（隋代时称通远渠）、泻（洩）城渠、写（寫）口渠、瀍渠[23]（表2-15）。

隋唐洛阳城人工引水渠概况[102,125]　　　　　　　　　　　　　　　　　　　表2-15

水渠名称	主要功能	流经区域
通津渠	解决洛南里坊供水问题	引洛水由定鼎门西边入城，流经从政坊、宁人坊、宽政坊、淳化坊、安业坊、修文坊、尚善坊、延庆坊，于天津桥南汇入洛水
通济渠	通济渠的西段自东都洛阳西苑起由此引洛水和谷水，穿洛阳城南，东经偃师至巩县洛口入河。通济渠的东段自板诸引河水入汴达于淮。通济渠是洛阳通向江淮的水运纽带	由城西南通济坊入城，经过通济坊、西市、大同坊、淳风坊、淳化坊、修行坊、崇业坊、修业坊、劝善坊、惠和坊、通利坊、富教坊、睦仁坊、静仁坊在于庆坊内东北处汇入洛水，流经区域共计16坊和1市
运渠	主要负责南北水运	引自伊河，由外城郭东南入城，流经怀仁坊、仁风坊、从善坊、绥福坊、林园坊、南市、通利坊、慈惠坊六坊和一市，于询善坊西汇入洛水
伊河支渠	主要解决洛南里坊供水问题	伊水从洛阳城南，分东西二支水流，流经兴教坊、宣教坊、陶化坊、嘉善坊修善坊、永丰坊、正俗坊、归德坊，二支在集贤坊西南处合流再流经崇让坊、履信坊、利仁坊、归仁坊、怀仁坊五坊，最后入洛水
漕渠	解决洛北里坊供水问题，对北市和含嘉仓的漕运提供了便利，是连通大运河的命脉	流经外城郭积德坊、毓财坊、时邑坊、景行坊、归义坊、立德坊、承福坊七坊
洩城渠	盛唐时期，泄城渠是新潭至含嘉仓的重要运粮通道	从城北含嘉仓入城，向南流经立德坊、清化坊、道光坊、道政坊四坊，在立德坊东南汇入漕渠
写（寫）口渠	解决洛北用水	于东城东门宜仁门南清化坊西南处枝分浊城渠，向南流经立德坊，于其坊东南流入潜渠
瀍渠	解决洛北用水	流经进德坊、履顺坊、思恭坊、归义坊，汇入漕渠

2. 隋唐洛阳城的排水系统

（1）随形就势排水分流

隋唐洛阳城内，如网的河渠水系遍布纵横的大街小巷和一百多个里坊间，然而真正排出城外的河流只有洛水和漕渠。洛阳城地势由南向北逐渐降低，以洛河为界，城区被分为南北两部分，洛河恰位于城中地势最低处，因而汇集洛北谷水、伊水（两支）、通济渠、通津渠和运渠于一身，引水南北两侧，排水只能排入洛河。虽然漕渠分担了城内的部分水流，但是遇到雨季和丰水期，洛河依然无法容纳过多的水量，以致泛滥成灾，因此在洛河中段筑堰，分流雨季和丰水期洛河多余的水量，避免导致灾害。《元河南志·唐城阙古迹》记载："当洛水中流立堰，令水北流入此渠。"漕渠同时承担着洛北泄城渠和寫口渠、瀍水的水流，是洛北地区主要的排水水道[125]。

（2）人工排水设施的设置

根据考古研究，在洛阳城宫城夹城内曾发现排水沟4条，渗井2个；宫城内九洲池与其周边建筑之间设有明暗水道，用于排除积水。另据考证发现，隋唐时期的定鼎门东西两侧各有一条水渠，皆呈南北走向，东侧水渠西距定鼎门街中线约64.5m，水渠东西宽14.2m，深1.85m；西侧水渠东距定鼎门街中线约63.5m，西距宁人坊坊墙1m，东西宽9m，深1.6m，经考察是一处地上明沟[135]。另外，在仁和坊和兴教坊之间的南北向街道西侧，曾发现有1处沿街的排水沟，沟宽2.5m，深0.8～1.1m。此外，在唐寺门附近也曾发现唐下水道用的青石板，将青石板相接处以石灰黏结，应属地下暗沟[136]。由此可知，洛阳排水体系是明渠与暗沟共同构成网络，依地形坡度以及排水要求进行规划设计，一般在街道两旁设置排水干沟，在与街道垂直的巷道铺设排水支沟，形成排水沟网。水由干沟流入明渠，再由明渠排入天然水体[135]。

洛水横穿隋唐洛阳城，对洛阳城的水利开发建设起到了极大的促进作用，但由于沿河居住区所在的地势低洼，虽筑有防洪堤，但也未能使洛阳免遭水患。有唐以来，洛阳水患共计发生21次。除了地形地势的原因之外，洛阳城内的堤防建设不完备，武则天当政之前洛阳城一直未加筑外郭城。此外，隋唐洛阳城与隋唐长安城在城市防洪排水设计方面有同样的失误，即全城排水渠道只有洛水和漕渠两条，无法容纳全城所有的排水量。洛水中立堰取水，使洛水城区段水位提高，无疑也加剧了洪水泛滥的机会[44]。尽管如此，隋唐洛阳城在城市水利系统方面取得的成就依然是值得肯定的。

2.3.2.3　隋唐洛阳园林水利

隋唐洛阳城丰富的地表水系为园林营建提供了充足的条件。城内的自然河流与人工渠道穿流于宫城、皇城、御苑和里坊间，遍布城市的河渠水网，对城内用水、排水提供极大便利。与此同时，基于城市水利的开发，也兴建了大量园林，造就这一时期洛阳园林的盛况（图2-22）。隋代的西苑和唐代的上阳宫，都是中国历史上著名的皇家园林，其特色得益于对谷水、洛水的引用。作为东都和经济文化中心，隋唐洛阳城内多为达官显贵的私家宅园，城外也多是贵族官僚的别墅园林。私家宅院和别墅园林内也多有池沼，而这些池沼的开凿同样得益于洛阳城内外的自然河流和人工渠道。隋唐时期作为中国古代园林发展历程的全盛时期，就洛阳园林而言，不论是私家园林还是皇家园林，都具有这一时期的代表意义。

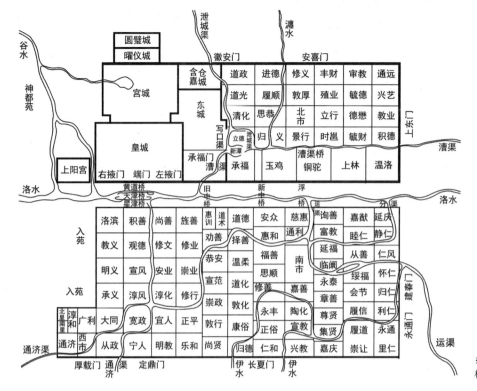

※图2-22 隋唐洛阳水系与皇家园林分布示意图[134]

1. 隋唐洛阳皇家园林水利

（1）离宫御苑——隋西苑（唐东都苑）

隋朝皇家园林最杰出的代表作便是位于东都洛阳的西苑（图2-23）。为隋炀帝杨广时期所营造的宫苑，缔造了中国皇家园林发展史上的一个辉煌时期。隋炀帝即位之初，"于皋涧营显仁宫，苑圃连接，北至新安，南及飞山，西至渑池，周围数百里，课天下诸州，各贡草木花果，奇禽异兽于其中。"[137]宫苑营造在这一时期达到了登峰造极的程度。

隋西苑又称会通苑，是中国历史上仅次于西汉上林苑的一座特大型皇家园林[1]。唐代改名为"东都苑"，武后时名为"神都苑"，较之隋代，西苑在唐代时的规模大大缩减，但总体水系未变。据北宋司马光主编的《资治通鉴》记载：西苑"周二百里，其内为海，周十余里，为方丈、蓬莱、瀛洲诸山，高出水百余尺，台观宫殿，罗络山上，向背如神。海北有龙鳞渠，萦纡注海内。缘渠作十六院，门皆临水，每院以四品夫人主之。"[138]据隋朝著作郎杜宝的《大业杂记》记载：西苑"周二百里，其内造十六院，屈曲绕龙鳞渠……渠面阔二十步，上跨飞桥……苑内造山为海，周十余里，水深数丈，其中有方丈、蓬莱、瀛洲诸山，相去各三百步。山高出水百余尺，上有通真观、集灵台、总仙宫，分在诸山。风亭月观，皆以机成，或起或灭，若有神变。"[139]据佚名《海山记》："又凿五湖，每湖四方十里，东曰翠光湖，南曰迎阳湖，西曰金光湖，北曰洁水湖，中曰广明湖。湖中积土石为山，上构亭殿，屈曲环绕，澄碧，皆穷极人间华丽。又凿北海，周环四十里，中有三山，效蓬莱、方丈、瀛洲，

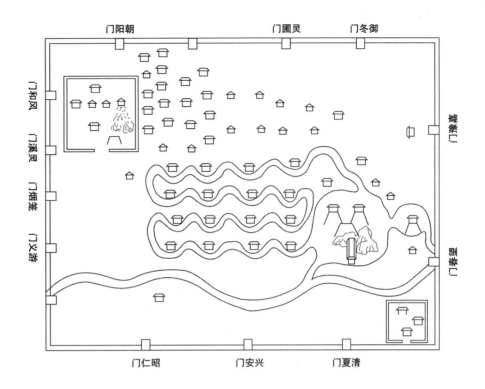

门阳朝　　　门圃灵　门冬御

门和风

门溪灵

门烟笼

门义游

门漱嘉

门春望

门仁昭　　　门安兴　　　门夏清

※图2-23　隋西苑示意图[1]

上皆台榭回廊，水深数丈。开沟通五湖北海，沟尽通行龙凤舸。帝多泛东湖[140]。"

综合其他文献记载，可以得知洛阳隋西苑具有如下特点：第一，隋代开凿的南北运河是以洛阳为中心的，南去的通济渠，即以洛阳西苑为起点[23]。隋炀帝在营造东都之时，大力发展引水工程，"开通济渠，自西苑引谷、洛水达于河，自板渚引河通于淮。"[141]隋西苑正是这样一座水利功能导向下兴建而成的大型人工山水园。第二，西苑布局是以人工挖掘的"北海"和海中的三仙山为中心，以龙鳞渠为脉络，曲折萦回于苑中十六组庭院间，联系苑内大小池沼，并最终注入北海，形成完整的水系[1]。第三，西苑中水网发达，水体形态变幻纤曲，形成了海、渠、湖等多种类型的水面，其水体景观之丰富较之秦汉宫苑大有进步。水体在西苑中已经从单纯的观赏对象发展成为组织空间布局、营造整体效果的重要因素。西苑中的龙鳞渠不仅是一条游船航行的水道，而且将沿渠十六院组织成一个整体，并进而与南面的山海景区相通连，可见，这一时期皇家园林中的水体已从单纯的欣赏性对象成为连接园林诸要素的综合手段[142]。第四，西苑众多池沼曲渠，以吸纳谷、洛二水的部分支流，再向东流入宫城，因此，大小不等的池沼和蜿蜒曲折的长渠，在洪汛时期对洪水起到了一定的缓冲作用。

（2）大内御苑——九洲池和陶光园

①九洲池

九洲池是隋唐洛阳宫城内一处重要的宫苑园林，始建于隋代，得益于汉魏时期引谷工程而形成的小面积水域，唐代扩大面积，宋代逐渐衰落。

根据考古发现，结合文献资料可知，隋唐洛阳宫城九洲池是一处人工开凿的湖面。大业元年（605年），隋炀帝跨洛河营建东都洛阳城，宫城、皇城位于都城西北隅的高冈之上，并于宫城内修建九洲池，引谷水入城，形成宫城御苑[143]。九洲池所在的地理位置为洛阳城西北隅，决定了其引用的水源为谷水。"开渠引谷、洛水，自苑西入，而东注于洛"[144]，谷水从西北入城，主要流经西苑、上阳宫、宫城、皇城，最后汇入洛河（图2-24）。

《河南志》卷三《隋城阙古迹》："九州池。其地屈曲，象东海之九洲，居地十顷，水深丈余，中有瑶光殿、琉璃亭，在九州池南。一柱观，在琉璃亭南。"[133]

《河南志》卷四《唐城阙古迹》："九州池。在仁智殿之南，归义门之西。其地屈曲，象东海之九州，居地十顷，水深丈余，鸟鱼翔泳，花卉罗植。瑶光殿，在池中州上，隋造；琉璃亭，在瑶光殿南，隋造；望景台，在九州池北，高四十尺，方二十五步，大帝造；一柱观，在琉璃亭南，隋造[142]。"

通过以上描述，可粗略推测九州池的大致情况：位于隋唐东都洛阳宫城的西北部，是东都城的重要组成部分，九州池中有瑶光殿、琉璃亭、一柱观等宫苑建筑，皆隋代所建。

2013年～2015年，对九州池进行全面发掘，发掘了北岸、东岸和西岸局部、引水渠、排水渠、池中岛屿等[1]。考古工作发现，九州池以大面积的水景为主，池内有6座小岛，均为生土台基，岛呈椭圆形或近圆形，直径分别为23～50m，面积在1000～1400m²之间。另发现池北面东西两侧各有一条宽约5m、深4m的渠道

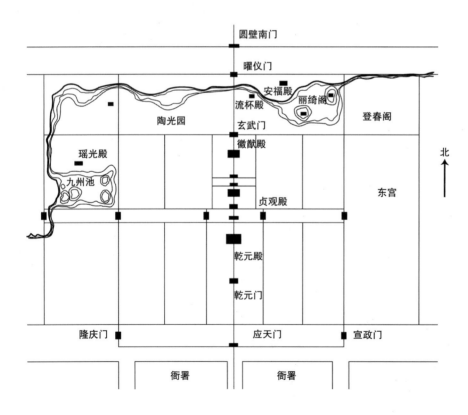

※图2-24　隋唐时期九州池的位置[1]

向北延伸，至陶光园南墙附近向内折，相交处被晚期淤土破坏，可能是九州池的进水口。南面东南角也有一条渠道遗迹，可能是九州池的出水口。

在九州池周边考古发现一些引水渠，充分说明隋唐皇家园林的建设是有意识地将都城供水与园林水景有机结合起来，人工开凿的输水渠道结合宫苑池沼，在发挥贮水功能的同时，有利于沉淀净水。

②陶光园

陶光园是位于洛阳宫中的一处园林。洛阳宫隋名紫微城，唐贞观六年（632年）改名为洛阳宫，宫城正殿为乾元殿，乾元殿北为贞观殿，贞观殿北为徽猷殿，据《河南志·唐城阙古迹》载：“徽猷殿在贞观殿北。殿前有石池，东西五十步，南北四十步……陶光园在徽猷、宏徽之北。东西数里……园中有东西渠，西通于苑。”[133] 1994年，在徽猷殿遗址的北边发现了隋唐代时期的水渠、花园等遗迹，有学者认为是陶光园中的遗迹[125]。这里所说的石池、东西渠、阁北池等皆是从属于洛阳宫陶光园园林水系中的景观。目前，考古研究证实谷水经陶光园内东西向河道分流，分别在九州池东北隅和西北隅注入九州池[128]。

陶光园是一座平面呈长条状的水景园，园内有横贯东西向的水渠，在园的东半部潴水为池。根据考古推测，九州池北面与陶光园内的水渠相连接，南面伸出9m的缺口应该是通往宫城外的另一条水渠。由此及前文分析可知，以九州池为主体的园林区与陶光园从园林性质上来讲，均属于大内御苑，两者之间的水系以水渠进行联接。九州池不在陶光园内，而是位于洛阳宫中西北角处，这说明隋唐时期，皇家园林宫内有苑、宫苑一体的情况[1]。

③行宫御园——上阳宫

上阳宫位于皇城西南隅，始建于唐高宗上元年间。西面紧邻禁苑东都苑，东接皇城之西南隅，南临洛水，西距瀍（谷）水。谷水经上阳宫自北向南注入洛河，洛河紧邻上阳宫南部，谷、洛二水穿宫入园，屈曲萦回。宫内水源丰盈，水景丰富，形成“洛水穿宫处处流”的景观特色（图2-25）。

考古发现上阳宫园林遗址西侧有一条南北向水渠，水渠东侧则发现有精心垒砌的水池。池底西高东低，入水口在西，水流走向与《元河南志》卷四中“自苑内分谷水东流，至城之西南隅（即上阳宫之所在）入洛水”的记载是一致的[145]。

另外，上阳宫已发现的园林遗址由水池、廊房、水榭、石子路以及假山组成。根据考古发现，水池呈东西向长条形，南、北两岸随地势稍有屈曲。已揭露部分东西方向长53m，南北宽窄不一，水池最宽处上口宽5m，底宽3m，最窄处上口宽3m，底宽1.2m，平均深1.5m，横断面略呈倒梯形。地势西高东低，入水口在水池西侧，用青石砌成，高距池底1.5m，池底经夯打，上铺河卵石。池岸用太湖石层层垒砌，高低错落。水池西岸还发现三处用卵石铺筑的缓坡状护岸，其中北岸一处，南岸两处[146]。从水池的形态和两侧驳岸的走向来看，出土的这部分水池东

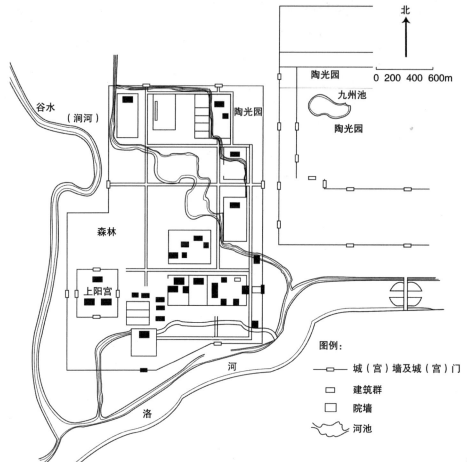

北

0 200 400 600m

谷水
（涧河）

陶光园

九州池

陶光园

森林

上阳宫

洛 河

图例：
城（宫）墙及城（宫）门
建筑群
院墙
河池

※图2-25　上阳宫水系[1]

侧很有可能通向一处更大更开阔的水面，西侧则可能通向那处联结古洛河的水渠，因此这处水池实质上具有"溪"的特点和功能。已发现的3处河卵石驳岸，相关研究推测，应该是基于对水量季节性变化的考虑。因此，这处溪流池底应是南部略深而北部略浅，洛水是季节性河流，水位变化大。北侧池底所铺卵石有可能在低水位时露出水面从而形成卵石滩地的景观[147]（图2-26，图2-27）。

2. 隋唐洛阳私家园林水利

综合《唐两京城坊考》《河南志》《洛阳县志》《旧唐书》《全唐诗》等众多文献，隋唐洛阳城内包括私家园林在内的各类园林池沼超过40余处（表2-16）。苏辙的《洛阳李氏园池诗记》曰："其人习于汉唐衣冠之遗俗，居家治园池，筑台榭，植草木，以为岁时游观之好。"[148]可见，营建园林是隋唐时期几乎所有满足条件的家宅所热衷的爱好。同拥有"八水五渠"水系格局的隋唐长安一样，区域自然环境同样赋予了同时期的洛阳城以优渥的水资源条件。"洛水贯都，三面环水"，这一先天的用水条件，为洛阳园林的繁盛创造了环境（图2-28）。根据文献资料的整理统计，隋唐时期的洛阳私家园林从总体分布情况来看，主要有以下两大特点：

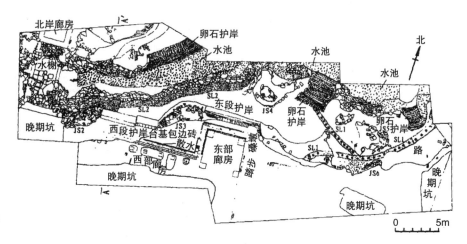

※图2-26 上阳宫园林遗址平面图[146]

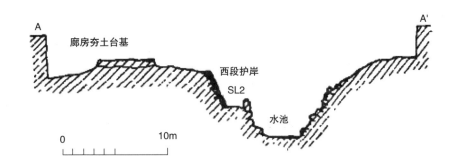

※图2-27 上阳宫园林遗址剖面图[146]

隋唐洛阳私家园林水利案例 表2-16

名称	里坊	水源	相关文献描述
魏王池（一处由洛水溢余而成的天然池沼，是当时洛阳城内的公共游览胜地）	道术坊	洛水	位于洛水南岸的魏王池，是当时洛阳城内的公共游览胜地，在洛水中筑堤，"壅水北流，余水停成此池"，"下与洛水潜通"，"水鸟翔泳，荷芰翻覆，为都城之胜地。"《唐两京城坊考》："唐贞观中并坊地以赐魏王泰，泰为池弥广数顷，号魏王池。"又洛渠"（洛水）过桥又合而东流尚善、旌善二坊之北，南溢为魏王池。与洛水隔堤，初建都筑堤，壅水北流，余水停，成此池，下与洛水潜通深处至数顷，水鸟翔泳，荷芰翻覆，为都城之胜地"
韦瓘宅池	崇让坊	伊水支渠	余洛川弊庐在崇让里，有竹千竿，有池一亩
白居易宅池	履道坊	伊水支渠	《唐两京城坊考》："地方十七亩，屋室三之一，水五之一，竹九之一；按居易宅在履道西门，宅西墙下临伊水渠，渠又周其宅之北，宅去集贤裴度宅最近"
崔群宅	履道坊	伊水支渠	白居易有《祭崔尚书文》"洛城东隅，履道西偏，修篁迴舍，流水潺湲，与公居第，门巷相连。"
裴度宅（平津池）	集贤坊	伊水支渠	《旧唐书》云："东都立第于集贤里，筑山穿池，竹木丛萃，有风亭水榭，梯桥架阁，岛屿回环，极都城之胜概。"
姚崇山池院	询善坊	运渠	《姚开府山池》：主人新邸第，相国旧池台
元稹池馆	履信坊	伊水支渠	微之履信新居多水竹

名称	里坊	水源	相关文献描述
归仁园（牛僧孺）	归仁坊	伊水支渠	《河南志》池石仅存，此才（纔）得其半
李仍淑宅	履信坊	伊水支渠	宅有樱桃池，仍淑诣于白居易，刘禹锡会其上
安国观静思园	正平坊	通济渠	院南池引雨水注之
杜氏宅	修行坊	通济渠	温庭筠《和太常杜少卿东都修行里嘉莲诗》：春秋罢注直铜龙，旧宅嘉莲照水红。两处龟巢清露里，一时鱼跃翠茎东。同心表瑞苟池上，半面分妆乐镜中。应为临川多丽句，故持重艳向西风
柳当将军宅	履新坊	伊水支渠	柳当将军者，在履新东街有楼台水木之盛
薛贻简园	温柔坊	通济渠	阁门使薛贻简园，号薛氏奉亲园，园内流杯石，传自平泉徙致
崔玄亮宅	永通坊	伊水支渠	盖宅有水竹之盛
魏征宅	劝善坊	通济渠	魏征宅山池院有进士郑光义画山水，为时所重
长宁公主宅	惠训坊	洛水	《新唐书》载：魏王泰故第，东西尽一坊，潴沼三百亩，泰薨，以与民。至是，主丐得之，亭阁华诡埒（liè）西京
精思院南池	正平坊	通济渠	《唐语林校证》载正平坊安国观内有精思院：院南池引御渠水注之，叠石象蓬莱、方丈、瀛洲三山……咸通中，有书生云尝闻山池内步虚笙磬之音
月陂（一处由洛水溢余而成的天然池沼）	明义坊	洛水	《唐两京城坊考》明义坊：坊南西门外即苑之东也，其间有顷余水泊，俗谓之月陂，形似偃月，故以名之
新潭	洛水之北东城之东第一街南数第二坊立德坊	洛水	《新潭赋》称：星月沉浮乎其内，烟云洗拂乎其表；不生菱荷，但聚鱼鸟。通舳舻之利，于国既多，开浸灌之功与人非少
放生池	洛水之北东城之东第四街南数第一坊时泰坊	洛水	《唐两京城坊考》

第一，私家园林沿河、渠分布，水源丰富。隋唐洛阳城的河、渠以洛水为中心，所有渠道均与洛水相通。城内洛河南岸有通津渠、通济渠、两条伊河支渠和运渠共5条渠道。洛河北岸有漕渠（隋代时称通远渠）、泻（洩）城渠、写（寫）口渠、瀍渠4条人工渠道。

第二，私家园林数量众多，分布广泛且集中。以洛水为界，大部分私家园林分布于洛阳城市的南部区域，这与城市的整体布局与功能分区直接相关。

其中，裴度宅池、白居易宅池、姚崇山池、元稹宅池、樱桃池、柳当宅池、崔群宅池、崔玄亮宅池、牛僧孺宅池、魏徵宅池、韦瓘宅池、精思院南池见于文献记载的12处私家园林主要沿着洛河南岸的通济渠及运渠分布，园林距离水源越近，引用越方便。这些河流、渠道、池沼与私家园林共同构成洛阳城的园林水利景观，反映出隋唐时期洛阳的城市水利之盛。

3. 小结

隋唐长安和洛阳是当时世界上规模最大的城市，作为地处北方的都城，两座

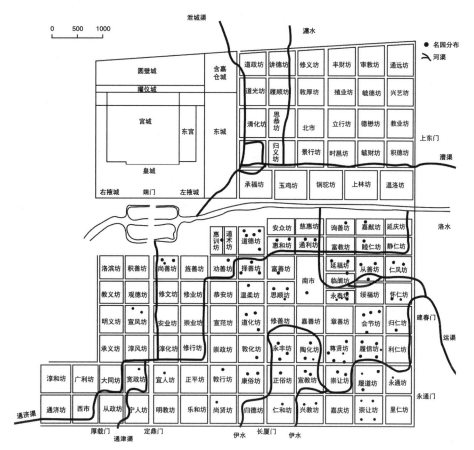

图2-28　隋唐洛阳城水系与私家园林分布图[119]

城市都利用相对丰富和充沛的自然水资源进行了园林水利的营建，园林介入城市水系之后对城市的排水、蓄水都发挥了作用。但是，根据相关史料的记载和已有研究成果表明：两座都城在城市排水设计方面也存在失误。其中，唐长安的主要失误在于排水河道密度低，城市内调蓄设施数量不足；隋唐洛阳的主要失误在于排水河道及设施数量不足。仅就这一点反推，不难发现，城市当中一定规模和数量的湖泊、陂塘等池沼类园林水体，是具有排水、蓄水、滞水等城市排水防涝功能的，这一结论也充分肯定了园林水利建设在服务区域与城市水循环系统中的积极作用和综合功能。

2.4　两宋都城园林水利

2.4.1　北宋东京

2.4.1.1　北宋东京地区自然环境与城市营建概况

960～1127年，是中国历史上的北宋时期，北宋时期的中国，处于多民族政权对峙的历史时期，虽然边关战乱频繁，但北宋王朝统治下的中原大部分地区仍处于相对稳定的环境之中，经济繁荣，人口兴旺，科学技术和艺术文化也得到了极大发展。中国古代园林由此全面进入成熟发展阶段。

1. 北宋东京地区的自然环境概况

北宋东京的前身是唐代汴州城，唐时汴州城地处交通要冲，为经济军事重镇。五代时，除后唐以外，后晋、后梁、后汉、后周四代均在此建都，称为东京开封府。960年，赵匡胤建宋王朝，仍以此为都，亦称东京开封府。

历史上，开封地区生态环境变化巨大。北宋时期刚好处在第三个温暖期向第三个寒冷期转化之时，气候特征以温湿为主。东京城位于华北大平原的南端，地势起伏不平，附近河湖交错，水道四达。开封周围的天然河道众多，其中就包括有称"四渎之三"的河水、济水、淮水以及颖水、汝水、京水、洧水、泗水、溴（yi）水等自然河流（图2-29）。另据《元和郡县志》卷七和卷八记载：开封周围还有涡水、蔡水、涣水、濮水和睢水等小的河道。上古的开封，不但河道四达，而且分布有众多湖泊。据著名历史地理学家谭其骧先生统计，鸿沟、颖、汝以东，泗、济以西，长淮以北，大河以南，共有较大的湖泊140个[149]。这其中，仅开封一带就有数十个知名的大中型湖沼：包括城市西部的荥泽、圃

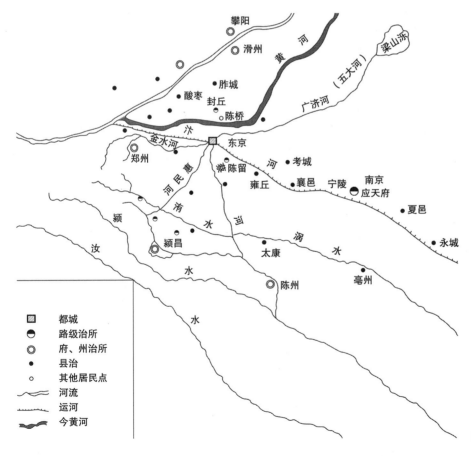

※图2-29 北宋东京附近河流示意图[151]

田泽和萑苻（huán fú）泽，城市东南部的孟诸泽、逢泽以及东北部的菏泽、巨野泽。另外，还有诸多中小型湖泊和沼泽围绕在古代开封周围，包括城北的牧泽、寸金淀，城东南的肥泽、奸梁陂、大齐陂和城东北的阳清湖、高粱陂等，故古代开封有"东孟诸、西萑苻、南逢（逢泽）、北乌（乌巢泽）"之说[150]。

2. 北宋东京的水系格局与城市布局

北宋东京位于汴河上游，处于交通咽喉位置。汴河、蔡河、金水河、五丈河等河流穿城而过，漕运便利，使其成为当时"富丽甲天下，人口上百万"的国际大都会。北宋东京城市的主干河渠主要有以下几条：

汴河：即隋炀帝所开的通济渠，是隋、唐、宋南北运河中最主要的一段，取水自郑州西北黄河，自汴京西城水门入城，从东城水门流出，在城内流经商业中心相国寺前。

蔡河：分东西两支，东支直下东南，联接淮河北岸各支流，其中颖水、涡水是联系南方各地的重要水上通道。西支即惠民河，可通溵（yì）水和洧（wěi）水，是沟通今河南西部的通道。

五丈河：又名广济渠，是北宋时期横贯京城北部的一条河流[152]。与城壕相通，以诸河注入城壕的水为源。东通山东，入巨野泽，是联系山东的通道。

金水河：发源于荥（xíng）阳，积山丘集水东流，凿渠引水入城，专门供应城内生活及园林用水[23]。

北宋东京有三重城垣：位于中心的是皇城；第二重是里城，即内城，亦称旧城，宋初也称为阙城；第三重在里城的外围，称外城，亦称新城或罗城。北宋皇城，又称宫城、亦称大内紫禁城，是以隋唐洛阳为模板加以兴建的，但其规模远不及隋唐洛阳宫城（图2-30）。皇城位于都城中央略偏西北处，经考古实测，呈一东西略短、南北稍长的长方形。著名的大内御苑延福宫位于皇城外北部。里城内城为东京城的第二道城垣，内城作为保护皇城的缓冲地带，军事地位颇为重要。今勘探得知内城形制为东西稍长，南北略短的正方形，是北宋中央和地方衙署、寺观、商业和居民住区集中的地方，也是京师最繁华的中心区域。东京外城，始建于五代后周君主柴荣执政时期。入宋以后，北宋政府多次对外城加以修葺、增补和扩建。考古实地勘测探明，呈一东西稍短、南北稍长的长方形城垣[152]。

2.4.1.2 北宋东京区域及城市水利系统

北宋东京城地区河网密布，并分布有大量人工和天然湖泊。为顺应王朝都城的地位，北宋王朝对东京周边进行了河道梳理、开挖新的人工湖等整治工作，构建了以京城为中心的运河网。汴河、蔡河（惠民河）、五丈河（广济河）、金水河4条运河穿城而过，与城内其他类型的水渠及园林池沼共同构成"四水贯都"，点线面结合的城市水系网络[150]（表2-17）。

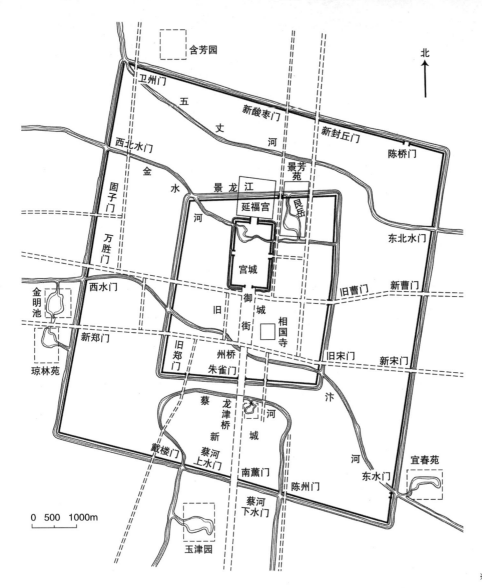

北

0 500 1000m

※图2-30　北宋东京的城市形态[

北宋东京"四水贯都"概况 表2-17

河渠名称	主要功能	相关描述	景观特色	水利设施
汴河	北宋东京最为重要的交通大动脉	岁漕江、淮、湖、浙米数百万石，及至东南之产，百物众宝，不可胜计。又下西山之薪炭，以输京师之粟，以振河北之急，内外仰给焉。故于诸水，莫此为重。汴河京城段，也是"江淮扁舟，四时上下，昼夜不绝"	"隋堤烟柳"、州桥、虹桥、"汴水秋声""州桥明月"	河堤、斗门（水闸）

河渠名称	主要功能	相关描述	景观特色	水利设施
蔡河	部分地保证了东京城市人口的物质需要。除了负担着漕运使命外，其入京城内的一段，同时还兼有内城南段护城河的功能	横贯京师，南历陈、颍，达寿春，以通淮右，舟楫相继，商贾毕至，都下利之	桥梁景观	水门
金水河	解决五丈河的水源和城市饮水问题	自天波门并皇城至乾元门（宣德门），历天街（御街）东转，缘太庙，皆甃以砻瓷，树之芳木，车马所度，又累石为梁，间作方井，官寺民舍，皆得汲用，复东引，由城下水窦入于壕；京师便之	"树之芳木"、桥梁景观	水门
五丈河	在保证东京物资供应上发挥了重要作用	起青、淄，合东阿，历齐、郓，涉梁山，泺（luo）、济州，入五丈河，达于汴都，岁漕百余万石	桥梁景观	水门

北宋太祖建隆二年（961年），为解决五丈河水源和城市饮水问题，将源自祝龙泉的京水从荥阳黄堆山上引下，经过中牟从东京城西入城，即金水河。《宋东京考》卷十九记载"架其水横绝于汴，设斗门，入浚沟，通城壕，东汇于五丈河，公私咸利焉。乾德三年（996年），又引金水河贯皇城，历后苑，内庭池沼，水皆至焉"。后还引金水河东至外城的新曹门处。

汴河在北宋时，从外郭西水门入城，斜向东南流，经过里城南部，穿朱雀大街，从东南东角子门出里城，在外郭城东南东水门出城。蔡河（惠民河）是仅次于汴河的第二大河流，在汴河南面，经东京外郭城南戴楼门东广利水门入城，横贯整个都城南部，绕至东南的陈州门西普济水门出城。

五丈河，自东京外城卫州门西边的水门入城，由新曹门北普利水门出城，东经今河南兰考、山东定陶至巨野西北注梁山泊、下接济水。

2.4.1.3　北宋东京园林水利

北宋都城东京由州治扩建而来，其规模虽不及隋唐长安，但城内人口众多，建筑密度大，所以园林的规模也有逐渐变小的趋势。正是基于此，宋代园林的内容也更趋于精致，小型化的园林受到当时的关注，园林风格重在通过高超的造园技术以人力创造天然，随着工程技术与人文艺术的日益发展，人们对于造园的认识更加深刻，对于造园要素的运用也更加灵活。

1. 北宋东京皇家园林水利

北宋都城东京整体规模的大小决定了皇家园林数量较少、规模较小的总体特点。其选址紧紧围绕东京，主要分布于东京外城四周以及宫城附近。大多皇家园林依附东京四河供水[151]。具体北宋东京园林可分为城外园林和城内园林两大类：城外园林即城郊型园林，城内园林又可按照城市布局形式分为里城园林和外城园林。

（1）大内御苑

①后苑

后苑原为后周之旧苑，位于宫城西北。在宋代对其进行了不断增建，乾德年间，导金水河灌宫城，后苑内庭池沼水系贯通，花木繁盛。

《历代帝王宅京记》卷十八："……山后挽水上山，水自流下至荆王洞，又流至涌翠峰，下有大山涌。水自洞门飞下，复由本路出德和殿，迤逦至大庆门外，横从右升龙门出后朝门，榜曰启庆之宫。"

《宋会要辑稿》之《方域·东京大内》载："流杯殿，唐明皇书山水字于右，天圣初自长安辇入苑中，构殿为流杯，尝令侍臣馆客官赋诗""……橙实亭前命近臣观瑶津亭、象瀛山池"。

蔡京的《太清楼侍燕记》对北宋徽宗宣和时期的后苑记载："东西庑侧各有殿，亦三楹。东曰琼兰，积石为山，峰峦间出。有泉出石窦，注于沼。此有御札静字榜梁间，以洗心涤虑。西曰凝芳，后曰积翠，南曰瑶林，北洞曰玉宇。石自壁隐出，嶄岩峻立，幽花异木，扶疏茂密，后有湄曰环碧，两傍有亭曰临漪、华渚。沼次有山，殿曰云华，阁曰太宁。左蹑道以登，中道有亭曰琳霄、垂云、骞凤、层峦，百尺高峻，俯视峭壁攒峰如深山大壑"。

由上述记载可以推测出以下几点关于后苑园林水景营造的信息：a. 流杯殿出现于大内御苑；b. 当时的后苑内有象瀛山池，可能具有"一池三山"的布局意味；c. 水景形态也更加丰富，有池沼、泉水、曲水。

②延福宫

延福宫在宫城之北，构成城市中轴线上的前宫后苑的格局。延福宫的范围南邻宫城，北达内城北墙，东西宫墙即宫城东西墙的延伸[1]。《宋史·地理志》对延福宫园林景观有较为详细地描述："凿圆池为海，跨海为二亭，架石梁以升山，亭曰飞华。横度之四百尺有奇，纵数之二百六十有七尺。又疏泉为湖，湖中作堤以接亭，堤中作梁以通湖，梁之上又为茅亭、鹤庄、鹿砦（zhai）、孔翠诸栅，蹄尾动数千。嘉花名木，类聚区别，幽胜宛若生成，西抵丽泽，不类尘境"。《枫窗小牍》："跨城之外浚濠，深者水三尺，东景龙门桥，西天波门桥，二桥之下，叠石为固，引舟相通。"通过以上描述发现：宋延福宫出现了以"圆池"为主要形态的几何形水池，通过堤、梁等设施对比较大型的水面进行划分和组织景观。

③艮岳

艮岳在整个中国古代园林史中占有极其重要和特殊的地位[153]，位于宫城东北部，属大内御苑一个相对独立的部分，主要模仿余杭的凤凰山设计。艮岳周围十余里，现代学者一般都将艮岳的四至定为：景龙门南北一线为西界，东华门东西一线为南界，里城北墙为北界，封丘门南北一线为东界（也有人认为以里城东墙为东界）[154]。

有关艮岳的记载，流传文献较多。宋徽宗御制《艮岳记》较为清晰地描绘了此园的风光："设洞庭、湖口、丝溪、仇池之深渊……瀑布下入雁池，池水清泚涟漪，凫雁浮泳水面，栖息石间，不可胜计……自南徂北，行岗脊两石间，绵亘数里，与东山相望。水出石口，喷薄飞注，如兽面，名之曰由龙湫、濯龙峡、蟠秀、练光、跨云亭、罗汉岩。又西，半山间楼，曰倚翠。青松蔽密，布于前后，号万松岭。上下设两关。出关，下平地，有大方沼，中有两洲，东为芦渚，亭曰浮阳，西为梅渚，亭曰云浪。沼水西流，为凤池；东出为研池"。

园区布局大体是：中偏南为万岁山主峰，山之东西有二岭向北延伸，东西岭之间形成一个山峦围合的盆地，北接内城垣。园林从西北角引来景龙江之水，河道入园后扩为一个名为"曲江"的小型水池，而后折而西南名曰"回溪"。河道至园内万岁山东北麓分为两股：一股西流绕过万松岭，注入凤池；一股沿寿山与万松岭之间的峡谷南流入山涧，涧水出峡谷南流入方形水池"大方沼"，大方沼"**沼水西流为凤池，东出为研（雁）池**。"研池之水从东南角流出园外，最终注入金水河，构成一个完整的水系。这套水系几乎包括了中国古代园林水景营造的所有水景形态，是河、湖、沼、沜（pàn）、溪、涧、瀑、潭等的缩影[1]。其中，池：梅池、砚池、雁池；湖：鉴湖；溪：桃溪、回溪；泉：不老泉；另有龙渊、濯龙峡、白龙沜、曲江等。

（2）行宫御苑

北宋东京行宫御园的数量不多。有的是从皇亲国戚的私家园林转化而来，在不同的时期有不同的归属，比如芳林园、撷芳园和景华苑等。另外一些是由帝王所建或多数时间归皇家所有的园林，比如东京四园苑。后者的规模往往比前者要大得多，尤以东京四园苑最为著名（表2-18）。

东京四园苑指的是宜春苑、玉津园、琼林苑和瑞圣园（也有学者认为是琼林苑、金明池、宜春苑与玉津园）4座皇家园林，分别分布于东京外城周围东、南、西、北4个方位。

根据已有文献的统计分析发现，皇家园林（包括官办）共38处中，5处仅见其名、3处地点不详外，其余30处中，有10处位于城内，其中1处在里城，9处在外城，在外城的主要分布在毗邻里城城垣的北部和东南部；20处分布在城外，其详细情况是：南郊5处、东郊4处、西郊8处、北郊3处。皇家园林以在城外分布为主，在城外分布的占总数的60%以上。在城内的毗邻里城城垣的北部和东南部分布[152]。

园林名称	位置	水源	园林理水特色及园林水利功能
玉津园	城外南部	引惠民河贯通园中	园内有圆池、方池
琼林苑（与金明池属同一园林，但观赏性质不同）	城外西部	汴河	《东京梦华录》："大门牙道，皆古松怪柏。两傍有石榴园、樱桃园之类，各有亭榭，多是酒家所占。苑之东南隅，政和间创筑华觜冈，高数十丈，上有横观层楼，金碧相射，下有锦绣缠道，宝砌池塘，柳锁虹桥，花萦凤舸。其花皆素馨、末莉、山丹、瑞香、含笑、射香等，闽、广、二浙所进南花。有月池、梅亭、牡丹之类诸亭，不可悉数"
宜春苑	城外东部	汴河	《玉海》："每岁内苑赏花，则诸苑进牡丹及缠枝杂花七夕中元，进奉巧楼花殿，杂果实莲葡花木，及四时进时花入内园，宜春苑内池沼花卉优胜，为迎春游赏之盛地，宋初也为宴进士之所。"
瑞圣园	城外北部		"深沉百尺池，坐见渊鱼跃，蓊蔚千秋木，中闻鱼鸟乐，久与鱼鸟暌。"水景和植物为主，其布局以水为主线，水体形式有方塘、深池、曲水

　　东京四园苑为城郊园林，与其他私家园林、寺观园林等共同形成环城园林空间，园林内的池沼主要发挥水量调节作用（图2-31）。皇家园林中的湖池等水域因规模较大，通常以发挥调蓄、城防功能为主。以琼林苑金明池为例，始凿于五代后周时期，又经北宋王朝的多次营建，成为一处规模巨大、布局完备、景色优美的皇家园林，但其初始建设的目的是后周为了征伐南唐而开凿的，是一处用于水

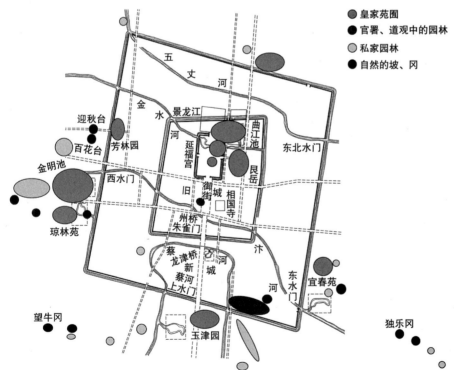

※图2-31　北宋东京园林分布图[155]

上军事演练的人工湖。宋太宗太平兴国元年（976年）对其进行大规模地开挖与营建，据宋人王应麟《玉海》记载："太平兴国元年，诏以卒三万五千凿池，以引金水河注之，有水心五殿，南有飞梁，引数百步，属琼林苑。每岁三月初，命神卫虎翼水军教舟楫，习水嬉。西有教场亭殿，亦或临幸阅炮石拉弩"。太平兴国三年二月，池已凿成，并引金水河水入内，宋太宗赐名"金明池"。随着金明池内各种设施的完善，宋代政权的逐步稳定，池的功能由训练水军逐渐为水上娱乐表演所取代，随之成为北宋东京皇家园林，并于每年三月一日至四月八日，对庶民开放，一时间又成为当时规模最大的公共园林。金明池的水源起初是金水河，后来又从汴河引水，但汴河泥沙量大，因而导致泥沙淤积，最终宋神宗引伊、洛河清水入汴，缓解了因泥沙阻塞造成的不便。汴河浑浊，其功能主要在于交通运输，以汴河为水源的金明池在后期主要发挥的是调节功能，而非蓄水功能。

2. 北宋东京私家园林水利

李瑞（2005年）在《唐宋都城空间形态研究》中统计了北宋东京私家园林中的"园""池"记载25处，有10处在城外分布，13处在城内分布（其中9处分布于外城）（表2-19）。其中比较著名的私家园林有李氏园亭、李驸马园、蔡京园、王黼园等。孟元老的《东京梦华录》中描述了东京城林遍布的情况："大抵都城左近，皆是园圃，百里之内，并无闲地。"据《枫窗小牍》记载："汴中园圃亦以名胜当时，聊记于此。州南则玉津园，西去一丈佛园子，王太尉园，景初园。陈州门外园馆最多，著称者奉灵园、灵嬉园。州东宋门外麦家园，虹桥王家园。州北李驸马园。西郑门外下松园、王大宰园，蔡太师园。西水门外养种园。州西北有庶人园。城内有芳林园，同乐园、马季良园。其他不以名著约百十，不能悉记也。"这段文字从东南西北四个方位，介绍了东京的园林状况。

北宋东京城内的园林，无论是位于外城，还是位于里城，多以城市河渠水为主要水源，营造风景场所。其间，私家园林及寺观园林中的园林水体，以点带面，发挥调蓄或部分储水功能；河渠承担供排水及漕运功能；公共园林空间是以河渠为主的水利风景体系。

北宋东京私家园林文献案例   表2-19

园林	位置	园林理水特色
李氏园亭 （李谦溥园）	/	/
兖王元杰宅园	/	/
李驸马园 （又名东庄或静渊庄）	永宁里	《东都事略》卷一百三十：居第园池，聚名华奇果美石于其中……堂北隅有莊曰静渊，引流水周舍下 《宋史》卷四百六十四《李遵勖传》：募人载送，有自千里至者。构堂引水，环以佳木，延一时名士大夫与宴乐

园林	位置	园林理水特色
李昉园亭	/	畜五禽皆以客名白鸥
丁谓宅园	/	魏泰《东轩笔录》卷十三：于水柜街，患其卑下，既而于集禧观凿池，取弃土以实其基，遂高爽，又奏开保康门为通衢，而宅据要会矣
蔡京第园（西园）	城西金明池西南角水磨下，名蔡太师园	/
蔡京第园（东园）	里城西边北门阊阖门外南，靠里城城濠	/
王黼第园	相国寺东	/
王黼第园	城西，里城西边北门阊阖门外竹竿巷	/
梁师成园	/	/
童贯园	/	/
袁褧园	近陈州门内，蔡河东畔	/
王巩庭园	/	/
晏殊园	城南	/
王直方园	/	/

3. 小结

（1）北宋东京园林的分布与城市的主导功能有关

天然丰富的水域资源为北宋东京园林营造提供了先天的优势条件。刘益安先生在《北宋开封园苑的考察》中，经过详细地考证列举了79个园苑的名称，其中对30余座园林的分布位置进行了考订。李瑞（2005年）对东京城内外有名可考的皇家园囿、私家园林别墅、寺观园林共计100处园林池沼进行了统计[152]。实际上，笔者认为，东京园林的数量应比以上统计更多。宋代是我国城市布局由里坊制转向街区制的重要历史节点，城市商业功能的增加带来的是城市公共开放空间的增加，随之一定有数量不少的公共园林出现。当时在东京城内大量出现的茶楼、酒肆以及瓦子等公共娱乐建筑，都附有一定体量的园林空间，甚至类似于城市中的石梁方井等居民饮用水保障点，都往往结合亭、台、花木等景观元素而成为园林场所。可想而知，这座繁华大都会当时的园林盛况。

（2）北宋东京园林的分布与河流的走向及水质有关

就园林的总体分布情况来看，东京园林整体偏向于城市的南部。园林大多沿着几条水质和景色较好的河流分布，围绕金明池地区和南薰门外地区最为集中。这种布局的产生可能同河流的位置和走向有着直接的关系。一是位于汴河和金水河共同流经的区域，一是位于蔡河的河湾（转龙弯）处，都是自然条件良好，景色宜人的地区[155]。

（3）北宋东京的园林水利功能与园林所处位置相契合

若按照园林所在的位置进行分类，北宋东京园林可分为城外园林和城内园林两大类：城外园林即城郊型园林，城内园林又可按照城市布局形式分为里城园林和外城园林。

北宋东京以城市远郊的大河为水源地，城郊及城内设包括皇家园林在内的各类起调节作用的池沼，结合城内的河渠，大致构成"城外远郊江河（水源）—城郊/城内池沼（调蓄）—城内河渠（供排水/漕运）—城外江河（排水/漕运）"的城市水利体系[37]。

2.4.2 南宋临安

2.4.2.1 南宋临安地区的自然环境与城市营建概况

1. 南宋临安地区的自然环境概况

临安府之山势源于天目山，即临安城之山体属天目山余脉。自余杭，下武林、灵隐，而后分左右两路。《淳佑临安志》卷八《山川》载："北高峰左转，抵葛岭，下标以保俶塔；右转一支挟南山，标以雷峰塔；二塔为西湖门户，而山特派起为南高峰，捷以八蟠、慈云诸岭，翼为七宝、凤凰山，昂头布尾，若翔而集，前界大江乃止。"[156] 左右两路分界点是天竺山（即西湖第一峰）；一路是南高峰、凤凰山、吴山诸山等，总称南山；另一路是北高峰、葛岭诸山，总称北山；西湖三面环山，直接影响城市总体布局（图2-32）。

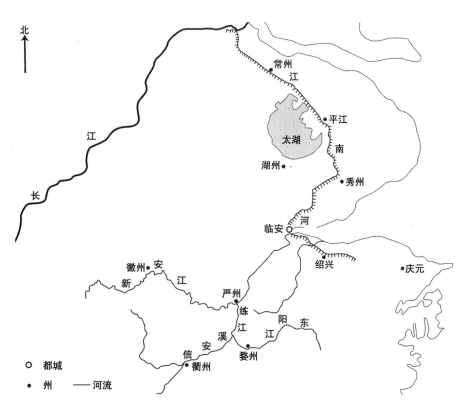

图2-32　临安区位及周边水图[157]

○　都城

●　州　——河流

2. 南宋临安的城市布局

戴均良主编的《中国城市发展史》中考证，南宋临安城分为内外两城。内城即"子城"，又称大内、皇城、宫城，位于凤凰山麓，周围达九里。内城北起凤凰山门，南至钱塘江边，东自候潮门，西到万松岭。外城即"罗城"，基本沿用吴岳西府城。全城南跨吴山，北到武林门，东靠钱塘，西近西湖，四周筑以城墙，城外有宽十余丈的护城河[158]。城之四周共开城门（旱门）十三座，水门五座。城墙东面共开城门十座。其中水门三座，旱门七座。旱门自南向北依次是便门、候潮门、保安门（俗呼小堰门）、新开门（门外园林较多）、崇新门（俗呼荐桥门）、东青门（俗呼菜市门）、艮山门（坝子门）。城墙北面共开城门三座，自东向西依次为天宗水门、余杭水门、余杭门。其中余杭门为旱门。城墙西面靠近西湖，共开有四门，自北向南依次是钱塘门（门外分布众多园林及寺观）、丰豫门（旧名涌金门）、清波门（俗呼暗门，绍兴二十八年〈1158年〉增筑外城时修建，近门有流福水沟，引西湖水入城，门内外有明沟五道，暗沟十五道）、钱湖门（在清波门南，门北有海子口，是城中诸山水经澄水闸流入西湖之处）。城墙南面，因靠近皇宫，故在绍兴二十八年（1158年）扩建临安东南府城时，开设嘉会门。此外，临安城的另外五座水门分别为南水门、北水门、保安水门、天宗水门以及余杭水门[159]（图2-33）。绍兴二十八年（1158年）经过扩建之后的临安城，延续了隋唐以来"南宫北城"的基本城市格局。皇宫、中央官署三省、枢密院、太庙集中分布在城南，权高位重者的府邸依次错落在官署衙门之间。因此，城南是临安城的政治中心。

南宋临安城的街道建设，在《方舆胜览》卷一《浙西路·临安府》中记载："绍兴三十八年，殿前都指挥使杨存中乞通展皇城十三丈，以五丈作御路，六丈令民居。将来圣驾亲郊，由候潮门径从所展御路直抵郊台。"[161]于是修建了从大内北门和宁门起，一直向北，经过朝天门略向西折，接着又一直向北，经众安桥、观桥，到万岁桥，又折而向西，一直到达新庄桥和中正桥，全长一万三千五百尺，铺石板三万五千三百多方的御街。御街贯穿临安全城，是临安城的中轴线[162]。除了御街外，还有四条大的横街，横街之间是东西向的小巷，共同构成了纵街横巷、水陆并行的街网布局，是中国自宋代以来形成的长方形"纵街横巷式"城市布局的典型代表[163]。

受自然环境及地形因素的限制和影响，南渡的宋氏王朝摒弃了中原大地上传统的"北宫南城"营建规制，"方九里，旁三门"的布置形式，使南宋临安城的平面形态充分顺应所在地区天然固有的环境，依山傍水，自然弯曲，城门也没有按照对称的格局设计，而是依据需要有增有减。

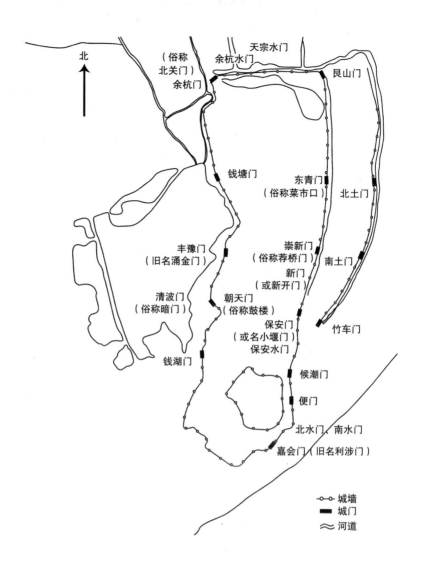

北

天宗水门

余杭水门

（俗称
北关门）
余杭门

艮山门

钱塘门

东青门
（俗称菜市口）

北土门

丰豫门
（旧名涌金门）

崇新门
（俗称荐桥门）

南土门

新门
（或新开门）

清波门
（俗称暗门）

朝天门
（俗称鼓楼）

保安门
（或名小堰门）
保安水门

竹车门

钱湖门

候潮门

便门

北水门 南水门

嘉会门（旧名利涉门）

○─○ 城墙
■ 城门
≈ 河道

※图2-33　城门平面示意图[160]

2.4.2.2　南宋临安区域及城市水利系统

1. 南宋以前临安所在区域水系概况

临安（杭州）位于我国东南沿海，地处浙西山地丘陵东端与钱塘江两岸平原的交界地带，具有出现重要城市潜在的自然和经济地理位势。杭州城市历史的开端，始于秦代所置的钱唐县。秦始皇二十五年（公元前222年），秦灭楚降越后，在吴、越故地设置了会稽郡，下设钱唐县，自此开始了此地作为城市的历史。

西汉初，钱唐县仍属会稽郡管辖，并在文帝时作为会稽西部都尉治所，王莽时更名为泉亭。早在秦代，钱唐县就与吴郡郡治的吴今江苏苏州市有水道相通，《越绝书》有载："造通陵南，可通陵道，则由拳塞。同起马塘，湛以为陵，治陵水道致钱唐，越地，通浙江。秦始皇发会稽适戍卒治通陵高以南陵道，县相属。"可见，秦始皇时期，江南运河苏州至杭州段的渠道就已经开通，且其与浙江相通。根据考古研究发现，秦代设立钱唐县时，县境内的西湖已经形成[159]。西湖三面环山，东北与杭州城比邻的一面是一片平原。在远古，这里与海相连，西湖所在侧是一个海湾，由于江海潮水的作用，将大量泥沙淤积在海湾的口门，逐渐将它与海隔开，形成潟湖。杭州就是在泥沙淤积的平原上建起来的城市[23]。

秦汉时期钱唐县治位于西湖周围的群山之中。到六朝时，虽然西湖群山的山麓地带以及交通水道沿线仍然分布着居民聚落，但是此时钱唐县治所在的行政中心聚落已经转移到柳浦（今杭州南星桥客运码头）之西凤凰山麓一带的浙江江干。柳浦位于运河水道与浙江水道的交汇处，是一处重要的渡口，并且自然区位条件优越。凤凰山麓柳浦一带南临浙江，北负山丘，山坡和山麓的高燥地带，通常可以建立宫室和聚落，而在燃料方面也不匮乏。

据谭其骧先生研究，凤凰山麓以南的沿江平原，盖自晋宋之际已经长成平陆，由于当时钱塘江自南大门出海，今江干一带江岸偏南，比目前广阔，可以从事垦殖活动发展农业。同时，居民饮水则主要依靠龙山、南高峰、凤凰山、南屏山等山的山泉涧水，如凤篁岭的龙井、冲泉，南屏山的甘露泉、龙母池等，这些甘冽的泉水常年不绝的流经渔浦、柳浦，居民就在山泉流经的地方，挖池潴水或凿井蓄水，以供饮用。此外，与凤凰山遥相呼应的馒头山，也为钱唐县治转移到凤凰山麓柳浦一带提供了保证。馒头山位居凤凰山的东部，直接面对着浙江涌潮。由于有了馒头山的阻挡作用，所以馒头山山背西侧至凤凰山麓一带成为不受潮水直接冲击的安全区域，并自然地形成出入浙江的柳浦湾口，因此居民聚落的规模庞大。这些都为新的钱唐县治的建立坚定了基础。

隋开皇九年（589年）废钱唐郡置杭州，此为杭州城市的名称之始。但杭州初治"移州于柳浦西，依山筑城"。随后，在大业六年十二月，隋炀帝又"敕穿江南河"。在原有秦代江南水道的基础上，全面疏凿、开通了江南运河，并在运河杭州段疏凿了一条新的水道，而放弃秦代绕西湖环岸水道。这条新开凿水道就是以后的清湖河。杭州北段仍沿用秦代上塘河水道，唐又称上塘河为官河，杭州段则从宝石山东麓径直穿过西湖以东沼泽平原而直抵吴山东麓，再沿原水道南抵柳浦渡口，以通浙江。由于新水道的开凿，西湖以东的沼泽平原逐渐为人们所重视，在沿清湖河一线，出现一些居民的聚落，杭州城区也因此逐渐扩大，开始出现向北发展的趋势。[159]而西湖在这一时期作为天然的湖泊，从这时就与运河的供水有关[23]。

唐代杭州州治沿袭隋代杭州州治，仍在柳浦一带。居民日益增多，人地矛盾日渐凸显，居民聚落进一步向西湖以东的沼泽平原拓展就成为可能。但沼泽平原总体地势地洼，且为江海故地，故水泉咸苦，居民饮水困难。同时，水害一直困扰着杭州。唐代咸通二年（861年），刺史崔彦开凿三条沙河，以此有效缓解潮水对州城的冲击。唐德宗建中年间（780~783年）刺史李泌在今涌金门、钱塘门之间，分开水口六，导西湖水入城，潴而为六井，即相国井、西井、金牛池、方井、白龟池、小方井。所谓六井，其实是用瓦管或竹管将西湖水引出的6处蓄水池[159]。六井的出现对城市的发展是一大促进，使居民饮水得到很好的解决。

当时杭州地区的农田灌溉用水多依赖于西湖补给。在长庆四年（824年）以前，先放湖水东入清湖河，然后北流至清湖河的上源上塘河，再由河入田进行灌溉。这种灌溉方式在西湖水量丰盈之时确实起到良好的灌溉效果，一旦遇旱年则往往因"湖水不充"不能满足灌溉需求，况且上塘河水位略高于清湖河，这种水位高差更是需要有充足的水源[159]。针对上述种种不利情况，唐穆宗时（821～824年），白居易为杭州刺史，将西湖重新修整，建筑了东堤，加大了蓄水量，增强了调节能力，有效地保证杭州的农业生产。同时在非灌田时节，遇到清湖河、上塘河河道干浅，西湖也可成为两河的补充水源。西湖还做了一处溢洪道，以宣泄非常洪水[23]。所以，西湖经过隋唐两代的开发利用，从一个天然湖泊转变为人工湖泊，是杭州当时的一座大型人工水库，有效促进了农业发展，为城市发展创造了又一有利条件。

唐末藩镇割据，节度使钱镠扩建隋唐州治，使其成为子城（宫城）。后于子城西南部增筑夹城，以形成军事保障。其后又在原夹城的基础上，筑罗城。从而将隋唐旧城东部作了更大范围的包围，此次扩建也将唐代开凿的三条沙河之一，即后世的市河包络于城中，使其由护城河变为城内河。钱镠第3次筑城，扩展了东南外城，又将唐代开凿的另外两条沙河，即后世的盐桥河、茅山河包络城中。至此，杭州城内共出现四条南北走向的水道，自西向东依次为清湖河、市河、盐桥河、茅山河。钱镠对隋唐杭州城的扩建分别从城市的西南、东南及东北3个方向展开，保留了西北方向的原状，以顺应西湖的地理位置及其湖形走向。最终致使整个杭州城形态呈现为一个不规则的长方形[159]。此外，钱镠在筑捍海塘的同时，在海塘的西边修筑高墙，开凿壕沟，以保护外城安全及使东南城基免受海潮冲刷。于此形成的这条平行于海塘的沟壕，其北段成为吴越国的护城壕，即后世的菜市河，南段则延伸为新水道，即以后的龙山河。龙山河往北与城内的盐桥河、茅山河相连[164]。

五代时吴越国在杭州建都，大力开发西湖水利。在钱镠扩城筑壕的基础上，钱元瓘在涌金门附近开凿涌金池，专引湖水入城。湖水入城后，向东注入清湖河，再依次转注于城内各河，这样城中四河皆以西湖为水源。由于专用西湖水，水质清澈，较为洁净，所以杭州城居民用水多仰仗于诸河。到了北宋，西湖已成为综合利用的大型水利工程。这时杭州的城市水利大致有3部分：一是西湖，包括湖堤和取水渠首工程；二是城内河渠，当时主要有茅山河，在城东，出保安水门接龙山河入钱塘江；盐桥河，南北向，居中，是城内河渠的干线；清湖河，西湖所引水量除六井之外都归入此河，然后出余杭水门，这些河都可以通船，出水门后与城外河渠相连；三是西湖东北杭州城外诸河渠，主要有上下塘河，就是江南运河。

它自西湖引水灌溉河两岸农田，并通船北上可至嘉兴、苏州、镇江等地，过长江后连接运河的江北部分，南可入杭州城内，使北来货物直送商民用户。由于西湖同时承担着杭州城饮用水源、灌溉工程、补给运河水源三大重任，因此，如果湖水不足，势必影响城市全局。因此，就需要引钱塘江潮水接济运河。钱塘江潮水多泥沙，城内运河就会严重淤积，疏浚工程会对居民生活和交通运输产生重大干扰。

苏轼任杭州知州时，对西湖及其水系进行了全面整治。除了浚湖，造闸堰和整治六井之外，在改善运河给水，增加供水水源方面作出了卓越的贡献。他沿用前人引钱塘江潮水入运河的办法，为解决潮水挟沙量大淤积渠道的问题，创建钤辖司前闸，每遇钱塘江涨潮之时，则闭钤辖司前闸而开龙山、浙江两闸，让夹杂泥沙的潮水先通过茆山河。把城东"人户稀少，村落相半"的茆山河作为沉砂池，澄清后的清水引入人烟稠密地区的主干运河盐桥河，成功解决了钱塘江多沙潮水作为城市供水水源的难题[23]。除了开浚盐桥、茆山两河外，苏轼还开凿了新沟导引湖水由暗门、涌金门二水道入城，经过新开凿的沟渠注于盐桥河的上流，使得盐桥河上流有西湖活水注入、下流有江潮之水流入，增大盐桥河的运输能力。而在湖水注入河水途中，又"作石柜贮水，使民得汲用浣濯，且以备火灾。"[164]

五代、北宋两个时期通过闸、堰等水利设施的修建，对城市的发展发挥了巨大作用。钱镠治国之时，在运河入浙江处"置龙山、浙江两闸"[165]，以阻遏钱塘江泥沙进入运河，同时还在郡城之东设置两道堰门，由于城内诸河专用西湖水作为水源，运河与浙江通江处又设置闸堰拦截泥沙，所以城中诸河水皆清澈。北宋中期，苏轼创建的钤辖司前闸又有效地缓解了引江潮补给运河而致使其淤塞的问题，从而使运河畅通，航运便利。

2. 南宋杭州城市水利

南宋名臣周必大在其《二老堂杂志》中言："车驾行在临安，土人谚云：东门菜，西门水，南门柴，北门米。盖东门绝无民居，弥望皆菜圃；西门则引湖水注城中，以小舟散给坊市；严州、富阳之柴聚于江下，由南门入；苏、湖米则来自北关云。"[166]概括了杭州城在南宋时期的生活物资供给情况和城市周边地区物资产出的情况，反映了杭州城地区当时的生态环境[157]，也从侧面体现出城市区域中水资源的分布情况（图2-34）。

南宋定都临安之后，为谋求更好的生存和发展空间，在前朝城市水系的基础上，对城区及其周边的河湖水道等水系进行了进一步的开凿、改造和疏浚。根据《淳祐临安志》和《咸淳临安志》以及《梦梁录》等志书记载：南宋杭州的河流，共有22条河流。其中城内主要有茅（茆）山、盐桥、市河、清湖4条河流[159]。这四条河流都是南北向河道，清湖河在御街西，其余都在御街东。茆山河在北宋时虽为城内主要运河之一，但到南宋已经淤塞，仅余东青门北一段，故当时实际发挥航运作用的只有三条河道，而盐桥河便是当时的主干[162]。因此，盐桥运河是临

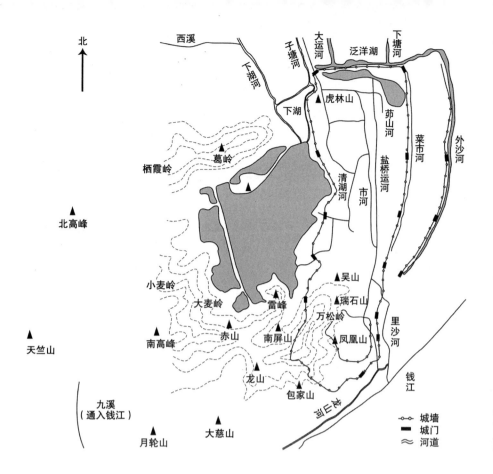

安城的补给生命线，其承担城市日常的交通运输；市河则对盐桥运河起辅助运输功能；茆山河因修筑德寿宫时泥土填塞切断源头，所以其运输能力不及盐桥运河、市河；清湖河以西湖为水源，对盐桥运河、市河起到补充水源的作用。城东主要有运河、龙山河、外沙河、菜市河、前沙河、后沙河、蔡官人塘河、施河村河、赤岸河、方兴河等10条河流。城北主要有下塘河、城外运河、子塘河、余杭塘河、奉口河、宦塘河等6条河流。城西主要有下湖河、真珠河2条河流。

除上述众多河渠之外，构成临安水系的还有城市周边的江、湖、池塘、泉、井、溪、潭、涧、浦等。

关于浙江，《梦粱录》卷十二《浙江》载："浙江，在杭城东南，谓之钱塘江。内有浙山，正居江中，潮水投山下，曲折而行……今富阳即钱塘江，其江自古曰'浙河'，见于庄子书中，其为东南巨浸昭昭也。"^[160]此江自源头始，全称"浙江"，而杭州段为"钱塘江"。

西湖为泻湖，古称"钱塘湖"；西湖以北有下湖，今已废。《梦粱录》卷十二之《下湖》载："下湖，在钱塘门外，其源出于西湖，一自玉壶水口流出，九曲，沿城一带，至余杭门外；一自水磨头石函桥闸流出，策选锋教场、杨府云洞、北郭税务侧，合为一流，入环带形，自有二斗门潴泄之。"^[167]

水池是城中重要的公共空间。城北白洋池为城中面积最大之池，今不存，池边有著名的张氏北园。某些水池位于私园之内，非公众所能取之。多数池塘为人工建设，一方面用于饮水、日常洗漱、防火等；或作水利工程，还有部分转为游乐赏玩，水池各有功能，或者包括以上3种[160]。此外，杭州城内还有大量泉、井等取水设施。

2.4.2.3　南宋临安园林水利

1. 南宋皇家园林水利

（1）德寿宫御苑

德寿宫，又称北大内。在南宋临安城里，除了偏处城南的凤凰山皇城大内外，还有一处规模极为盛大的宫苑，这就是位于临安城中部，与南边的凤凰山皇城互为南北内的北内德寿宫[168]。

根据各类史料描述：苑内有"聚远楼""冷泉堂""飞来峰"3处标志性景观。《梦梁录》之《德寿宫》[167]载："高庙雅爱湖山之胜，于宫中凿一池沼，引水注入，叠石为山，以象飞来峰之景，有堂匾曰'冷泉'。""其宫中有森然楼阁，匾曰'聚远'，屏风大书苏东坡诗'赖有高楼能聚远，一时收拾与闲人'之句"。《武林旧事》卷七《德寿宫起居注》载："命修内司日下于北内后苑建造冷泉堂，叠巧石为飞来峰，开展大池，引注湖水，景物并如西湖。"周必大《玉堂杂记》记宫内景物云："灵隐寺冷泉亭，临安绝景，去城既远，难于频幸。乃即宫中凿大池，续竹筒数里，引西湖水注之。其上叠石为山，象飞来峰，宛然天成……宫中分四地分，随时游览。东地分香远（梅堂）、清深（竹堂）、月台、梅坡、松菊三径（菊、芙蓉、竹）、清妍（酴醾）、清新（木犀）、芙蓉冈。南地分载忻（大堂御宴处）、忻忻（古柏、太湖石）、射厅、临赋（荷花山子）、灿锦（金林檎）、至乐（池上）、半丈红（郁李子）、清旷（木犀）、泻碧（养金鱼处）。西则冷泉（古梅）、文杏馆、静乐（牡丹）、浣溪（大楼子海棠）。北则绛华（罗木亭）、旱船、俯翠（茅亭）、春桃、盘松。其详不可得而知也。"[169]

2005～2006年，杭州市文物考古所发现了西宫墙与便门、水渠、水闸与水池、砖铺路面、柱础基础、墙基、大型夯土台基、水井等与南宋德寿宫有关的重要遗迹。同时发现的以曲折的水渠、水池、假山等为代表的园林建筑遗迹，规模宏大，构思精巧（图2-35）。考古发现的大型曲折形水渠证明了大水池的水源来源于中河（古时龙山河）[163]。

（2）大内御苑

南宋临安之南大内（皇城大内、禁中）范围较广。目前，从现有的研究结果看，南内后苑位置在宫城之西北部（凤凰山之东麓）；东宫大致在宫城之东南部（旧丽正门内，馒头山东麓）。南内苑以"壶中天地"为基本格局，与德寿宫后苑一致，皆模拟西湖、冷泉、飞来峰，建设大池（泉景）及假山。《武林旧事》卷四

※图2-35 南宋德寿宫遗址
之大型水渠遗迹[163]

之《故都宫殿》载："禁中及德寿宫皆有大龙池、万岁山，拟西湖、冷泉、飞来峰。若亭榭之盛，御舟之华，则非外间可拟。春时竞渡及买卖诸色小舟，并如西湖，驾幸宣唤，锡赉巨万，大意不欲数跸劳民，故以此为奉亲之娱耳。"[167]

《南渡行宫记》对后苑区有详细的描述："梅花千树，曰梅岗亭，曰冰花亭。枕小西湖，曰水月境界，曰澄碧。牡丹曰伊洛传芳。芍药曰冠芳。山茶曰鹤。丹桂曰天阙清香。堂曰本支百世。佑圣祠曰庆和。泗洲曰慈济。钟吕曰得真。橘曰洞庭佳味。茅亭曰昭俭。木香曰架雪。竹曰赏静。松亭曰天陵偃盖。以日本国松木为翠寒堂，不施丹艧（huò），白如象齿，环以古松，碧琳堂近之。一山崔嵬，作观堂，为上焚香祝天之所。吴知古掌焚修，每三茅观钟鸣，观堂之钟应之，则驾兴。山背芙蓉阁，风帆沙鸟履舄（xì）下。山下一溪萦带，通小西湖，亭曰清涟。怪石夹列，献瑰逞秀。三山五湖，洞穴深杳。豁然平朗，翚（huī）飞翼拱凌虚楼对瑞庆殿、损斋、缉熙。"根据《咸淳临安志》的记载："在东斋殿之西，循庑而右，为大堂三，临池上。左右为明楼，旁有蟠桃亭。堂之南为西斋殿。西为流杯堂、跨水堂、梅岗亭。北为四并堂。皆咸淳五年重建。又有橘园及桂竹各一区，余杂植四时花果亭宇不能备载。"[170]

从上面的两则记载可以看出，深入凤凰山东麓的临安皇城后苑的景观是围绕在山岙中由人工开凿出来的湖泊展开的，并充分利用周围的凤凰山景。所谓"三山五湖"，说明在这里人工开凿出来的湖泊并不止一个，这些湖面或大或小，互相连接，合在一起，就是所谓"小西湖"。枕在小西湖上的三座大堂，分别是水月境界、澄碧堂以及翠寒堂。对于翠寒堂和小西湖，《武林旧事》中有一段形象逼真的描述："禁中避暑，多御复古、选德等殿，又翠寒堂纳凉。（翠寒堂附近）长松修竹，浓翠蔽日，层峦奇岫（山洞），静窈萦深，寒瀑飞空，下注大池可十亩。池中红白菡萏（hàn dàn）万柄，盖园丁以瓦盎别种，分列水底，时易新者，庶几美观。"已有研究证明，《南宫行记》当中"山下一溪萦带，通小西湖"所描述的"小溪"是将凤凰山东麓山岙南部区域笤帚湾附近山上流下来的泉水，汇集成一条溪流，环绕凤凰山东边的山麓，远看就像是系在凤凰山下的一条腰带一样，蜿蜒向北注入小西湖[168]。

（3）离宫别苑

在南宋临安，除了南内凤凰山皇城和北内德寿宫外，还分布着许多大大小小的离宫别苑。据成书于理宗端平二年（1235年）的《都城纪胜》称，这些"御园"主要有：

在城内则有，御东园（系琼华园）；

城东新开门外，则有东御园（今名富景园）、五柳御园；

城西清波、钱湖门外，有聚景御园（旧名西园）；

南山长桥西则有庆乐御园（旧名南园），净慈寺前的屏山御园；

北山则有集芳御园、四圣延祥御园（西湖胜地，惟此为最）、下竺寺御园；

城南嘉会门外，则有玉津御园（虏使时射弓所）[171]。

由此可见，当时临安的离宫别苑，除了城里一个琼华园，城东的富景园、五柳园，以及城南一个玉津园外，其余都是环西湖分布的。这些环西湖分布的御园包括：西湖东边的聚景园，西湖南边的庆乐园、屏山园，西湖北边的集芳园、四圣延祥园，以及西湖西北边的下竺寺御园。

《咸淳临安志》中有关于几所重要御园的比较详细的记载：

聚景园

在清波门外。孝宗皇帝致养北宫，拓圃西湖之东，又斥浮屠之庐九以附益之。（清波门外为南门，涌金门外为北门，流福坊水口为水门）亭宇皆孝宗皇帝御扁。

玉津园

在嘉会门外。绍兴十七年建。明年，金使萧秉温来贺天申节，遂燕射其中.孝宗皇帝数临幸，命皇太子、宰执、亲王、使相、侍从，及管军官，讲燕射礼。

富景园

在新门外之东。孝宗皇帝奉宪圣皇太后，尝请游幸，又重于数戒有司，故营是园，以迓北宫。规置略仿湖山。

翠芳园（屏山园）

在钱湖门外南新路口，面南屏山，旧名屏山园，咸淳四年，尽徙材植以相宗阳官之役，今惟门阁俨然。

玉壶园

在钱塘门外。本刘鄜（fu）王刘光世园，后属之临安府守赵与筹，筑堂四面。景定间更隶修内司，又为堂曰明秀。今隶慈元殿。

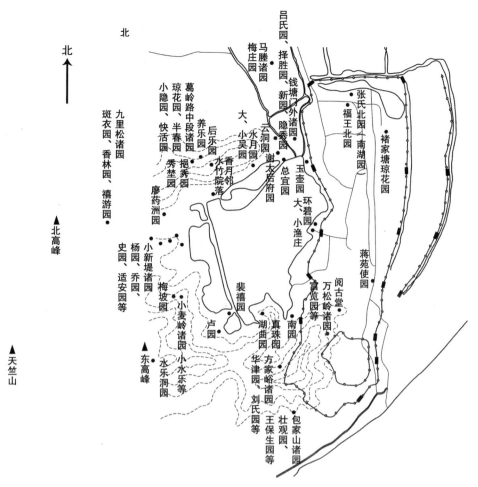

北

北

北高峰

天竺山

东高峰

九里松诸园
斑衣园、香林园、禧游园

小隐园
琼花园、
快活园
葛岭路中段诸园
养乐园
后乐园

廖药洲园
秀埜园
挹秀园
半春园

史园、
杨园、
乔园、
适安园等
小新堤诸园
梅坡园

卢园
小麦岭诸园
小水乐
水乐洞园

吕氏园、
择胜园
梅庄园
马塍诸园

钱塘门外诸园
新园、隐秀园

大、
小吴园
云洞园
谢太后府园
水月园
香月邻
水竹院落

总宜园
玉壶园
环碧园
大、小渔庄

裴禧园

万松岭诸园
阅古堂
富览园等
真珠园
南园
方家峪诸园
湖曲园
刘氏园等
华津园、王保生园等
杜观园、
包家山诸园

张氏北园—南湖园
福王北园

褚家塘琼花园

蒋苑使园

※图2-36　临安园林分布图[160]

2. 南宋私家园林水利

目前已有研究根据《梦梁录》《武林旧事》《咸淳临安志》等古籍记载，对南宋私家园林进行统计，其中有名可考的约一百二十余处（图2-36）[172]。

南宋临安私家园林按其所在位置大体可以分为宅园、郊野园与山居园、依湖园。其中，临西湖而建的园林，是西湖最独特的风景。《都城纪盛》中把西湖区域的园林布局分成南山、北山、钱塘门外、孤山路、涌金门附近五大板块。以西湖为中心，南、北两山为环卫，借助秀丽的湖山为背景，采取分块聚集，或则依山、或则临湖，天然人工配合得宜，其中以孤山一段为造的重点[173]。

总体来说，临安私家园林分布不均衡，私家园林主要集中在西湖一带，其他区域数量很少。南宋临安之私家园林主要集中于以下区域：（1）万松岭一带；（2）雷峰塔一带；（3）葛岭、里湖一带；（4）丰豫门外、钱塘门外一带；（5）钱塘门外溜水桥一带，马塍诸园[160]。

3. 基于城市水利工程的湖泊风景园林

宋代与城市发展紧密相关的城市水利达到了顶峰。同时繁荣的商业文化进一步促进了公共园林的发展。城市经济、城市水利、园林艺术、文学绘画艺术的全面发展，共同推动了临安城市湖泊风景区的形成。

西湖是举世闻名的风景区，作为中国古代城市水利和水景观营造史上最杰出的案例，基本成形于唐、五代，至北宋时期臻于完善，其后又经历元代的百年荒废，以及明清以来的历次大规模疏浚和修复工程，得以保持至今。在西湖水利和西湖文化发展史上，苏东坡作为杭州通判和太守期间所主持的治理是最为浓墨重彩的一笔，被视之为西湖水利史上最重要的民心工程，同时作为文豪的苏东坡也给西湖留下了最丰厚的人文记忆[174]。

北宋以前的西湖水利疏浚和风景建设史上，最具影响力的是长庆二年（822年）白居易任杭州刺史期间进行的全面整治。包括重修湖堤，建水闸，修渠道、管道和溢洪道，增加蓄水量，完善供水和防洪工程。白居易在组织修整西湖堤岸的同时，还重新疏浚李泌所开六井，以改善居民饮水，并亲自规定了严格的城市用水规范，以使官商、百姓都了解堤坝跟农事之关系，即史上著名的《钱塘湖石记》。北宋初期的代代贤明官员，如景德年间的知州王济，通西湖沼，设堰闸；仁宗时的知州郑戬，以数万军民清理已为豪强所占之葑田，恢复西湖水面；沈遘开沈公井，以补六井之缺；再到宋神宗熙宁中的知州陈襄重开六井及沈公井，命工讨其源流，有效恢复杭州城的生活和农田供水；直到最为人们看重的苏东坡以葑草为堤、变害为宝的西湖治理[174]。

南宋时期，西湖对于都城临安发挥着举足轻重的作用。首先，它是杭州城天然水库，全城居民的生活用水仰仗西湖的供给。其次它是杭州著名的风景胜地，是杭城居民休憩、娱乐之所。因此，政府对西湖的治理极为重视。

绍兴八年（1138年），南宋正式定都杭州，此时西湖已经是"葑田弥望，湮没大半"[175]，为了保证一城居民的正常饮水，绍兴九年（1139年），府尹张澄奏请"命临安府招置厢军兵士二百人，委钱塘县尉兼领其事，专一浚湖；若包占种田，沃以粪土，重置于法。"[176]到了绍兴十七年（1147年），西湖又出现人为"占作葑田，种菱藕之类，沃以粪秽"的情况，对于酿酒、祭祀皆不便。南宋政府曾下禁令，但并不见效。至十九年（1149年），"复栽种填塞"。于是，府尹汤鹏举重新"开撩西湖及修葺六井阴窦水口，增置斗门闸板，通放入井，已得就绪。"[175]

乾道三年（1167年），周淙知临安府。此时，杭州的"有力之家，又复请佃湖面，转令人户租赁，栽种菱菱，因缘包占增叠堤岸，日益填塞"，而且"旧招军兵二百人专一撩湖……见存者止三十五名"，[177]为此，他于乾道五年（1169年），上奏朝廷，要求"增置撩湖军兵，以百人为额，专一开撩。或有种植菱菱，因而包占，增叠堤岸，坐以违制。"[176]同时，周淙还重新修葺了六井，"六月己亥，经始于惠迁井易用新石，坚厚高广，过昔数倍，以次至方井、沈公井、相国井、白龟池……水脉大志，率皆盈溢。"[178]并作《乾道重修六井记》。乾道九年（1173

年），沈度知临安府时也曾芟（shān）除西湖的葑草。咸淳六年（1270年）安抚潜说友再次修浚六井，重新改装地下引水管道，改作"石筒（tǒng）衰一千七百尺，深广倍旧，外捍内锢"，每五十尺处，"穴而封之，以备淘浣"。[178]这种设计便于掏挖管道中的淤泥，保持管道畅通，使临安城中居民饮水问题得以解决。[159]

除了日常的维护治理之外，防旱是一项比较重要的治理内容。因为干旱是对西湖的一个很大威胁。淳祐七年（1247年），杭州"亢旱殊常"，炎热少雨的天气使得"西湖水涸，城内诸井亦竭"；西湖"汪洋之区，化为平陆，浅流一线，其浊如泥。父老皆以为百年之所未见"，[179]同时，面对大旱，南宋政府即令"临安府开浚四至，并依古岸，不许存留菱荷芰荡，有妨水利"，[180]当时资政殿大学士兼知临安府赵与筹支持疏浚，为了疏浚工程能够快速、有效的缓解旱情，他计划"先将六井水口，开掘深广，潴蓄湖中之水，以资京城日用之常"以此解决居民生活用水的燃眉之急；然后"开浚港脉，使之深阔，以便小舟往来"。待到"港脉既通，然后分划地段，取掘葑泥，以复湖之旧观"。[180]当时六井水口一带，"为府第占据，租佃年利"，荷荡菱荡连成一片，六井更是"填塞秽浊"，为了彻底浚治西湖，赵与筹令"一例掘去菱荡芰荡，须令净尽"，以此达到"尽除翳塞"的效果。疏浚工程"先从六井荡地用工"，然后"将钱塘门、上船亭、西林桥、北山、等一桥、高桥、苏堤、三塔南新路、柳州寺前应是荡地顺次，锄去芰根并无存留与湖心积水地势高低一等"。[180]此外，为了补充西湖的水源，政府还募民修通了下湖，并凿渠"引天目山水，自余杭河，由蔡家渡河口、清水港、下湖河、羊角埭、八字桥、折入溜水桥斗门，凡作数坝……流入上湖"[179]，经过开挖葑泥、掘除菱芰、补充水源等一系列行之有效的措施，西湖又"稍复承平之旧"，杭城居民赖以生存的水源也得到保证。[159]

4. 小结

（1）城市引水造就公共园林

《二老堂杂志》中所言："西门水"是指从城西的钱塘门引西湖水入城、作为城中居民的生活用水，"西门则引湖水注城中，以小舟散给坊市"。引西湖水入城后是通过"井"来储水、供水的，这里所谓的"井"是通过"平地为凹池，取诸西湖而注之"[181]所形成的，实质上是通过挖掘平地为水池，引西湖水灌注而形成的蓄水池。临安城内最早、最著名的引西湖水而开凿的"井"是唐肃宗时，杭州（即临安）刺史李泌所凿的"六井"。六井通过"阴窦"（地下水道）与钱塘湖（西湖）相通，依靠湖水补给，只要时常检修疏通，"虽大旱而井水长足"。西湖是六井的水源地，只有保证西湖有充足而洁净的水源方可维持六井的长久使用，因而临安地方官府必须采取措施保障西湖水质的洁净和引水口的畅通。南宋定都临安后，人口显著增加，西湖对临安供水作用更加凸显。政府当时采用的清洁措施主要有以下几种：第一，招置厢军士卒二百人，专一竣湖，并委钱塘县尉兼领其事。第二，禁止在西湖上种植茭菱和葑田。第三，禁止污秽湖水。第四，保持六井水口的清洁、通畅。除了以上六井之外，据统计临安仅有名的公用大井就有六十余口。"石板瓷砌，木楗（jiàn）外护，环以围墙，建立碑亭，利民甚博"[182]。"井泉+亭榭+池（塘）"的组成形式，是南宋临安城市水利工程设施园林化的常见模式[37]。

（2）城市水利工程与园林建设相互促进

南宋临安城的湖泊、河渠及数量众多的井、泉等具有民生保障性质的公共水利设施本身也是良好的园林建设载体，风景资源佳，公共开放度高。每一次的水利工程兴修，必定带来城市园林文化的兴盛，而园林景观对水体的需求和引用，也极大促进了城市水利技术的发展。作为水源地的西湖，在当时以湖山风景、堤岛桥、祠庙、寺观、园圃、酒楼、亭榭等的组合作为湖泊风景体系，承担祭祀、竞渡、游赏等公共活动。基于饮用水保障、灌溉功能及运河水源补给功能的西湖，在宋代商业文化及城市游赏文化的推动下，通过以堤、岛、桥的水利、交通设施和园林化建设相结合的朴素造园手法，促进了湖山风景名胜区的成型[37]。

（3）"湖、池+城壕+城内河渠+园林池沼"形成南宋杭州城市水系

至南宋，杭州城市水系已经成型，由城外近郊以西湖为主的湖泊、城内以六井为主的储水池塘群、绕城壕沟、城内数十余条河渠、城内及其周边各类园林池沼共同形成杭州城的城市水系。该水系具有多种功能，包括供水、防火、军事防御、灌溉、园林景观用水等功能，也有重要的调蓄洪水和排洪排涝作用[183]。

2.5　元明清北京园林水利

2.5.1　北京地区河流水系与水利系统

2.5.1.1　北京地区河流水系与城市水利系统

北京地处永定河和潮白河洪积冲积扇的脊部，地处华北平原的北端，北部、西部是山区[23]。北京地区的水系属海河流域，区域内流经有永定河、潮白河、北运河、拒马河和泃河5大河流，都发源于山区，坡陡流急，进入平原后则坡缓易淤。枯水期的供水紧张和汛期的洪水威胁是古代北京面临的主要水问题，因此，北京城的城市水利历史，就是人们为保证城市的正常功能，解决洪涝和干旱问题的斗争史[23]。

北京曾经是一个水资源丰富的地区。从燕王分封、蓟城兴起之后直至明清相当长的历史时期内，这里优良的水源和水利条件仍是吸引诸多王朝在此先后封侯建都的因素之一[184]。3000年前，燕国的都城——蓟，依托着莲花湖水系自然发展。到三国时期兴修戾陵堰和车箱渠，以及魏晋时期续修沟通永定河、高粱河、潮白河水系的水利工程，都是为了蓟城周边农业灌溉的需求而出现的。这在一定程度上反映了当时北京地区人口规模的扩大和对水源利用需求的增加，但当时周

边水系所提供的水量还是绰绰有余的。

隋唐时期，蓟城在我国北方的军事地位更加突出，城市的交通枢纽及物流集散功能大大增加。隋炀帝大业四年（608年）在黄河以北开凿了永济渠，将南北大运河从江南直通到蓟城（当时已改称涿郡）城下，目的就是通过航运将大量的物资和军队调集到这里。永济渠由霸州信安镇以北直抵涿郡的一段，就是利用流经蓟城南郊的桑干河（永定河前身）河道接通的。这段运河的航运作用一直持续到北宋，是当时通往北方的主要运输渠道。可见当时涿郡（后改称幽州）周边水系流量是相当丰富的。而且，一直到金朝建立并在此建都，整个城市的主体水源也没有离开过最初的莲花湖水系。

1153年，女真族建都北京，称金中都，从此城市的性质和地位发生了根本性的改变。莲花湖一带的水源被大部分圈入城内，一方面凿引成护城河，另一方面成为宫廷园林的水域。这个水源仅仅解决了中都城的城市生活用水和官苑用水。而粮食及物资需要源源不断地从南方运来，如何取得漕运所需的巨大水源，开始成为难题。当时的解决思路主要有两个：一是利用玉泉山一带的泉水，通过凿开海淀台地，引水汇入中都城以北的高粱河，再将高粱河水分南北两支注入通州附近的北运河，使漕船能顺利到达通州；二是开凿金口河，从石景山麻峪村引卢沟河（即永定河）水沿中都城北墙再向东流入北运河。这两项工程都规模浩大，是北京城诞生以来首次为开拓水源而做的工程。尽管它们最终都算不上成功，但为北京城走出莲花湖水系而向西、向北扩大水源做出了有效的尝试。

1260年，元朝建都北京，改金中都为元大都，这是北京城市发展历程中的一个重要转折点——即成为全国性的政治中心，其面积和人口都数倍于前，莲花湖水系的水源已经是远远不够了。因此，兴建大都城放弃了历代相沿的旧址，而将城市中心迁到了东北郊外的高粱河水系，这是一次因为水源需求的战略性转移。但这也还不够，大都城众多的人口、庞大的官僚机构及奢靡的宫廷生活，要求交通运输的规模成倍增加。每年要有数以百万石计的粮食及各种物资源源不断地从江南征收运来。而金朝以来的开源通漕问题一直未能真正解决，因此开拓更大范围内的水源成为元大都的紧要任务。

元初曾几度欲恢复金朝的金口河，计划从浑河（永定河）取水，但试行不久即以失败告终。1291年，在科学家郭守敬的设计领导下，元朝自昌平白浮泉筑渠西引，汇西山诸泉入瓮山泊（今昆明湖），再经高粱河入积水潭；从积水潭往下顺皇城东墙南下，接旧金的闸河与北运河相接。这条河流的凿通为大都城开辟了前所未有的水源，从此，南来的漕船可由通州溯流而上，直抵大都城内。当时，作为漕运码头的积水潭呈现出一片"舳舻蔽水"的繁忙景象。

此后，明清两朝的京城也依旧依赖这一脉水源的供给。明代的玉泉山水在汇聚到西湖即元代的瓮山泊之后，过德胜门水关流进什刹海，然后分为两支：一支

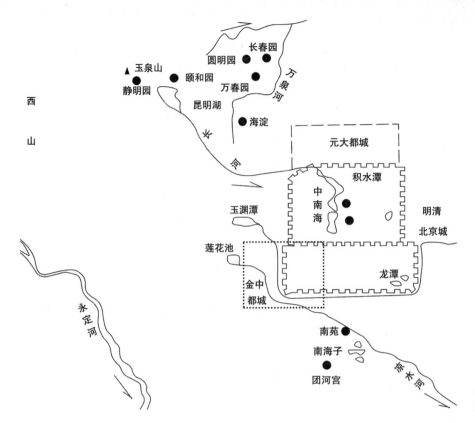

※图2-37　古河道与明清北京园林
关系示意图[185]

沿什刹海南岸开挖的新渠，流注太液池（北海、中海以及明代开挖的中南海），然后分内、外金水河，分别穿行于官城内外，最后又在太庙东南汇合，向东流入御河（即元代通惠河的上游），这是专门供应宫廷及其苑囿用水的。另一支自什刹海东岸海子桥（后门桥）出，继续利用元代通惠河上游河道，先向东再转南流入御河，用于补给漕运用水。官苑用水与运河用水既同出玉泉山水一源，又殊途同归于通惠河（图2-37）。

到清朝，采用铺设引水石槽的技术，汇聚西山泉水注入西郊瓮山泊，并在其东岸之外的低洼地带筑一道拦水大坝（又曰新堤），用以拦蓄玉泉山东流之水，兴建了一个范围广大、水量充足的人工水库，以满足西郊皇家园林用水和下游漕运用水。同时，为了应对城市人口增加对粮食需求的扩大，清朝雍正时期广泛推广畿辅营田，在北京周边地区出现了兴修农田水利的高潮。作为一个城市提升发展的重要时期，北京地区的环境变迁与社会变迁之间的互动关系，在明清时期显得非常典型，而水利活动及其效益之间的非预测性因果联系又是其中的一个重要内容[184]。

2.5.1.2　北京历史上的城市水利工程

1.　金代及以前的水利工程

（1）魏晋时期的戾陵堰

戾陵遏（堰）是一座拦水坝，建造在今日永定河（古㶟水）东岸、石景山

（古梁山）的山下。车箱渠是一个引水渠，它的开凿则是把由遏分出的永定河水平地导流，经过现在八宝山以北，向东偏北，直注于高粱河的上源，即今紫竹院公园湖泊的前身。小小一条高粱河，从此承受了永定河水之后，两岸很多地方就开辟为沟渠纵横的灌区，受益田亩每年多至两千顷。这是北京近郊进行较大规模的人工灌溉而见于历史记载的第一次[186]。

戾陵堰是在三国时期（3世纪中叶）蓟城（即今之北京）附近出现的第一次大规模的灌溉工事。此次工程的主要原因为蓟县是当时北方的防守重镇，刘靖被任命为镇北将军镇守该地。而曹魏所辖之地多推行屯田制，刘靖的父亲又是实行屯田、开发水利卓有成效之人，因此当刘靖来此之后也推行屯田制。屯田制需要一套合理有效的灌溉系统。刘靖为了军事目的，屯田守边，因而在蓟城附近，修筑灌溉工事，开辟稻田，卓有成效。《三国志》卷十五记载如下：靖以为"经常之大法，莫善于守防，使民夷有别。"遂开拓边守，屯据险要，又修广戾陵渠大堨水溉灌蓟南北，三更种稻，边民利之[187]。《水经注》《玉海》《日下旧闻考》等对此次灌溉工事的记载大致如下：水流乘车箱渠，自蓟西北迳昌平，东尽渔阳潞县，凡所润含，四五百里，所灌田万有余顷[188]。刘靖经过踏查之后，决定分灅水（今永定河）之流，从而在梁山（今石景山）以南，傍河筑坝，障水东下，名为戾陵遏（堰）。自戾陵遏（堰）以下所凿引水渠道，命名为车厢渠。车厢渠下游与高粱河上源连接，并利用高粱河作为灌溉干渠[189]（图2-38）。

这两条人工修筑的水利工程以灌溉为首要目的，并未围绕园林兴建。

（2）金代的金口河和闸河

到了金代，蓟县从最初的防守重镇，逐步发展成为政治中心。自此，宫城用水以及漕运等功能逐步成为水利工程建设的主要目的。

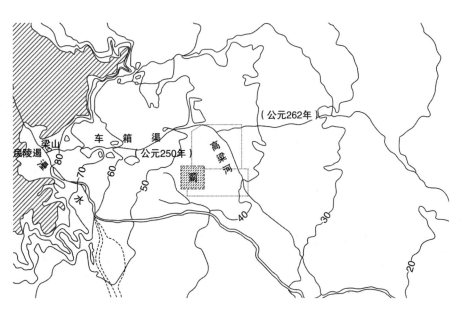

图2-38　戾陵遏—车厢渠示意图[186]

金代初年，统治者引西北诸泉流注高粱河，再以高粱河之河水灌溉皇城御苑。然而随着用水量的增加以及水流量的减少，金代又开始着手从卢沟河上的金口开渠引水，利用历史上车箱渠上游的一段故道，加以浚治，引水东下；紧接着又另开下游一段新渠道直入金中都北护城壕，通称金口河。然后再从北护城壕靠近东端的北岸，开凿运河，一直向东，经通州城北与潞河（今潮白河，亦称北运河）相汇。为了节制流水，沿河筑闸，因此这条运河就叫闸河。这样，溯潞水北来的漕船，便可在通州转入闸河，直驶中都城下。但是这条闸河开凿之后，并没有达到预期的目的，其原因是从金口河引来的卢沟河之水浑浊而无法引入都城[190]。《金史·河渠志》记述如下：及渠成，以地势高峻，水性浑浊，峻则奔流漩洄，啮岸善崩；浊则泥淖淤塞，积滓成浅，不能胜舟[191]。因此，从通州入京的漕粮，仍从陆运。此后在1205年左右，才再次"开通州潞水漕渠，船运至都。"

据侯仁之先生考察，在重开闸河之前，已经另辟水源以供漕运，这一新的水源就是西北郊外的瓮山泊。瓮山泊有一亩泉，又上承玉泉山诸泉，其下游原本是顺自然地势流向东北，这就是日后的清河。1205年左右为了重开漕运，就利用瓮山泊开渠引水，转向东南，直接与高粱河上源相接，即今天的长河（玉河），按从瓮山泊到高粱河上源，中间原有一带微微隆起的小分水岭，侯仁之先生曾经命名为"海淀台地"，台地以北诸泉（包括原始的"海淀湖"）都向东北流，台地以南的诸泉（除高粱河上源外还有原始的玉渊潭），都向东南流。其次，大约就在同时，又从高粱河积水潭上游（即开渠东下以接坝河上游的地方）开渠分水南下，直入中都北护城河，这样就把瓮山泊和高粱河上源的水，经过一小段护城河，引入旧闸河，从而使北来的粮船可以从通州入闸河，直抵中都城下。从高粱河积水潭上游到中都北护城河的这条渠道，应该是"高粱河西河"，因其位于天然的高粱河中下游（包括积水潭或称白莲潭）之西，故名之"高粱河西河"[190]。

（3）金中都的莲花池水系及其他宫苑水系

从蓟城初立，到战国燕都、唐幽州城、辽南京，直至金朝的中都城，都是在西湖附近依赖其水系进行发展。"西湖"，即蓟城时代蓟城西郊的一片大湖，也就是今广安门外莲花池的前身，湖的下游是一条被称为洗马沟（后来又称莲花河）的小河。由西湖与洗马沟等河湖构成的"莲花池水系"基本可以满足蓟城时代对水源的需求，此外，蓟城外围湖塘相间，地下水丰沛。因此，直至金中都建立，都依赖西湖水系[184]。

金中都是在辽南京基础上扩建而成的，是一座仿北宋汴京城规制而建造的壮丽都城，内外套城，宫殿、衙署、寺庙、苑囿、坊巷等按照次序排布。城外引西湖水筑造环城深壕。金建都时，特意将原南京城的南、西、东护城河和洗马沟（莲花河的一段）圈入中都城内，引水入皇城，灌注园林水体，营建同乐园（又称

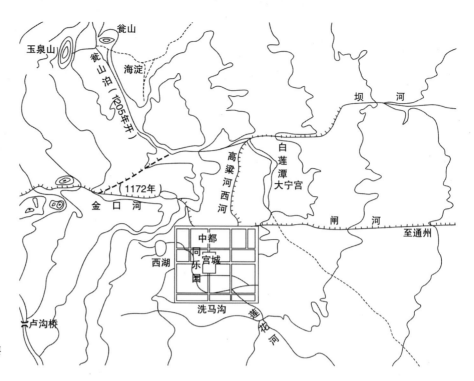

※图2-39 金中都宫苑水系与主要灌溉渠道示意图 [193]

西华潭），即中都城中的太液池。被圈入中都城的洗马沟流经皇城西部，入同乐园，过龙津桥，斜穿出城，流入南护城河，这条河流，时称"金水河" [192]。水体从同乐园南端又分出一支清流东入宫墙，在宫城西南一隅开辟鱼藻池，其遗址在今北京广安门南、白纸坊西的青年湖一带。鱼藻池的南端又开凿了一条南流的小渠，水流在皇城南墙外重新汇入洗马沟 [184]（图2-39）。

在中都城西北，会城门外五六里地，也有一片天然大湖，它曾是永定河之金沟河故道的水体遗存（现玉渊潭前身），金朝在此开辟园林，修建了钓鱼台。古钓鱼台（今玉渊潭一带）蓄水池一带水系，是金中都与西湖水系并存的第二条重要水系。

辽金时期的皇帝将今积水潭—什刹海—北海—中海（金代统称白莲潭）这一片水域所在的区域作为行宫的上佳选地。这一水系源于古永定河故道高粱河。从更新世晚期直到东汉末年，古永定河从今石景山附近向东流，流经八宝山北、田村、半壁店、八里庄，到今紫竹院附近接纳众多泉水，又经过高粱桥至今德胜门西，再南折入今积水潭、什刹海、北海、中海，穿过今长安街人民大会堂西南，再向东南流经前门、金鱼池、龙潭湖，经过左安门以西流向十里河村东南，至马驹桥附近汇入漯水主干道（今凤河河道）。永定河在东汉以后虽改道南迁，但由于今紫竹院附近因古永定河河道地下水的浅层溢出而形成的泉水的不断汇入，以及原有水体残存的湖泊，因此从今紫竹院以下的河道并没有完全断流。由于泉水丰沛，使得金朝白莲潭一带长期保留丰富的水体。金朝在白莲潭之畔修建的万宁宫（亦称大宁宫）在当时被称为"北宫"或"北苑" [184]。在营建大宁宫时，对白莲潭周边河道加宽加深，使之成为水域宽广的湖泊，其就是元代海子（积水潭）和太液池的前身，也就是今北海、中海、前海、后海和西海的前身[192]。以上则是金中都的第三条水系，即引自其北苑内的重要水系——高粱河水系，通过引水渠将高粱河河水引入北护城河，作为护城河的重要水源。而大宁宫的高粱河水系后期成为元大都都城及宫苑用水的主要来源[189]（表2-20）。

金中都城市水系   表2-20

主要水系	水源	功能	园林
莲花池（西湖）水系	西湖（地下水的集中溢出带，泉水丰富；西湖上游有水道引西山水流入湖）	护城壕水源补给宫廷园林用水	皇家御苑西苑：同乐园、琼林苑
古钓鱼台水系	天然大湖（永定河之金沟河故道的水体遗存）	园林用水漕运建设	钓鱼台行宫
大宁宫高粱河水系	高粱河（金代修建北苑之前，白莲潭为洼地沼泽，停泄高粱河水）；瓮山泊（今昆明湖）所接纳的泉水和坡水也是白莲潭的水源之一	园林用水漕运建设	北苑大宁宫（位于金代中都城之东北郊）太液池玉泉山行宫

注释：金中都的鱼藻池、同乐园、西华潭、琼林苑、西园都是同一处皇家宫苑。

（4）长河的开凿

金朝在修建高粱河畔的大宁宫时，为了进一步增加白莲潭的水源，扩大其湖面，或为了能够更方便地前往玉泉山行宫，把两处行宫紧密地联系起来，首次将玉泉山一带的泉流向南引入瓮山泊（七里泊、金湖，即今昆明湖），然后开凿了从瓮山泊通往高粱河上源的人工渠道，就是今天被称为"长河"的河道，即起自今颐和园南门到今紫竹院湖的河道[184]。据侯仁之先生推断：今日万寿寺前长河河道最初的开凿就是在大宁离宫修建的时候。其原因在于高粱河小，给水不足，因此只有开凿新河，导引玉泉山水转而东南，用以接济高粱河的上源，结果就接近了今日长河河道的形势[190]。

2. 元大都时期的水利工程

1234年，金朝灭亡。金中都被蒙古人建立的政权所统治，改置燕京行省；1264年，又改燕京行省为中都，并决定在旧金中都城的东北兴建新的都城。随着新都城——元大都在1272年的建设完成，北京城市历史的发展进入了一个新的阶段。《元史·世祖本纪》记载，1259年秋冬时节，忽必烈兵抵燕京后，并没有住在被兵火焚毁的金中都旧城里，而是"驻燕京近郊"。他选择这座得以保全的旧朝离宫下榻，并不仅是安全、方便之故，而是找到了其政治战略的基点。在这里，他设立年号"中统"，打算按照中原王朝的规制兴建一座理想的"大汗之城"[184]（图2-40）。

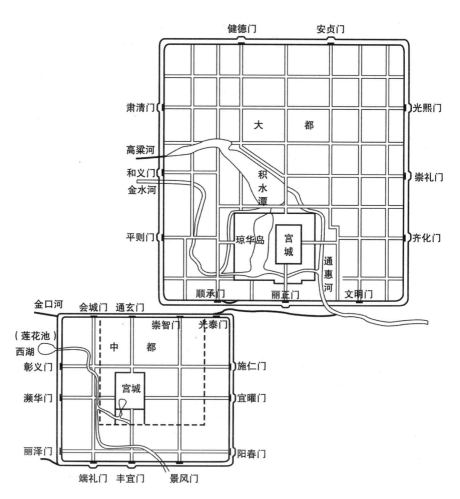

※图2-40　金中都与元大都城址示意图[185]

（1）高粱河水系

　　元大都的兴建，在北京城市发展史上是一个极其重要的转折点，它放弃了莲花池水系自蓟城时代延续至金中都时代历代相沿的旧址，转而在其东北郊另建新城。元大都的城址是以金中都的离宫大宁宫附近的湖泊为设计中心，而这一片湖泊为高粱河水所灌注，属于高粱河水系。元代将城址由原莲花池水系转移至高粱河水系，绝非偶然，而是出于城市建设的长远考虑，即对水源的要求。莲花池水系早在金中都时代的后期已远远不能满足城市自身发展的客观需求。为了解决漕运问题，并鉴于金代统治者解决漕运的教训，在忽必烈初到中都的第三年，即（1262年），便命郭守敬改造金中都城旧闸河，导引玉泉山水以通漕运。当时导引玉泉山济漕，只有瓮山泊和高粱河，下接闸河。其故道所经之处，正是金朝离宫大宁宫附近。因此，新城选址由莲花池水系迁至高粱河水系，是为了获得丰沛的水源（图2-41）[185]。

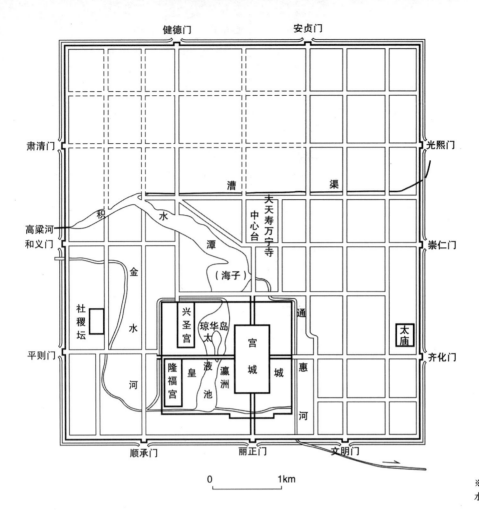

健德门　安贞门

肃清门

光熙门

高粱河
和义门

漕　渠

穆　水　潭

天天寿万宁寺
中心台

（海子）

崇仁门

社稷坛

金　水　河

兴圣宫
琼华岛
太

通

太庙

平则门

隆福宫
皇
液
池
瀛洲

宫城

城

惠
河

齐化门

顺承门　丽正门　文明门

0　　　　1km

※图2-41　元大都城的平面设计与
水道分布示意图[185]

（2）玉泉山水系

金中都时期就曾首次将顺着天然地势向东流入清河的玉泉山诸泉流引向南注入瓮山泊，开凿了瓮山泊南通高粱河上源的人工渠道长河，把泉水引向东南流入大宁宫湖泊，满足离宫御苑的用水需求。元朝以金大宁宫水体为中心建大都城，则将玉泉山水系的功效进一步发挥到极致，使之成为古代北京城水源最充足的时期。

元朝在金朝长河引水工程的基础上进一步向北并向东延伸引水线路，接引了更多西山、北山泉流的高粱河，把大都城的水源供给范围远远扩大到西北环山脚下；从北到西沿山而成的巨大扇形区域内的大小水脉，都通过高粱河源源不断地汇入城中，成为城市发展赋予的巨大动力。高粱河水系从西北到东南斜穿整个大都城，通过它，元大都不仅在皇城宫苑的布局上充分展现了街道、建筑的方正严谨与河流的宛转灵动之间的平衡、协调，还完美地实现了前朝后市、漕粮入城的宏伟设想[184]（图2-42）。

有关玉泉山水系改造的重要举措有两个：一是汇集、导引玉泉山西北几十里范围内的泉水，使其聚集瓮山泊之后再引导到大都城内接济漕运；二是开辟御道，

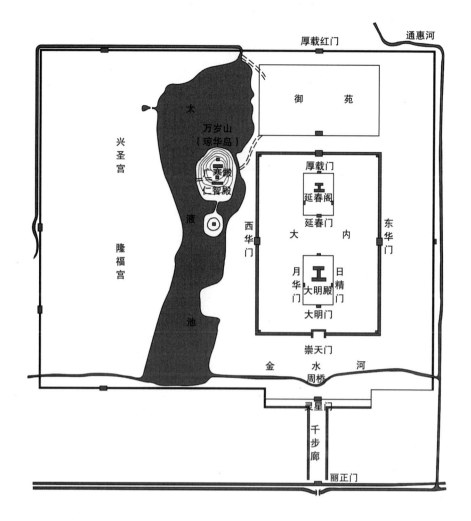

※图2-42　元大内位置示意图[185]

将玉泉水直接接入皇城，为皇家专供用水[184]。元朝修建大都城时曾以琼华岛及其周围的湖泊为中心，把三组宫殿环列在湖泊东西两岸。位于湖泊东岸的，是属于皇帝的一组宫殿，即"大内"，也就是紫禁城的前身。在湖泊的西岸，有南北两组宫殿，南面的叫隆福宫，北面的叫兴圣宫，分别为太子和皇太后所居。三宫鼎立，中间的湖泊按照传统被命名为太液池。环绕三组宫殿的四面，加筑了一道城墙，当时叫作萧墙（红门阑马墙），就是后来的皇城[185]。在初建太液池时，就已经开始引用玉泉山泉水，"……浚太液池，派玉泉，通金水"[194]。为了保证这一区域湖泊的水源及水体的清洁，设计者切断了其上游与积水潭的连接，同时另辟水源，从西郊玉泉山导引清澈的泉水，沿着一条新凿的渠道——金水河，分别从湖泊的南北两端，注入湖中[190]。金水河几乎与长河平行着向东南流，至元大都和义门南水关入城，此后又分南北两支进入皇城：北支沿皇城西墙外向北，从琼华岛北面入太液池；南支向东直接穿入皇城，流经隆福宫以南汇入太液池。其下游从宫城前方绕出皇城，与后来开凿的通惠河相接[184]。金水河在穿过金代所开凿的高粱河西河时，为使不与沿途各水流混杂，则利用"跨河跳槽"[194]以避免与浊水相混。并有严格的管理制度，《都水监记事》载："金水入大内，敢有浴者、浣衣者、弃土石瓴甋其中，驱马牛往饮者，皆执而笞之；屋于岸道，因以陋病牵舟者，则毁其屋。碾磑金水上游者，亦撤之"。[195]

（3）通惠河的开凿

通惠河是元大都城市的大动脉，就维持元大都封建统治中心的稳定和发展来说，是关键因素。元大都的规模决定了其对漕粮的依赖将数倍于金中都。还在大都未建之前，水利工程专家郭守敬就曾建议引用玉泉山水以通漕：中统三年（1262年）张忠宣公荐公习知水利且巧思绝人，蒙赐见上都便殿。公（郭守敬）面陈水利六事，其一，中都旧漕河，东至通州，灌以玉泉水，引入行舟，岁可省僦车钱六万缗（mín）[196]。但是这个计划，尚未得以实现，因为之后兴建的大都城，玉泉山水已经专为宫苑之用，因此，要想引水济漕，还必须另寻水源。在水源未得到解决之前，从通州到大都的漕粮依赖陆运，牢费甚大，"通州至大都陆运官粮，岁若千万石，方秋霖雨，驴畜死者不可胜计。"[197]至元二十八年（1291年），郭守敬建议，放弃过去为运河开辟水源的一切做法，改从北山下白浮泉顺着平缓下降的地形，西折东转，迂回南流；经瓮山泊，沿旧渠道下注高粱河，流入大都城内积水潭，然后再从积水潭东岸开凿的新渠道，绕经皇城东墙外南下，出大城南转，转而东南流，与金朝所开闸河故道相接，并重加浚治，更置水闸。其原文记载如下："大都运粮河，不用一亩泉旧源，别引北山白浮泉水，西折而南，经瓮山泊，自西水门入城，环汇于积水潭，复东折而南，出南水门，合入旧运粮河，每十里一置牐，比至通州。凡为牐七。距牐里许，上重置斗门，互为提阏，以过舟止水。"[197]这次建议不但实现了，而且取得前所未有的效果。至元二十九年（1292年）河道告成，粮船可从通州以南高丽庄经闸河径入都城，一直停泊在积水潭，史文有"舳舻蔽水"的描写，盛况空前。为此，这条闸河被命名为"通惠"，一直沿用至今[186]（图2-43）。

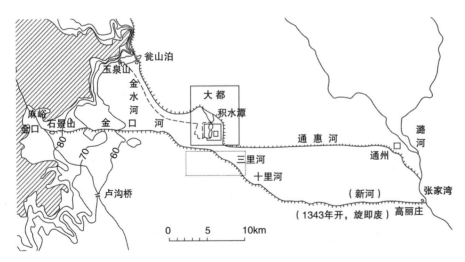

※图2-43　元大都通惠河示意图[18]

（4）对金口河的恢复

元大都尚未建成之前，因郭守敬的建议，还曾一度恢复了金口河，其主要目的并非济漕，而是为运送西山的木材与石料，以供应都城的建设[186]。《元文类·国朝文类》："公以纯德实学，为世师法……决金口以下西山之筏，而京师材用是饶。"[196]另外《元史》卷六《世祖本纪》："至元三年……十二月丁亥，诏安肃公张柔、行工部尚书段天祐等同行工部事，修筑宫城……凿金口，导卢沟水，以漕西山木石。"[198]后因水灾威胁而封堵。侯仁之先生认为，至元朝末年对于重开金口河引浑河（即今之卢沟河）济漕的建议，大概是由于通惠河水源不畅。但是几经用力，却依然徒劳无功[186]。《元史·河渠志》记载如下："起闸放金口水，流湍势急，沙泥壅塞，船不可行，而开挑之际，毁民庐舍坟茔，夫丁死伤甚重，又费用不赀，卒以无功。"[199]这次开河虽不成功，但其在西郊留下了明显的河床痕迹。这就是石景山以东，八宝山以北的旱河，当地人称之为金沟河，即金口河，这一段实际即是古代车箱渠的延续。在东郊，从今外城东南角经十里河至通州以南大高丽庄，也有旱河一道，在近高丽庄处，当地人称为萧太后河，实际也就是元朝末年所开金口新河的下游。只有中间一段正当今日外城东部，由于明朝中叶以来民居市井日益繁盛，河道旧迹逐渐湮废。但据侯仁之先生考证史料，推求出当时的河道乃是从今正阳门以东水关附近，转而南下，经由天坛以北三里河更东南行，由左安门出城，以接十里河之旧河床。明朝初年还曾利用这条河流排泄过护城河内过涨之水。这段河道应该在今正阳门水关以内，还应该向北延长半里余，以与通惠河相接，这样，按照当时恢复金口河的计划，就可以使粮船直入京城[186]。

（5）元大都内部水系

元大都，是以金代的太宁宫为中心规划建造起来的[200]，规模宏大，建筑壮丽。元大都城内分布的水系，基本上归为两大系统：一是以白浮泉、一亩泉为源头的高粱河－积水潭-通惠河水系；一是以玉泉山泉为源头的金水河－太液池水系。两套水系各有源头，一南一北，流入大都城，在城市中发挥不同的功能作用，共同成为元大都城市形态的重要组成部分[201]（表2-21）。

元初水利建设所形成的两大水系及太液池、积水潭两大蓄水水面格局，很大程度上决定了后世北京的城市空间格局和城市风貌。沿瓮山泊、长河、高粱河水系，形成的生态核心带，为明清两代皇家园林建设奠定了基础[202]，尤其对清代三山五园的建设具有决定性的作用。

元大都内部水系   表2-21

水系	主要功能	园林分布
金水河—太液池水系	专供皇家宫苑用水	皇家御苑太液池
高粱河—积水潭—通惠河水系	漕运	积水潭公共园林景观化区域

以积水潭、太液池为核心的两大水系为核心的元大都城市形态，从整体上呈现出山水城市特色。设计在遵循《周礼·考工记》礼制原则和《周易》阴阳象数原则的基础上，又进行大胆的创新和超越，将大面积的水体纳入四面包围的城墙之中，使其成为城市形态中有机的组成部分。从历史文献记载看，至少在金中都的设计建造中，就已经注意到了结合周围河湖水系的特点。至元代，进一步将古高粱河沿线的天然湖泊水系纳入到城市的整体规划中，使城墙之内广阔的水面与远方的群山相映衬，于庄严凝重、充满礼制原则的帝王都城布局中表现出生动活泼的山水城市特色[201]，使元大都的城市形态成为一种特殊的文化景观。此外，金水河-太液池、高粱河-积水潭-通惠河两大水系在功能上呈现出的二元性，加深了金水河的文化意义。

3. 明清时期的北京城市水系

1368年，明灭元后，改大都为北平，开始了对城市的改造。首先，鉴于被改为北平府的故都在城市规模上不能超越当时的国都南京这一礼制要求，从而将北城墙南移五里，放弃了北城原来较为空旷的地区。新的北城墙东段沿坝河南岸，将坝河的一段作为护城河，西段穿过积水潭最狭窄的地方，把积水潭西北的一部分隔在城外，成为一段扩大了的护城河。

永乐元年（1403年），改北平为北京。永乐四年，着手营建北京的宫殿城池，陆续将元大都的南城墙南移二里，就是前三门所在的南城墙。皇城和宫城也都做了相应的扩展。永乐十八（1421年），北京城的建设基本竣工，这就是现在所称的内城。嘉靖三十二年（1553年），筑成南罗城，就是把南门外已经发展成商业区和居民区的地区也包在罗城之内，这就是现在北京城的外城。原计划东西北三面都要加筑罗城，只是由于财力有限，没有实现。结果使北京城在平面上构成了一个凸字形。外城的加筑，主要基于对外族入侵掠夺的防御和防洪需求[23]。

明代对元大都城的改建对城市的河流水系产生了较大的影响，尤其是对皇城的改建，使北京城的水系结构发生了新的变化。明成祖建都之前，曾经把元朝的皇城（萧墙）向东西南三面，各自开拓了一些距离，其结果使原来绕经旧日皇城东北及正东一面的运河，被圈入城中，粮船从此就再也没有入城的可能了[186]。此外，元朝时从玉泉山单独流入太液池的金水河，在明代已经废弃。元代丽正门左侧向东南流的一段通惠河，也由于明代城墙南移后被包入城中而被逐渐湮废。明代的玉泉山水在汇聚到元代的瓮山泊之后，走白浮泉下游的故道，过德胜门水关流进什刹海，然后分为两支。其一，为供应宫廷及其苑囿的用水，沿什刹海南岸开挖的新渠，流注太液池（北海、中海以及明代开挖的南海）；另从太液池北闸口分流，经白石桥进入宫城，此为内金水河；又从太液池南部、南岸东岸分流，经承天门前向东，此为外金水河；内、外金水河在太庙东南汇合，向东流入玉河（亦元代通惠河的上游），向南流出内城，进入南护城河。其二，为补给城郊的运

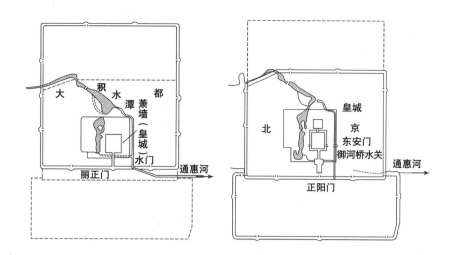

图2-44 元明城址变迁与河道相位置比较[186]

河用水，自什刹海东岸海子桥（后门桥）引出的一支，继续利用元代通惠河上游河道，先向东再转南流入南护城河，此即明代所谓"玉河"。官苑用水与玉河用水既同出玉泉山水一源，又殊途同归于通惠河，彻底改变了元代曾有的城市供水格局。明朝嘉靖年间，为防御蒙古骑兵的侵扰，又加筑外城并开挖护城河，其最终归宿仍然是汇入通惠河[184]（图2-44）。

明朝北京城内的河道水系发生改变的同时，近郊的水源也与元朝大不相同。这主要是由于白浮断流，水源枯竭，金水河上游因此弃而不用。白浮断流与明陵修建有关。明十三陵在白浮泉北，引水西行，正经明陵以南之平原，可能为堪舆家所忌，故不再导引。据《日下旧闻考》记载："成化七年，杨鼎、乔毅奏：'元人旧引昌平东南山白浮泉水，往西逆流，经过祖宗山陵，恐于地理不宜，及一亩泉水经过白羊山沟雨水冲截，俱难导引。'[203]"由此而成的水系格局，与金、元迥异，却为后日相沿，再无改变，一直到今天[186]。

早在永乐五年（1407年），北京尚未正式建都之前，当事者曾经奏请疏浚白浮渠道，可见元时旧迹尚未全湮。为了运输建都所需木材，船只经过南北大运河到京，此外别无更为便捷的来路。北京正式建都之后，才又发生漕运的问题。但是由于水源的枯竭，通惠河不能行舟，而且日就湮塞。因此，从通州以南张家湾运河码头到京师，主要全靠陆运，所费不赀。一直到了成化年间才又有重浚通惠河的建议。后经过杨鼎、乔毅经过实地勘察之后，认为白浮泉水既不可引，运河一段也圈入皇城之中，粮船不能进城，建议专用玉泉山诸泉之水，以为通惠河（当时亦称大通河）之上源，并利用城壕通漕，以便近仓交纳。成化十二年（1476年）平江伯陈锐再议疏浚通惠河。众议所归，遂即动工，转年告成，但因水源有限，未能达到预期结果[186]。《宪宗实录》记载如下："八月浚通惠河，自都城东大通桥至张家湾津河口六十里，兴卒七千人，费城砖二十万，石灰一百五十万斤，闸板、桩木四万余，麻、铁、铜、油、炭各数万。计浚泉三、增闸四，凡十月而毕，漕舟稍通，都人聚观。是河之源，在元时引昌平县之三泉，俱不深广。今三泉俱有故难引，独引西湖一泉，又仅分其半（按另半入太液池），河制窄狭，漕舟首尾相衔，仅数十艘而已。舟无停泊处，河多沙，水易淤，不逾二载，而浅涩如旧，舟不复通。"[203]此后在弘治、正德各代都曾计划和实施了对通惠河的治理，但收效甚微。终明一代，屡次疏浚通惠河，屡次失败，除了天然地势的限制之外，究其主要原因，是水源的缺乏。

清代对北京城近郊的水源进行了整理。清北京城的渠道，大体沿用明代的旧制，其主要问题仍然以漕粮为重。通过疏浚东护城河，接纳大通桥来船直接入京仓，与通惠河相连，给漕运带来很大的方便。清代北京水利建设的另一个主要成就，就是乾隆年间对西郊上游水源的整治[23]。此举是清代北京水利史上引人注目的成就，更是将中国古典园林的皇家园林建设推向了高潮。

侯仁之先生在《北京历代城市建设中的河湖水系及其利用》中对清代北京西郊水源的整理进行了论述。由于明代在北京城市水源的开发利用方面毫无建树，难于守成，致使乾隆年间，为了兼顾城内湖泊河渠和西郊园林的用水，主动考虑开辟新水源。鉴于前代从永定河以及白浮泉引水的困难，遂舍远就近，舍难就易，试图把西郊一带的泉水汇集起来，以供导引。经过设计，决定扩大瓮山泊，在其东岸以外的低洼地带，另建新堤，作为一条拦水大坝，用以拦蓄上游泉水。将扩大后的瓮山泊改称昆明湖。原来瓮山泊东岸的龙王庙，也就变成了昆明湖中的一个小岛。昆明湖的东堤下以及南北两端，各建水闸一处，平时三闸关闭，上游源源不绝的泉水，汇集湖中，可以把湖水拦蓄到最高水位，以备引用。如果城内用水，则提南闸放水南流。如果海淀一带的园林包括附近的"御稻田"用水，则提东闸放水东下。如遇湖水因大雨或山洪而暴涨，则提北闸放水入清河。总之，三闸可按客观需要以时的启闭，这样昆明湖实际上就成为北京郊区所出现的第一个人工水库。

为了补充湖水的来源，除了湖区以内的泉水外，还将西山卧佛寺附近以及碧云寺和香山诸泉，利用特制的引水石槽汇聚在西山脚下四王府村的广润庙内石砌水池中，然后再从水池继续利用石槽引水东下，直到玉泉山，汇玉泉山诸泉，东注昆明湖。只是从广润庙东至玉泉山两公里间，地形下降的坡度较大，乃架引水石槽于逐渐加高的长墙上，以便引水自流到玉泉山麓。《日下旧闻考》记载："西山泉脉随地涌现，其因势顺导流注御园以汇于昆明湖者，不惟疏派玉泉已也。其自西北来者尚有二源：一出于十方普觉寺（卧佛寺）旁之水源头，一出于碧云寺内石泉，皆凿石为槽以通水道。地势高则置槽于平地，覆以石瓦；地势下则于垣上置槽。兹二流逶迤曲赴至四王府之广润庙内，汇入石池，复由池内引而东行。于土峰上置槽，经普通、香露、妙喜诸寺夹垣之上，然后入静明园，为涵漪斋、练影堂诸胜[204]。"整个工事匠心独具，但毁于清末，现已荡然无存[190]。

2.5.2 元明清时期北京园林水利

2.5.2.1 元明清时期北京皇家园林水利

从金中都时期开始，北京皇家园林建设就与城市水利系统密切联系并一直持续至元明清时期。北京历代城址的迁移和城市景观的建设，无不与水源的开辟及水系的整理相关。

元代的皇家园林大内御苑，是以金中都时期的太宁宫水体为中心进行营建的。元大都的园林水系从金代依托莲花河水系逐渐发展为依托高粱河水系，元代通过开凿的金水河，将玉泉山诸水直接引水入大都城，并向北注入太液池，从而影响了大型皇家园林的建设。太液池是元大都中规模最大的皇家园林水体，包括今日的北海和中海。

明代对园林的建设比较重视。皇家园林水体的建设在元大都太液池的基础上，在其南端开挖了新的湖泊，即现在的南海。明代废弃元大都时期专为皇家园林供水之需的金水河，为给太液池供水，积水潭和太液池之间被连通起来（积水潭南部的水域和太液池之间的联系在元代时，为保证宫廷用水的水量及水质，被东西向的土堤隔断）。积水潭水源白浮泉逐渐被废弃，因水源减少，原来浩淼的积水潭水面被分为三部分，即靠近西端的积水潭（今西海）、中部的什刹海（现后海）、南面的荷花塘（今前海）。大内御苑太液池三海的水源主要由什刹海提供。随着什刹海水量的减少，为保证皇家园林用水的水量，明代在什刹海以西的地区开挖了月牙河，月牙河将积水潭水直接通向荷花塘，而后引入下游御苑内的太液池中。明代利用西山海淀地区丰沛的水源，在该地区也修建了一些皇家园林。

清代，北京皇家园林建设达到鼎盛时期，但不同于明代的是，清代大规模梳理了西山诸多水源，从而形成了玉泉山水系和万泉河水系两大水系，皇家园林的建设，遂从城内移至城外西郊地区，在此区域形成了"三山五园"皇家园林群，围绕人工水库昆明湖进行园林群的布置与景观营造。城内的皇家园林承袭了明代太液池的水系格局，未做太多调整。因此，北京皇家园林水利建设的显著特点即园林分布以城市水系的重要节点为载体。

北京皇家园林水利历来是城市水利的组成部分。建筑学、城市规划、风景园林、水利史、历史地理等学科在以往的研究中对北京历史时期的水系给予了大量的关注，取得了令人欣喜的成果。侯仁之先生从历史地理角度对北京城市选址、城址变迁、水系变迁与城市发展的关系已经进行了完整的研究，也是本小节内容的主要参考资料，前文已有论述，在此不赘述。

何重义、曾昭奋（1992年）对香山静宜园、玉泉山静明园、万寿山清漪园、畅春园、圆明园的园林布局进行了详细论述，其中涉及园林水源、园林水系等园林水利的关注内容[209-210]。张洁等（2012年）根据北清代皇家园林于城市总体布局及水系格局之中的地位与作用，分析了北京清代皇家园林对城市雨洪管理的影响，结果证明，北京皇家园林因地制宜的分布特点、依山就势形成的园林空间、与城市水系脉络相通的园林水体、排除雨水的总体设计思路、采用传统工程措施等园林水利营造理念，对传统人居环境建设均具有生态效益[205]。周晨、曹盼（2017年）梳理了北京玉泉水系的形成脉络，解析了其水系空间结构及对北京城雨洪管理的突出贡献[206]。钟贞（2017年）以清代乾隆时期京西昆明湖、玉泉山水利建设为线索，围绕乾隆时期清漪园的建设，探讨了清代皇家园林与水利建设相结合的经验和做法。文中表明清漪园的山水胜概成于治水，是北京西郊"大规模水利建设的一个副产品"。包括玉泉引水、万寿山后山水系和西堤建设等工程都直接影响了清漪园的山水意象[207]。赵连稳（2015年）对清代三山五园地区水系的形成进行了系统论述，研究提出为了满足大量园林用水需求，清朝康雍乾时期，利用前人兴修水利的成果（金水河、白浮瓮山河），陆续对三山五园地区的水系进行大规模人工改造，疏浚昆明湖和万泉河，整合玉泉山上游泉水，从而形成三山五园地区的景观格局[208]。刘剑、胡立辉、李树华（2011年）将"三山五园"地区的景观划分为古典园林、水体、农田、林地、建筑、道路、其他7个类型，分析了1783年（园林鼎盛时期）、1861年（稳定发展时期）、1947年（园林荒废时期）、2010年（最新的城市建设时期）4个代表年份间各景观类型的面积变化以及相互转化情况，揭示了"三山五园"地区景观变迁的过程与驱动力，结果显示：从1783年~2010年200余年间，"三山五园"地区水体面积持续减少，古典园林面积持续减少，2010年之后有所增加；人类活动是该地区景观变迁的主要驱动力[211]。

　　北京皇家园林在功能体系、精神内涵方面体现出的文化景观遗产价值，已经得到了以风景园林学科为主的诸多领域的广泛关注和认可，已有的大量研究成果为本小节内容对北京皇家园林水利的梳理提供了充足的基础。本小节在北京水利史及皇家园林相关研究的基础上，对元、明、清各代北京皇家园林水利进行整理（表2-22~表2-24）。

元代北京皇家园林水利概况　　　　　　　　　　　　　　　　　　　　表2-22

园林	位置	水源	园林理水特色及园林水利功能
后御苑	位于皇城厚载门北。南起厚载门以北，北至今店门内，西临太液池	太液池	《析津志》载：厚载门乃禁中之苑圃也。内有水碾，引水自玄武池（太液池），灌溉种花木。自有熟地八顷。内有小殿五所，上曾执未耜（lěi sì），以耕拟于籍田也
西御苑	位于太液池西岸，隆福宫之西	金水河	苑内有山池亭殿，苑门内为石屏风，其北有歇山殿水池，池内建有两座水心亭，池北为歇店，北有圆殿和圆亭，殿后为流杯池

园林	位置	水源	园林理水特色及园林水利功能
西前苑	位于皇城内，是与寝宫交错在一起的宫苑	金水河	《故宫遗录》载："……苑前有新殿，半临邃河。河流引自瀛洲西邃地……新殿后有水晶二圆殿，起于水中，通用玻璃饰，日光回彩宛若水宫……自顶绕注飞泉，岩下穴为深洞，有飞龙喷雨其中，前有盘龙相向，举首而吐流泉，泉声夹道交走，泠然清爽。又一幽回，仿佛仙岛……山后仍为寝宫，连长庑。庑后两绕邃河，东流金水，亘长街，走东北"
灵囿	位于皇城内，太液池东岸，是北京最早的皇家动物园	/	/
万岁山与太液池	位于元大都中部，金代大宁宫旧址	金水河	/
南海子（下马飞放泊）	元大都南郊	/	/

明代北京皇家园林水利概况 [1,212]　　　　　　　　　　表2-23

园林名称	位置	水源	园林理水特色
宫后苑/御花园	紫禁城中轴线北端	筒子河水注入方形水池	"堆秀山"水法：石蟠龙吐水；摛藻堂前方形水池
西苑	位于紫禁城西，即元代太液池	什刹海（瓮山泊）西苑之东北角为什刹海流入三海之进水口，设闸门控制水流量	仙山琼阁之境界水乡田园之野趣
兔园	皇城西南隅，为西苑附园	太液池	金龙吐水
东苑	位于东华门外东南，在皇城之东南，故称"南内"	/	引泉为方池，石龙吐水

清代皇家园林水利概况 [212]　　　　　　　　　　表2-24

园林名称	位置	水源	园林理水特色
慈宁宫花园	紫禁城内慈宁宫西南	/	长方形水池，临溪亭内有流杯渠
建福宫花园	紫禁城内北部		/
宁寿宫花园	紫禁城内宁寿宫北	假山之上巨瓮储水	流杯渠
西苑	西华门之西，明代旧苑	什刹海（中海、南海、北海）	维持明代格局
畅春园	西郊海淀，原为明代武清侯清华园旧址	水源从万泉河注入南淀，汇流至园前的"丹凌片"，然后从红桥闸口流入园中。此外，园中泉水丰富	人工挖湖，较大水面有五处

园林名称	位置	水源	园林理水特色
乐善园	西直门外,高梁桥北	其地临长河岸,上游与昆明湖相接,为龙舟必经之处	
圆明园	西郊	泉水、万泉河水	河湖水系。园内设置水闸三座,西南为一孔进水闸,东北为五孔出水闸,出水闸一孔。圆明园之水来自玉泉山,由西马厂进水闸,至园内日天琳宇、柳浪闻莺诸处,水势总体走势西北高东南低,流水入园汇成大小湖泊,经明春门北的五孔出水闸流出,最后经长春园的七孔出水闸口流入东北面的清河
颐和园/清漪园	西郊	由众多泉水汇集成的天然湖泊,水源主要来自万泉河及园林区域内的各泉水	乾隆十四年(1749年),乾隆动用上万民工疏浚西湖,湖面向东扩展,辟出南湖岛,利用畅春园西墙外的西堤改造成为西湖的东堤。于湖西重新修筑一条长堤,分界湖水。西北部开出一条水系,沿瓮山泊后坡曲折弯转成为后湖。经过整治,使西湖成为一座兼具灌溉、蓄水、排洪功能的水利枢纽,同时也使瓮山、西湖形成山嵌水抱的形式
静明园	北京西郊玉泉山麓	玉泉山诸水系	湖、池、泉
静宜园	北京西山东麓	诸泉水	湖光山色
南苑	永定门外,又称南海子	地势低洼,泉沼密布,水草丰茂	
团河行宫	南苑西南隅	团河	团河流出南院墙入凤河,又东南流与永定河汇合。团河行宫苑林区由东湖、西湖两大水面组成
钓鱼台行宫	西郊三里河,即元代玉渊潭	香山新开引河之水	一处由自然水面周围发展起来的风景区
汤山行宫	昌平东部,小汤山	汤山泉	泉源处凿方池,以承沸泉、温泉二泉之水
避暑山庄	热河行宫		
盘山行宫	京畿蓟州	泉水《盘山志》:……涧泉数道流垣内,山下设闸,以时启闭	四面芙蓉

2.5.2.2 元明清时期北京私家园林水利

北京私家园林,名虽不及江南私家园林,但元明清以来,体现出了别具一格的地域文化特色。北方相对缺水,但北京地处永定河冲积扇缘,古永定河长期摆动留下的大量沼泽、湖泊,使北京成为北方地区较为典型的多湖泊类城市[21]。河流和湖泊是历史时期北京城市赖以生存和发展的自然水环境基础,城市园林的开发与兴建,皆借水成景应运而成。贾珺(2009年)历时十年完成的《北京私家园林志》对北京私家园林有完整的研究和论述,并有专门论文《北京私家园林的理水艺术》对北京私家园林的理水手法进行了探讨和总结。研究提出北京私家园林的水景类型完备，西郊大型私家园林水系的水体可分为水面分散型、水面环绕型、长河贯穿型、中心湖泊型4种；水景形态包括池塘、湖泊、溪流、江河、濠濮、泉水等类型；位于西郊海淀地区的私家园林以引用河水为水源，而位于内城区的私家园林因缺乏活水作为园林水源，则通常依靠人工凿井取水和明沟收集雨水两种方式引水。《北京私家园林志》为本节研究提供了大量资料。

本小节在北京水利史及私家园林相关研究的基础上，对北京私家园林水利进行整理（表2-25～表2-27）。

元代北京私家园林水利案例 [212]　　　　　　　　　　　　　　　　　　　　表2-25

宅院名称	位置	园林理水特色
廉园（万柳堂）	旧南城彰义门内	万柳堂前数亩池
杏园	大都齐化门外	园中无水石花竹之盛
远风台	大都城南	《秋涧集》：……筑耕稼，植花木，凿池沼，覆篑池旁，架屋台上……
匏（páo）瓜亭	大都城东南	清斯池
野春亭	大都城文明门之南	/
遂初亭（遂初堂）	大都城施仁门北	《张詹事遂初亭》：佳气溢芳甸
玩芳亭	大都城南	王士熙《题玩芳亭》：波影浮春砌
婆娑亭	大都城彰义门内	/
葫芦套	大都南城，原金中都宫城之内鱼藻池旧址	济南魏中立赋诗云：……周遭寒溜碧悠悠，动荡楼台影还倒。荷花荷叶展幽芬，绿水苍云竞偎靠。双双野兔戏分萍，小小渔舟出深澳……
种德园	大都城南	/
淑芳亭	大都城东	/
阿哈吗花园	大都城西南	/
宋子玉园	大都城南	/
南野亭	大都城南	"前涧鱼游留客钓，上林莺啭把杯听"
玉渊亭	大都城西	《析津志》：……前有长溪，镜天一碧，十顷有余……
垂纶亭	大都城西	/
万春园	大都城内，海子北岸	/
姚仲实园	大都城东	环以流泉
双清亭	大都城东	池塘、小沼
符氏雅集亭	卢沟桥侧	/
贤乐堂	大都健德门外	/
清胜园	大都城西南	/
祖氏园	大都城南	/
水木清华亭	大都城东南	/
元代记载的第宅园林有20余处，主要分布在大都西南，利用昔日金中都城郊河渠、水网建造园林，以池沼水景为主		

园林名称	位置	园林理水特色
适景园（成国公园）	安定门街东十景花园	水池
云山古房（米万钟园）	西皇城根	/
湛园（米万钟园）	西皇城根，米万钟园左	曲水绕亭可以流觞
漫园（米万钟园）	积水潭东	/
勺园（米万钟园）	西郊海淀	细流潆洄，湖泊连属，冈峦起伏，林木幽深
清华园	西郊海淀	"园中水居其半。园之西北有水阁，叠石激水，其形如帘，其声如瀑"，是北京宅园中最早的瀑布水景
武清侯别墅	广安门内报国寺	/
袁伯修宅园	西安门附近	田园风光
宣城第园	皇城西	/
冉驸马宜园	东城石大人胡同	"台前有池，仰泉于树杪（miǎo）堂溜也，积潦则水津津，晴定则土"
曲水园（万驸马园）	东城大兴胡同	园以水、竹为胜
英国公园	东城府学胡同附近	花圃菜畦
英国公新园	北城银淀桥附近观音庵	长廊曲池
太师圃	积水潭	/
白石庄	城西白石桥北	/
惠安伯园	西城嘉兴观西	/
齐园	西直门外	园西凿一曲涧，引水灌之
李皇亲新园	南城三里河旁	系疏浚三里河而筑，园水胜
月张园	阜成门内	水池
宣家园	阜成门内	/
镜园	积水潭（又称北湖）	/
方园	水关西	/
刘茂才园	积水潭南	小沼种莲
湜（shí）园	积水潭东	/
杨园	积水潭东南	/
王园	德胜门水关西	/
虾菜亭	德胜门水关西	/
李长沙别业西涯	海子之北，慈恩寺之东	/
午风亭	时雍坊	亭稍北为小池，上横木桥，引井水自渠而入，可蓄可泄

园林名称	位置	园林理水特色
梁园	外城西南（原为辽金旧城）	半顷湖光摇画艇，引凉水河入园
王文安园	宣武门外	/
李时勉园	宣武门外	/
祝氏园	南城板井胡同	/
耿氏房园	西城李阁老胡同	/
陈家园、郝家亭子	东城总铺胡同东院附近	/
方家园	东城总铺胡同东院之东	/
东郭草亭（明兴济伯杨善别业）	文明门东二里	凿井取水
杏园	东城王府街	/
吕氏园	西长安街北	/
韦园	崇文门外	/
吴匏庵园	东城	/
郑公庄	城西万寿寺左	/
月河梵苑	朝阳关南苜蓿园之西	池亭，引月河水
田皇亲园	西安门	/
傅家园	长安街委巷	/
李宁远园	城外	/
万都尉园	城外	/
洪仁别业	城外	/
泡子河诸园（泡子河南岸有方家园、房家园，北岸有傅家东园、西园）	崇文门之东南角	/
三里河诸园	城东南	/
金鱼池诸园	天坛之北	/

什刹海地区：明代建都北京后，由于水系变迁，积水潭水源减少，加之多建低桥，漕运不再进城，什刹海由元代喧嚣之区转变为封闭式的景区，随后达官显贵纷纷在什刹海地区择地营造府邸宅园，因而成为园林荟萃之地

丰台地区：位于右安门外西南，多泉源，元代私家园林多聚于此，明代因种花业繁盛而成为都城居民游览胜地

金鱼池地区：天坛以北，明代此地多为私家园林

泡子河：位于内城东南角，是元代通惠河故道，明代随着城墙的南移而将其截入城内。无上源，积水而成。自北向南，在角楼下西折，出崇文门以东的水关入护城河。其南北两岸建有多处宅园

海淀地区：明代主要的园林风光集中之地，为清代营造"三山五园"奠定了基础

园林名称	位置	水源	园林理水特色
恭王府花园	西城前海西街	凿井取水（贾珺，2009年）	水池水榭
鉴园	西城小凤翔胡同，北邻什刹海后海	/	/
醇王故府园亭	宣武门内太平湖	/	/
醇王府园	什刹海北沿	/	/
康亲王府园	西城皇城根	/	/
康亲王园亭	西直门外高梁桥北	/	/
仪亲王府花园	西长安街路北，府右街以西	/	/
棍贝子府花园	西城蒋养房	积水潭（西海）园中曲池北端设入水口，可引西海水进园	全园以一条南北走向的宽阔曲池为中心，水自北端发源，流至南端，形态近于长河。（贾珺，2009）《日下旧闻考》："定国徐公别业，从德胜桥下右折而入，额曰'太师圃'。前一堂，堂后纡折至一沼，地颇疏旷。沼内翠盖丹英，错杂如织。沼北广榭，后拥全湖，高城如带，庭有垂杨，袅袅拂地，婆娑可玩。堂左右书室，西筑高台，耸出树杪，眺望最远，滨湖园为第一"
郑亲王府花园	西城大木仓	/	/
履王府花园	东城东北隅	/	/
闵公府花园	西城孟端胡同	/	/
循郡王府花园	安定门内方家胡同	/	/
桂公府花园	朝阳门内芳嘉园	/	/
和敬公主府园	东城铁狮子胡同	/	/
庆亲王府园	西城定阜街	/	/
顺承郡王府园	西城太平桥	/	/
载涛府园	西城龙头井	/	/
那王府园	东城国祥胡同	/	/
奕谟府园	东四九条胡同	/	/
大公主府园	东城大佛寺街	/	/
治贝子园	海淀成府村	/	《北京西郊成府村志》：其南为流杯亭，北向三间一抱厦，远望如戏台。抱厦内地面用大理石钻成云形石沟，宽八寸，深亦之。其东北房内有辘轳井，石槽接入流杯亭，辘轳井注满水池，放水入云形沟……
礼亲王花园	海淀镇南	/	由于地势的原因导致其中水面面积较小，水景比较简单（贾珺，2008年）

园林名称	位置	水源	园林理水特色
振贝子园	后海南岸	后海	院落中心为一汪水池，池岸曲折，向西转为溪流。东北部另有一个水池，池岸较高而池水较深（贾珺，2007年）
僧王园	海淀镇南，在礼亲王府对面	/	/
德贝勒园	西郊海淀镇	/	/
承泽园	海淀挂甲屯，在蔚秀园之西	园林位置正好在昆明湖二龙闸出水口与万泉河的汇合处，水源充足，引水入园后形成两条河道由西向东纵贯全园的有利条件，流经全园后在东端汇为一条，由东北流出，园林水景十分丰富；改建之前，东、北、西三面围墙，南面以万泉河北岸为界；园内另外引入一条与万泉河平行的长河，并在东西两段加宽变为大池；改建后向南开辟一条夹道，横跨万泉河。（贾珺，2008年）园内2条河道的入水口和出水口均设有小型水闸；北侧河道在西侧分水处和东侧合水处另各设小闸一座（贾珺，2008年）	院东建城关一座，溪水从城关旁涵洞流出园外。万泉河沿着蔚秀园、鸣鹤园、朗润园的园墙之外流过，这些园林不仅没有减少它东流的水势，而且还以各园的泉水不断涌出补充它的水量，万泉河至此，有部分水量流入御苑绮春园中，主流则紧贴着绮春园和长春园的园墙，向东转北流去。它的另一支流则继续东流入熙春园
清华园/熙春园	圆明园三园之一的长春园东南，道光年间将该园分为东、西二园。西园即"近春园"，东园沿用旧名，在咸丰年间改名为"清华园"	万泉河	/
近春园	位于海淀清华园，原为熙春园的西半部	万泉河	湖、河萦回
朗润园	海淀挂甲屯南。园北墙内一带土山，墙外即长河。在鸣鹤园之东北，万泉河南岸，初名春和园，咸丰年间更名为"朗润园"	泉水、万泉河	"岛+大小收放不一的水面"
鸣鹤园	海淀挂甲屯南，在淑春园之北，紧邻万泉河南岸	泉水，万泉河	引入万泉河水。园林以方形金鱼池为中心，四周环以厅堂、游廊、城关等建筑物

园林名称	位置	水源	园林理水特色
镜春园	海淀挂甲屯南，从原春熙院的东北面划出的一部分，为庄静公主所居	万泉河	/
蔚秀园	畅春园与圆明园之间，在畅春园之北，其前身为康熙时的含芳园	泉水，万泉河	园林用水从万泉河引入。园中有大小湖泊数十个，园林中部有两座大岛，出水口在园林东北角
弘雅园	海淀，明代米万钟勺园旧址	万泉河	/
澄怀园	圆明园东	万泉河	/
十笏园	又名淑春园，位于海淀，在畅春园的东面，与畅春园只隔一条大路，原名春熙院	万泉河之水经畅春园流入园内	园中水面开凿为大小连接的湖泊
无逸园	畅春园中	万泉河	/
交辉园	即绮春园，位于圆明园内	万泉河	/
自得园	西苑	万泉河	/
退谷	西山	/	《天府广记》："…水分二支，一至退谷之旁，伏流池中，至玉泉山复出…一支至退谷亭前，引灌谷前花竹…谷中小亭翼然，曰退翁亭，亭前水可流觞"
在园	南城琉璃厂	/	/
怡园	南城，东起米市胡同，西至南横街南半截胡同	/	/
寄园	南城下斜街	/	/
芥子园	南城韩家潭	/	/
李将军园	南城上斜街	/	/
小秀野	南城上斜街	/	/
接叶亭	南城烂面胡同中间	/	/
南园	南城虎坊桥南	/	/
孙公园	南城	/	/
亢家花园	南城后孙公园	/	/
且园	京城有两处，一处位于南城李铁拐斜街，一处位于东城帅府园胡同	/	/
众春园	南城虎坊桥西	/	/
阅微草堂	南城虎坊桥	/	/

园林名称	位置	水源	园林理水特色
洪庄	南城金鱼池	/	/
四屏园	陶然亭西北，南横街东口	/	/
四松亭	南城南横街，原是怡园一隅	/	/
忆园	南城米市胡同	/	/
宦家别业	崇文门外蟠桃宫南	/	/
一亩园	南城大丞相胡同	/	/
同园	南城上斜街	/	/
忏园	南城增寿寺夹道	/	/
陈元龙园亭	南城丞相胡同	/	/
封氏园	陶然亭西北，龙泉寺东，与刺梅园东西相对	/	/
刺梅园	陶然亭东北，黑龙潭西北	/	/
多氏园	南城龙泉寺东	/	/
李氏园	位于南城后孙公园	/	/
徐氏园	南城烂面胡同	/	/
贾胶候亭园	崇文门外	/	/
新园	南城枣林街	/	/
壶园	南城米市胡同	/	/
方盛园	南城贾家胡同	/	/
杨氏园	崇文门外喜鹊胡同	/	/
查氏园	崇文门外三条胡同	/	/
阮氏园亭	南城长椿寺左	/	/
龚芝麓别业	南城海波寺（海北寺街）	/	/
龚自珍宅园	南城上斜街	/	/
万柳堂	广渠门内	/	/
祖氏园	右安门外草桥	/	/
尺五庄	右安门外	/	/
诸氏园	丰台王楼村	/	/
王文靖别业	城南乐吉桥东	/	/
年氏园	右安门外草桥	/	/
张氏别墅	城南	/	/
意园	东城麻线胡同	/	/
舒氏园	东城皇城根南街	/	/

园林名称	位置	水源	园林理水特色
文氏园	东城观音寺胡同	/	/
寿耆宅园	东四九条胡同	/	/
寸园	东城汪家胡同	/	/
尹氏园	地安门外拐棒胡同	/	/
绮园	东城秦老胡同	/	/
荣禄故宅园	东城菊儿胡同和寿比胡同	/	/
崇绮园	东城石大人胡同	/	/
明瑞宅第	东城内务部街	/	/
婉容旧居	东城帽儿胡同	/	/
志和宅园	东城府学胡同	/	/
梁启超宅园	东城北沟沿	/	/
慈禧侄女宅园	美术馆东街25号宅园	/	/
奎俊宅园	东城黑芝麻胡同	/	/
崇礼宅园	东四六条西口	/	/
巴园	东城王驸马胡同	/	/
增旧园	东城铁狮子胡同	/	/
止园	东城黄米胡同	/	/
鹿传霖园	东城锡拉胡同	/	/
那桐花园	东城金鱼胡同	/	/
余园	东城王府大街北口东厂胡同与翠花胡同之间	园中西引长溪，东辟曲池。长溪自北端假山处发源，逶迤而下；东北侧的土山上设有专门的蓄水池，雨天积满水后，可沿一条人造的石沟注入山下水池，形成一条小瀑布（贾珺，2010年）	韩溪《燕都名园录》："据叶说语，昔日园中有河二，一在园东，一在园西。今园中草地即昔日西河之遗址，东面之河今仅存一池"
延熙园	北城郎家胡同	/	/
岳琪园	东城汪家胡同	/	/
汪由敦园	东城汪家胡同	/	/
长龄园	东城王府井纱帽胡同	/	/
海年园	东城东四二条	/	/
可园	东城帽儿胡同	/	/
宝鉴园	东城南兵马司	/	/
野园	东城灯市口	/	/

园林名称	位置	水源	园林理水特色
董氏园	东城地安门外雨儿胡同	/	/
半亩园	东城弓弦胡同	/	/
春和园	东城东四北二条胡同	/	/
祝家园	安定门城关之西	/	/
吴氏园亭	东便门外庆丰闸一带	/	/
王孙园	西城甘石桥	/	/
奎赞甫宅园	西城宝禅寺街	/	/
茜园	西四北大茶叶胡同	/	/
彭氏园	西四北小麻线胡同	/	/
崇厚宅园	西城前公用胡同	/	/
泊园	西城护国寺后	/	/
张百熙园	西城甘石桥	/	/
陈壁园	西城井儿胡同	/	/
藏园	西城西四石老娘胡同	/	/
盛园	鼓楼东北小石桥胡同	/	/
苏园	西城南皇城根	/	/
槐园	西城茄子胡同	/	/
奎训花园	西城西斜街	/	/
魁龄园亭	西城东铁匠胡同	/	/
豫师园	西城石驸马	/	/
彭丰启园	西城麻线胡同	/	/
述园	西城阜成门内巡捕厅胡同	/	/
竹叶亭	西城东铁匠胡同	/	/
绚春园	西城定阜大街	/	/
桂菖园	西城武工卫胡同	/	/
云绘园	西城太平湖西	/	/
蝶梦园	西城旧刑部街	/	/
疑野山房	西城西皮市	/	/
小西涯	西城积水潭李工桥西	/	/
冯园	南城小屯	/	/
目耕园	右安门外	/	/

园林名称	位置	水源	园林理水特色
王氏轩亭	广安门外石路南	南河泊俗称莲花泡。清末有王姓者，于此种植树木，起轩亭，有大池广十亩，种红白莲，可以泛舟	/
安家宅园	海淀成府街蒋家胡同	/	/
张之洞宅园	海淀六郎庄	/	/
可园	西直门外，俗称三贝子花园	/	/
佟氏园	海淀	/	/
水塔园	海淀城子山南麓	地处山谷之中，泉水丰沛	方池、圆池、小方壶
自怡园	西郊海淀水磨村	/	/
渌水亭	西郊玉泉山麓，大学士明珠别墅	/	"裂帛湖光"为玉泉山静明园16景之一。湖水与玉泉汇流，经静明园东墙注入玉河，玉河上游小桥，通向皂英屯
日涉园	西山	/	/
金碧园	赵侍郎玉麟宅园	/	/
鸡鸭佟宅园	海淀镇	/	/
萨利宅园	海淀镇	/	/
李莲英宅园	海淀镇	/	/
野圃	阜成门外钓鱼台	/	/
索家花园	海淀太舟坞村北	/	/
郊园	西郊	/	/
漆园	百望山北四十里	/	/
方介梅宅园	颐和园后大有庄西	/	/

2.5.2.3　小结

　　元明清时期的北京园林水利，始终是依托城市水系的重要节点进行建设的。大型皇家园林是对区域水资源进行人工管控的重要手段。集中连片的园林群建设，体现了园林工程在城市供排水、灌溉、交通运输、调节气候、风景游赏等方面的功能作用。在具体的理水手法方面，城外的郊区园林及城内的皇家御苑，大多具有活水可引，在水源有所保障的前提下，水景形式比较完备，尤其皇家园林依然以大型湖泊型水面景观的营造为主。私家园林当中的个别实例，由于优越的用水环境和条件，也会形成相对较大的水面或湖池，但总体以小型的池塘类多见。引水手法方面，除了常见的开渠引水、凿井引水之外，部分小型私家园林会储存天然雨水作为水景营造之用（图2-45～图2-49）。

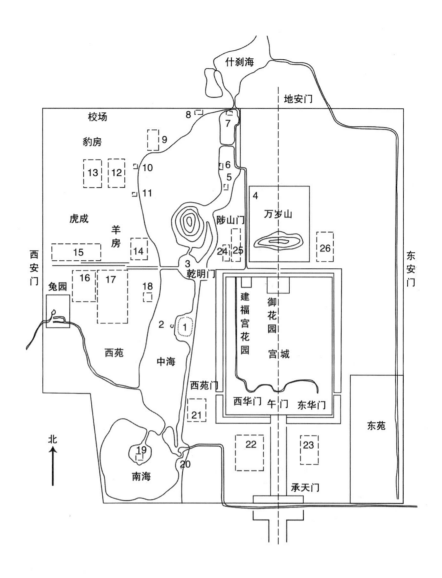

图2-45　明代北京城内皇家园林分布示意图[185]

1. 蕉园　2. 水云榭　3. 团城　4. 万岁山　5. 凝和殿　6. 藏舟浦　7. 西海神祠、涌玉阁　8. 北台　9. 太素殿
10. 天鹅房　11. 凝翠殿　12. 清馥殿　13. 滕禧殿　14. 玉熙宫　15. 西十庄、西酒房、西花房、果园厂
16. 光明殿　17. 万寿宫　18. 平台（紫光阁）　19. 南台　20. 乐成殿　21. 灰池　22. 社稷坛　23. 太庙
24. 元明阁　25. 大高玄殿　26. 御马苑

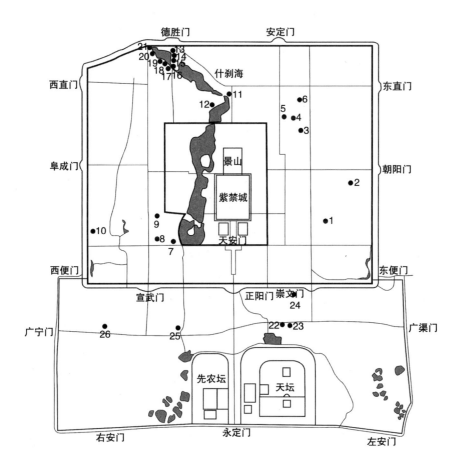

德胜门　　安定门

西直门

什刹海

东直门

阜成门

景山

紫禁城

朝阳门

天安门

西便门

东便门

宣武门　　正阳门　崇文门

广宁门　　　　　　　　　　　　　　　广渠门

先农坛　　天坛

右安门　　永定门　　左安门

1.宜园　2.方家园　3.适景园　4.田宏遇府园　5.英国公府园　6.曲水园　7.湛园
8.吕氏园　9.宣城伯府园　10.月张园　11.英国公新园　12.西涯　13.漫园
14.湜园　15.杨园　16.王园　17.刘茂才园　18.镜园　19.太师圃　20.方园
21.虾菜亭　22.十景园　23.李本纬宅园　24.祝氏园　25.梁家园　26.槐楼

北

0　　1000　　2000　　3000m

※图2-46　明代北京部分私家园林
分布示意图[213]

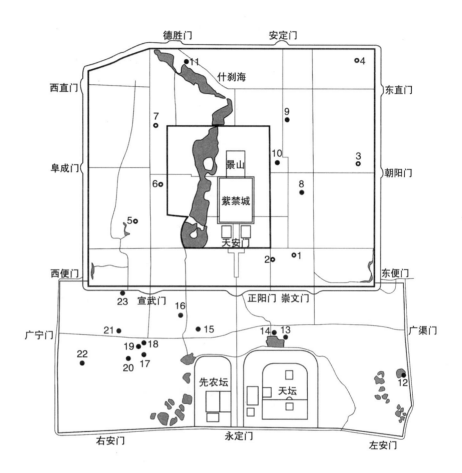

德胜门　　安定门

西直门

东直门

什刹海

○4

7

9

景山

阜成门

朝阳门

6

紫禁城

10

3

8

5

天安

2　○1

西便门

东便门

23　宣武门

正阳门　崇文门

16

广渠门

21

15

14　13

广宁门

19　18

22

20　17

先农坛

天坛

12

右安门

永定门

左安门

○ 王公府园　　1. 裕王府园　2. 肃（显）王府园　3. 恒王府园　4. 履王府园（以上东城）
　　　　　　　5. 郑（简）王府园　6. 礼（康）王府园　7. 庄王府园（以上西城）

● 其他宅园　　8. 张氏天春园　9. 佟氏野园　10. 贾氏半亩园（以上东城）　11. 明珠宅园（以上西城）
　　　　　　　12. 万柳堂　13. 洪庄　14. 闲者轩　15. 芥子园　16. 孙公园　17. 怡园　18. 听雨楼
　　　　　　　19. 接叶亭　20. 忏园　21. 寄园　22. 张维赤宅园　23. 小秀野草堂（以上外城）

北

0　　1000　　2000　　3000m

※图2-47　清代康熙年间北京城内
部分名园分布图[213]

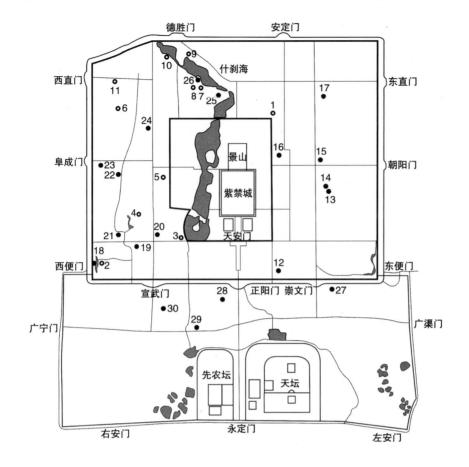

德胜门　安定门
西直门
什刹海
东直门
阜成门
景山
朝阳门
紫禁城
天安门
西便门
东便门
宣武门　正阳门　崇文门
广宁门
广渠门
右安门　永定门　左安门
先农坛　天坛

- ● 王公府园　1. 僧王府园（以上东城）　2. 荣王府园　3. 仪王府园　4. 郑王府园　5. 定王府园　6. 果王府园
7. 阿王府园　8. 庆王府园（原和坤宅园）　9. 成王府园　10. 贝子弘曕府园　11. 恂王府园（以上西城）
- ● 其他宅园　12. 长龄宅园　13. 英和宅园　14. 明瑞宅园　15. 春和园　16. 完颜氏半亩园　17. 汪由敦宅园（以上东城）
18. 云绘园　19. 姚元之宅园　20. 桂萯宅园　21. 蝶梦园　22. 彭启丰宅园　23. 述园
24. 许乃普宅园　25. 诗龛　26. 蒋廷锡宅园（以上西城）　27. 查氏园　28. 梁诗正宅园
29. 阅微草堂　30. 时晴斋（以上外城）

北

0　1000　2000　3000m

※图2-48　清代乾隆至道光年间北京城内部分名园分布图[213]

　　总之，从时间维度上来说，由于处于中国封建王朝的后期，水利科学及技术水平、园林造景手法、社会经济财富等都达到了整个封建时期的最成熟阶段，这就为园林水利进一步融入城市环境建设提供了良好的社会基础；从空间维度上来说，北京地处永定河冲积扇平原，属北方地区拥有较多自然湖泊的城市，这一点是园林水利建设和赖以生存发展的基础。与此同时也不难发现，当风景园林的营造与城市基础设施进行充分结合，更有利于对二者之间的促进及人为管理，这也是什刹海地区形成的丰富水文化景观延续至今的重要原因。可以说，历史时期北京园林水利形态的形成得益于自然河湖水系及其利用，其得以维持的原因在于依托城市水系结构中的主要节点，结合城市基础设施进行营造，并注意与城市水系的沟通和管理，而最终能形成文化景观的原因则是人与水环境、水循环之间的互

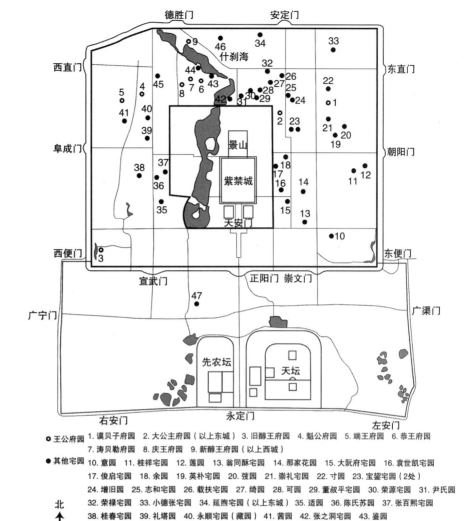

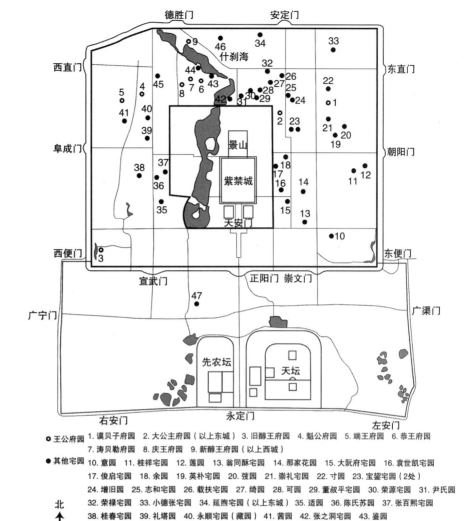

* 王公府园　1. 谟贝子府园　2. 大公主府园（以上东城）　3. 旧醇王府园　4. 魁公府园　5. 端王府园　6. 恭王府园
　　　　　　 7. 涛贝勒府园　8. 庆王府园　9. 新醇王府园（以上西城）
* 其他宅园　10. 意园　11. 桂祥宅园　12. 莲园　13. 翁同龢宅园　14. 那家花园　15. 大阮府宅园　16. 袁世凯宅园
　　　　　　 17. 俊启宅园　18. 余园　19. 英朴宅园　20. 叕园　21. 崇礼宅园　22. 寸园　23. 宝鋆宅园（2处）
　　　　　　 24. 增旧园　25. 志和宅园　26. 载扶宅园　27. 绮园　28. 可园　29. 董叔平宅园　30. 荣源园　31. 尹氏园
　　　　　　 32. 荣禄宅园　33. 小德张宅园　34. 延煦宅园（以上东城）　35. 适园　36. 陈氏苏园　37. 张百熙宅园
　　　　　　 38. 桂春宅园　39. 礼塔园　40. 永顺宅园（藏园）　41. 黄园　42. 张之洞宅园　43. 鉴园
　　　　　　 44. 振贝子花园　45. 泊园　46. 盛宣怀宅园（以上西城）　47. 且园（以上外城）

北

0　　1000　　2000　　3000m

※图2-49　清代咸丰至宣统年间北京城内部分名园分布图[213]

动，其具体表现即园林水利在城市水利系统中的功能。园林是不是属于"水适应性景观"，在于对外部环境的适应模式及机制，通过不断的尝试和选择，适应了区域环境特性，才能具有持续的生命力和景观文化内涵。

2.6　中国古代都城园林水利小结

2.6.1　园林空间分布与城市水系功能格局的相关性

古代城市水系，主要由区域自然水系与人工开凿的水系组成，而后者以解决城市生活用水和漕运为首要功能。园林的空间分布更多地趋向与城市生活供水功能相关的水系，这是由于生活供水水系的水量稳定、水质清洁，在园林水景营造及保证景观效应方面有绝对优势。古代若在城市上游兴建相应的水利工程，因上游具有良好的水质，也会在具灌溉之利的同时逐步形成风景名胜之地。而城市下游水系一般水质相对变低，往往会发挥漕运之功用。即按水质从高到低，按水利功能从生活饮用供水、风景游赏用水，到农业灌溉用水，再到漕粮航运，各有安排。

2.6.1.1　皇家园林的空间分布多结合城市供水体系

皇家园林水利的建设，通常结合城市蓄水工程展开，以发挥重要的水文调控功能。代表性的如园林生成时期的章华台水池、姑苏台天池、西汉上林苑昆明池、西汉未央宫沧池；园林转折期的魏晋洛阳华林园；园林全盛期的隋朝洛阳西苑、唐长安太极宫三海池；园林成熟期的清北京颐和园昆明湖等。可以粗略认为，几乎所有皇家园林内的水体，都具有蓄水和供水功能。究其原因，主要有3点。

第一，由于我国古代都城的规划制度及内在政治功能的要求，形成宫城、皇城、外城不同规格的分区，并形成整体形态统一、内在功能不同的二元格局。宫城、皇城与外城的供水目的及用途有所不同，往往也造成供水途径的不同。相对而言皇家用水水质需最优，因此为保证这一目的，需要为宫城和皇城兴建单独供水系统。而当时尚未建立总体城市供水系统，由此递推，外城和民间的用水相对就没有统一规划的系统，或自辟水源，或借用其他水系取水等。

第二，皇家园林及宫廷用水，一般都另辟蹊径，不与其他水系混用，或者选用水质最好的供水渠道。有专用的皇家园林及宫廷供水渠道，比如汉长安的昆明池水分为两支，分别供建章宫太液池之用和未央宫沧池及城内之用；魏晋洛阳城的华林园天渊池用水由谷水自北穿城墙专供；隋唐长安的宫廷园林用水由龙首渠专供；北宋开封的金水河，专供城市生活用水和宫廷日常及园林用水；元代北京的金水河，专供皇家用水等等例证。皇家园林内的水体由于水源丰富、水量稳定、水质清洁，因此，可以形成具有蓄水、供水、调蓄、景观审美等多种功能。

第三，皇家园林占地规模宏大，园林内会圈入多种类型的水资源，因此具备建设大型园林水体的可能性。大型的湖池型水体一般会与其他的溪、渠、池、沼等结合形成完整的水系，从园外河渠引入的活水，经过多个池沼溪流的层层沉淀和净化，加之官苑区较高的植被覆盖率，水体在汇入大型湖池时已相对清洁，这类大型水池相当于小型调蓄型水库。

2.6.1.2　公共园林的空间分布多结合城市漕运体系

古代都城作为政治经济的中心，交通运输十分重要。水运交通运量大，耗费低，因此历代都城都非常重视发展水运交通。城市发展促进漕运开发，漕运开发也促进城市的繁荣，两者之间以社会经济生产活动为联系纽带并相互促进。漕运因具有非常明确的公共性，为公共园林的产生提供了基础。

随着城市主导功能的不断演变，古代都城中出现的公共园林一般都与漕运水系有关。漕运水系是古代都城的经济命脉，其兴衰直接影响一个王朝的存续时长，因此要求其必须保证充足的水量和持续的通达性，中央政府对漕运水系的疏通和管理，使园林具有直接依托河渠水系或水利工程营造的可能，并确保沿线一定地域范围内公共园林的持续发展。比如北宋开封金明池、南宋杭州西湖、元代北京积水潭等。

通常，具有漕运水利性质的公共园林比其他园林更具有可持续性、稳定性以及生命力。这首先与城市的经济职能直接相关，能够得到持续的城市水利治理；其次漕运水系一般都是经人工开挖的河渠或是为漕运进行水量补给的自然河湖，所以水量能够得到保障；最后多结合城市商业文娱活动布置，服务对象大众化，内容功能化，特色平民化，因此生命力更加旺盛。综上，持续的管理、综合的功能等是城市水利工程及园林水功能长期发挥效益的重要保证。

2.6.1.3 私家园林的空间分布多结合河、渠、泉、湖等水系

以私家园林为主的小型城市园林，由于规模小，数量多，就历代都城中的总体空间分布特点而言非常灵活，多见于城市各类水系周边。私家园林一般尽可能争取各种水资源进行水景创造，结合不同的供水设施进行布局，与城市当中的其他河渠湖池等形成整体，在一定程度上辅助水在城市地区内的良性自然循环。比如六朝时期的建康青溪、钟山两大私家园林集中地、北魏洛阳外郭城西部的寿丘里王公贵族园林集中分布区、北宋东京金明池地区和南薰门外地区、南宋临安环西湖带周边地区、明清北京什刹海及西郊海淀地区等（表2-28）。

古代都城园林空间分布概况　　　　　　　　　　　　　　　　　　　表2-28

园林类型	分布特征/水利功能	典型案例
皇家园林	城郊或城内，结合城市供水工程，形成完整的城市供水体系	章华台水池、姑苏台天池；西汉上林苑昆明池、西汉未央宫沧池；魏晋洛阳华林园；隋朝洛阳西苑；唐长安太极宫三海池；清北京颐和园昆明湖等
私家园林	近郊或城内，充分利用水系较多、水质较好的地段，与城市内外其他各类水体共同形成城市水系统	六朝建康青溪、钟山2大私家园林集中地；北魏洛阳外郭城西部的寿丘里王公贵族园林集中分布区；北宋东京金明池地区和南薰门外地区；南宋临安环西湖带周边地区；明清北京什刹海及西郊海淀地区等
公共园林	近郊或城内，主要形成于城市理水工程，充分利用自然资源较好或水源丰沛的地段，发挥极大的城市水利功能及社会文化功能	唐长安曲江池、六朝建康青溪河、北宋开封金明池、南宋杭州西湖、元代北京积水潭等

2.6.2 园林选址及形态与水源选择的相关性

中国古代园林选址，首先是基于对水源的考虑与选择。这决定了园林的引水方式，进一步影响园林水景的创设，并关乎园林的整体空间形态和审美特征。

一般依据园林的空间分布可知，园林水源分为山溪涌泉、自然河湖、人工河渠和地下水4类[214]。其中，位于城外区域的园林水源以山溪涌泉和自然河湖较多，位于城内区域的园林水源以人工河渠和地下水较多。园林引用水源通常会对水景类型及形态产生关键影响。一般来说，皇家园林可选水源包括前述全部4种类型，位于城内区域的私家园林以偏向水量稳定的人工河渠见多，规模较小的一些庭院园林也会通过人工凿井的方式以获取适量的地下水。根据引用水源的水质水量条件选择合宜的园林水景形式，凸显了古代园林水利的建设特征。

2.6.2.1 皇家园林的水景形态以湖池型为主

概括来说，园林水景形态可主要分为湖池型、溪流型（河渠型）、池塘型、组合型4类。总体来看，皇家园林出于对水质、水量的综合考虑，多以山溪涌泉和人工河渠作为水源的首要选择，从而保证有足够的水量以潴水造景。同时由于皇家园林水体的大规模及大尺度，其水源的选择可谓"广泛开源，多源并取"，因此会在很大程度上介入水体的自然循环，形成水体在一定地区范围内的社会循环体系，以发挥区域水文调控的功能。就此意义而言，皇家园林水体形态以较大型的湖池型见多，以满足区域水利功能及皇室成员日常观赏游憩的景观功能。此外，大型湖池之间常以人工溪流或河渠进行连接，因此"湖池型+溪流型/河渠型"的形式也非常多见（表2-29）。

皇家园林水景的常见形态　　　　　　　　　　　　　　　　　表2-29

皇家园林	园址所在区域	水源	水景形态
春秋战国时期楚国章华台水池	楚国郢都城城郊	汉水	大型水池
春秋战国时期吴国姑苏台天池	吴国都城内	太湖	大型水池
西汉长安上林苑昆明池	西汉长安城郊	㶚水	大型蓄水库
西汉长安未央宫沧池	西汉长安城内	昆明池水	大型水池
东汉洛阳濯龙苑	东汉洛阳城内	瀔水	大型水池"濯龙望如海"
曹魏邺城玄武池	曹魏邺城内	漳水	大型水池
邺城仙都苑"四海"	邺城之西郊	漳水	大型水池
东晋建康华林园天渊池	东晋建康城内	玄武湖水	大型水池
北魏洛阳华林园天渊池	北魏洛阳城内	瀔水	大型水池

皇家园林	园址所在区域	水源	水景形态
唐长安太极宫三海池	唐长安城内	清明渠	大型水池
唐长安大明宫太液池	唐长安城内	龙首渠	大型水池
唐长安兴庆宫龙池	唐长安城内	龙首渠	大型水池
隋洛阳西苑北海	隋洛阳城内	洛水	大型水池
隋洛阳陶光园九州池	隋洛阳城内	漕水	大型水池
唐洛阳上阳宫水池	唐洛阳城内	洛水	大型水池
唐九成宫西海池	唐长安城郊	北马坊河、永安河、杜水	大型水池
北宋东京延福宫园池海	北宋东京城内	景龙江	圆形水池
北宋东京艮岳大方沼、雁池	北宋东京城内	景龙江	近方形水池
北宋东京金明池	北宋东京城郊	汴河	略近方形大水池
北宋东京玉津园水池	北宋东京近郊	惠民河	几何形水池
北宋东京宜春园水池	北宋东京近郊	汴河	大水池
南宋临安后苑大池（"小西湖"）	南宋临安城内	凤凰山东麓山泉水	湖池组合
南宋临安德寿宫大水池	南宋临安城内	西湖水	大型水池
元北京御苑太液池	北京城内	金水河（北京西北郊玉泉山诸泉水）	大型湖池
明清北京御苑太液池	北京城内	什刹海	大型湖池
清北京三山五园	北京西郊	西山泉水	大型湖池

2.6.2.2 私家园林的水景形态以池塘型水景为主

相对而言，私家园林由于用地、财力、物力及养护管理诸多方面的限制，其规模和尺度都不宜过大，决定了其水体以选择需水量较少，但水量稳定的形式为最优。因此私家园林多视水源类型及水量多寡确定水景形式，以精巧见长，水景类型也更加灵活，但总体以池塘型较多。这是基于园林在得到合适水源的基础上，非常重视在有限的范围内创造包容性空间，由此而衍生出中国古代私家园林常见的理水手法即"大园依水，小园贴水，大水面宜分，小水面宜聚[215]"。

就私家园林个体而言，可以认为其水利功能较弱，但每一个时代的园林发展旺盛时期，城市区域大量私家园林的兴建同样会对区域水文循环和城市水利产生重大影响。正面影响方面，集中连片的大小园林池塘对城市区域内的雨洪滞蓄有显著功能，庭院之间彼此连通的水系对区域环境的形成和改善具有极大作用。但大量私家园林的兴建也会产生负面影响，包括会耗费大量用水，对城市供水系统产生巨大负担，使水体在城市区域的良性社会循环减弱，这也是私家园林水体在发展后期越来越趋于小型化、精细化的原因之一。

以静水面为主要观赏对象的私家园林，水池则是承载水体的基本形式，因此在园林中一般占有很大的比例，可作为宅园景观的主体。为了凸显水池的中心作用，其他园林要素皆以其为中心展开。面积较大的水体，经常采用岛、洲等进行水面的分隔，以打破单一的视觉形态；面积较小的水体，则将亭、台、馆、榭、轩等园林建筑设置于水畔，紧贴水面，园如水中。通过池、塘作为庭园水体的主要承接形式，并围绕水池进行园林造景，是古代私家园林普遍接受和喜爱的方式。

2.6.2.3 公共园林的水景形态以组合型为主

随着城市文明及城市主导功能的转变，历代城市中都开始出现公共园林，非常具有代表性的有唐长安曲江池、北宋东京金明池、南宋临安西湖、元大都积水潭、清北京什刹海地区等。可以发现，不论是位于城郊或者是位于城内，古代公共园林大多是利用城市水系的一部分，结合其他园林要素适当改造而成。依托城市水系或水利设施，融合城市商业及文娱功能而形成园林化的开放空间，是古代公共园林的显著特征。

与前两者相比，公共园林的形式更加多元，其水体类型和形态也并非一成不变。小至聚落街区的公共水井空间，大至城市大型蓄水、供水设施，如湖泊、水塘、河渠等。其中，以天然或人工湖泊为基础，由地方政府主导进行水利园林景观的营建，是我国古代人居环境建设的常见途径。因此，湖泊型/湖池型是公共园林水体的常见形式之一（表2-30）。

古代公共园林水景形态小结　　　　　　　　　　　　　　　　　　　　表2-30

水景形态	典型案例	水利功能	风景构成
湖池型为主，溪流型（河渠型）为辅	汉魏洛阳濯泉（南池）、原西汉长安昆明池，六朝建康青溪、唐时发展为长安近郊著名的公共园林、唐长安曲江池、北宋东京金明池、南宋临安西湖、金中都莲花池、元代北京钓鱼台玉渊潭、元北京积水潭、清北京什刹海、清北京城内太平湖	蓄水、防洪、漕运	湖池+建筑+园圃、集市
溪流型（河渠型）为主，其他形式为辅	六朝建康秦淮河、清高梁桥沿岸、长河沿岸、护城河园林、水渠园林	漕运、防洪、排水	溪流（河渠）+桥梁+街巷+植物堤岸

水景形态	典型案例	水利功能	风景构成
池塘型为主，其他形式为辅	隋唐洛阳魏王池、隋唐洛阳月陂、隋唐洛阳放生池、隋唐洛阳嘉猷（yǒu）潭、隋唐洛阳南新潭、唐长安东西市放生池、唐长安慈恩南池和楚国寺放生池、北宋东京凝祥池、蓬池、凝碧池、学方池、鸿池、讲武池、莲花池、明代北京满井、清北京内城泡子河、清北京城内金鱼池、清北京城内南下洼地带（陶然亭、龙潭湖）	蓄水、供水、疏导、排泄和消纳积水	池塘+井+亭阁

漕运是古代社会的经济命脉，历代中央政府都非常重视漕运建设。具有漕运功能的河渠水系区域，总是经济最发达、人文景观最繁盛的地带，依托运河自发而成的公共空间加以专门的景观化处理，是最具代表性的古代公共园林水体形式。除了功能驱动性之外，水体的自然流淌性本身就具有审美特质，以溪流或河渠为载体建设园林，可促进滨水区域的经济发展，使城市文明向更高级别发展。所以，溪流型/河渠型是公共园林水体的又一常见形式。

除了以上常见形式之外，围绕城区内自然形成的、比较大的池塘进行风景营造也是公共园林水体的常见形式，其功能类似于池塘型私家园林，或者具有一定的城市供排水功能，由当地居民、文人雅士主导建设，通过植树栽花、构建比较简单的园林构筑物为常用手段，可视为城市基础设施风景化的产物。

2.6.3 园林水利功能与园林所处位置的相关性

园林基于其地处城内外的位置，依托江湖河渠或陂塘池沼等不同条件形成，也因此需要不同难易和复杂尺度的水利保证工程，从而具有了不同的园林水利功能。根据园林在城市区域中的基址范围，可主要分为城外园林和城内园林。城外园林一般以蓄水功能为主，排水功能为辅。城内园林一般以调蓄为主。而漕运功能，多以城外园林为主，也视时代被引入城内公共园林。

2.6.3.1 城外园林通常以蓄水功能为主，排水功能为辅

城外园林即郊区园林，常以山溪涌泉、自然河湖等为水源，当水源地区间但凡出现大型园林水体时，通常结合蓄水功能进行园林布局，例如清代皇家园林"三山五园"、隋唐洛阳皇家园林西苑等。

古代城市多利用出城的河道进行排水。排水道与城外护城河相接，护城河与城郊的天然河流相接。因此也出现了结合护城河的排水功能而形成的"护城河园林"。比如北宋东京外城护城河，遍植杨柳，形成杨柳依依，繁花似锦的滨水景观。

2.6.3.2 城内园林通常以调蓄、漕运功能为主

对城内园林，水由城外水源地流经城内，最终经排水系统流出城外汇入自然江河的过程中，经历了蓄水、引水、取水、排水等一系列水利措施，相对需要较为复杂的水利工程设施，发挥导引、调蓄、排泄等功能，才能实现城内园林的造园及水景塑造之目的。

位于近郊及城内的公共园林及私家园林，通常结合其他河渠、池沼水体，发挥调蓄池功能或城防功能；基于城内线型河渠或点状坑塘水体形成的公共园林空间，以协助发挥城市漕运及供排水功能。

2.6.3.3 南北方园林水利工程的特点

北方相对干旱少雨，雨季又容易发生洪涝灾害，因此北方的城市水利工程包括蓄水工程、引水工程及防洪工程的建设；而湿润多雨又拥有丰富水资源的南方城市，其城市水利工程以防洪排涝为主。另外，南北方城市的水利系统绝大部分以湖泊池沼与河渠溪流共同组成，但因在水安全方面的不同需求，北方城市多见点状排蓄池沼及线状输水渠道，南方城市水网纵横交错，多见面状湖泊及线状河渠。

2.6.4 古代园林的水适应性表现特征

中国古代园林是在一定历史阶段的政治、经济、文化背景以及地域自然环境条件下形成的综合产物。早期的园林建设虽然并不是以发挥水体的综合效益为主，但其选址、功能及景观空间形态，从根本上来说是对区域自然环境，特别是对区域水环境长期适应的结果。

2.6.4.1 园林选址对于水资源的适应性

如前文所述，以城市范围为参照系，园林选址无非分为城内和城外两大类，其中，城外园林根据与城市的距离，可进一步分为近郊园林和远郊园林。远郊园林以山溪涌泉、自然河湖为水源，近郊园林除了多引用自然河湖之水外，也多混用人工河渠之水。城内园林主要依赖人工河渠水和地下水资源。

相较于温润多雨、水网纵横的南方城市，北方水资源较为贫乏，人工河渠有城市生活供水、漕运、灌溉等多种用途，必须重点开发与保护。出于供水需求而建的人工水系的沿河区域也具有较好的景观条件，因此北方都城的园林选址大多沿河渠集中分布，是出于对水量稳定性、景观条件丰富性的追求。隋唐长安、洛阳、北宋开封，得益于当时发达的城市人工水系，使城内园林突显出以人工河渠为水源的选址特征。隋唐长安城的供水系统由清明渠、龙首渠、永安渠、漕渠、黄渠五大人工河渠构成，城内大量的私家园林及所有皇家园林均依托五条水渠进行分布。洛阳城的供水系统由城内洛河南岸的通津渠、通济渠、两条伊河支渠、

运渠，洛河北岸的漕渠（隋代时称通远渠）、泻（洩）城渠、瀍渠，共8条人工渠道构成，城内大部分园林均沿洛河南岸的五条渠道展开。北宋开封构建了以京城为中心的运河网，汴河、蔡河（惠民河）、五丈河（广济河）、金水河4条运河穿城而过，与城内其他类型的水渠共同构成了城市水系，包括皇家园林在内的城市园林都结合河渠走向。

北京属于平原多湖泊城市，但湖泊面积都不大，城市内的现状河渠水系也不多[21]。这就造成了园林无法如长安、洛阳等城市沿河寻源、分布的局面。园林因此集中分布于自然与人工湖泊周边，比如元代积水潭区域（明清什刹海区域），金鱼池、泡子河以及城外玉泉山水系及"三山五园"地区。

南方水源充沛，水渠数量众多，河道具有系统性，人工河渠主要用于漕运及排水。由于不只关注于水景营造，而且更加倾向于对"湖光山色"整体风景系统的追求，因此，园林多选址于山、水资源俱佳的区域。南宋临安城内主要有茅（峁）山、盐桥、市河、清湖4条南北走向河流，城市南北向狭长，河渠连通大运河及浙江。园林多选址于西湖周边，以利于引用湖水，并"巧于因借"，从而"借景成园"。相类似的情况也出现在六朝建康的钟山、青溪园林集中区。

综上，水源众多、水质新鲜、风景元素丰富、远离喧嚣却又方便日常生活的城市近郊地区，是园址的最优选择。基于不同时空的城市园林选址的比较可得知，在山水文化思想的深远影响之下，不论是对水量、水质或综合景观要素的追求，园林选址的根本在于对水资源的适应。

2.6.4.2 园林引水方式对于水源的适应性

园林对水源的选用，分为地表水和地下水两类。园林水利建设总体上遵循水的自然循环规律，其建设视野并不局限于园界之内。不论地表水或是地下水，都属于水循环或水系统之中的某一环节或某一部分，这一点是古代园林水利建设的共识。因此，在具体的建设过程中，中国古代园林在水利建设方面始终遵循系统整体性思路，以保证园林水体与城市水系的连通性。

为了保证与城市水系的整体性，园林与城市水系之间通过"直接串通，引水成园""直接邻借，借水成园""直接利用，因水成园"3种方式进行联系，从而使园林水系作为园址所在区域整体水系结构的一部分。采用以上3种方式营造水景见于古代城市园林的多数。

当园林以人工河渠或自然河湖为水源时，园林水利建设通过渠道、涵管、水口等水工设施引水入园，与城市水系直接串通。例如汉长安未央宫沧池、魏晋建康华林园天渊池、隋唐两京私家园林、明清北京西郊海淀、南郊丰台草桥、什刹海、泡子河等处的私家园林等。当园林选址邻近城市水系，用地紧张，不宜充分展开进行水景营造时，则尽可能借景城市河道，巧妙利用园林与河道的关系，从而"借景成园"，两宋都城的私家园林比较多用此种引水方式。当园址处于滨湖、滨河或天然低洼池沼地段，则直接加以改造成景，比如大部分的公共园林都属于这种情况。此外，早期的很多皇家园林都是将城市水系的某一部分直接纳入宫苑区进而营造水景，比如唐洛阳东都苑（隋洛阳西苑）就是对承接谷、洛二水的人工河渠某部分的直接改造利用，由此而形成以"北海"为中心的景观格局。又如，元大都大内御苑将高粱河上的一带湖泊直接纳入其中，由此形成以湖泊为中心的宫廷景观。

除此3种方式之外，就是使用凿井取水的方式与城市水系取得间接联系，这一种方式只限于可资利用的水系匮乏，但景色优美，具备造园基本条件时使用，但因水量有限，并非园林水源的首选。明清北京私家园林有利用凿井取水的相关记载，如《帝京景物略》载明代驸马万炜的曲水园中"水以汲灌，善渟焉，澄且鲜。"《青箱堂集》记载明代息机园中设有水井，"井架水车，车以转则水数十斗，上绕亭而旋，可以泛觞，回花盘树，达于池。"[213]

可见，以人工河渠或湖池为主要水系形态的城市，城市园林引水多采用各类水工设施与城市水系进行联系；河网密布型的城市，城市园林多采用邻借的方式，以"借水"的手法将园林与城市水系联系起来；而无地表水可用的地区，园林一般主要靠凿井取水的方式，使园林水体与城市水系取得间接联系；而当园林直接邻近城市水系时，直接加以适当改造利用以形成滨水型景观。依水源选择引水方式，这是古代园林水适应性的又一表现特征。

2.6.4.3 水体形态对于水利功能的适应性

我国古代城市以防止旱涝灾害为导向形成的园林水利建设，均具有一定内在功能要求。比如古代园林水景但凡涉及大型水体，例如皇家园林中常见的"海""池""湖"一类的水体，其位置必为现状蓄水区域，属于区域或场地内部的地势最低洼处，且水体体量也会根据周围水文及气候环境进行合理布局[216]。城中的私家园林若设置池塘型水景，也多见陂、塘等已有池沼及河渠。这些园林空间均结合引水沟、支沟之类的排水设施，以起到导流涝水的作用（表2-31）。不可否认，在城市蓄水、排水、防涝、抵制洪、旱灾害等维护水安全方面，古代园林水利确实发挥了相当可观的作用。在当时的城市环境中，园林等同于当代的"绿色基础设施"，除了在雨洪消纳、排水防涝、调蓄水等方面发挥作用，其空间分布使其在局部范围内对城市的气候调节也具有重要意义。因此，园林水体形态对于城市水利功能的适应性，是园林水适应的第3个表现特征。

都城	特点	水系功能要求	园林水体形态要求
汉唐长安	水资源较少，年降雨量集中	雨洪消纳、蓄水给水	（1）池塘型园林，主要用于雨季雨洪调蓄； （2）湖池型园林，主要用于蓄水给水
隋唐洛阳、北宋开封、明清北京	水资源较少，年降雨量集中	雨洪消纳、防洪排涝、蓄水给水、漕运	（1）较多河渠型园林，主要用于漕运、雨洪排泄； （2）大量湖池型园林，主要用于蓄水给水
魏晋南北朝建康、南宋临安	水资源丰富，年降雨量大	雨洪排泄、蓄水给水	（1）大型湖池型园林，主要用于蓄水给水； （2）河渠型园林，主要用于雨洪排泄、漕运

前文按照中国古代园林发展的历史分期对古代都城园林水利建设进行了总体研究。本章在此基础上，对古代具有一定地域代表性的地方城市园林水利进行具体分析，分别以古代济南、古代福州、北魏平城、明代银川的园林水利为研究对象，以各类园记、方志及现有历史文献等为主要资料，在实地调研的基础上，从自然水文环境及响应人类应对机制两个维度予以总结，从而获得中国古代地方城市园林在自然–人工二元水循环体系中的水利适应性特点及机制进一步完善中国古代园林水利建设的认识框架。

3.1　古代济南

3.1.1　济南城市水系变迁与城市营建概况

3.1.1.1　魏晋南北朝时期的历城城市水环境

"济南"之名最早出现于汉初，因位于"济水之南"故名"济南"。济南地区历史悠久，古城众多。秦汉时期，东平陵是济南国郡治所。直到西晋末年"永嘉之乱"之后，济南郡治移到历城，东平陵才失去政治中心的地位，并迅速衰落[217]。历城位于济南城区，是春秋战国时期发展起来的政治中心。历城又名历下城，因南对历山，城在山下而得名。西汉时期设置历城县，其后通称为历城。东平陵城衰落后，历城取而代之成为济南地区的行政中心。晋永嘉末年移郡治至历城，刘宋青州济南郡治历城县，高齐齐州治济南，郡治历城县，隋齐州、齐郡治历城县。自此以后经唐宋明清，历城一直是济南地区的行政中心。

历城的前身是春秋时齐国泺邑，泺邑位于泺水之滨，其遗址在今济南市历下区内。《春秋》："桓公十八年，公会齐侯于泺。"战国时期，泺邑改称为历下。"*春秋时诸侯争齐，多在历下。自战国以迄秦、楚之际，历下多事则齐境必危……盖其地水陆四通，为三齐都要也*[218]。"

济南古城，经历了历下古城堡、秦汉历城县城、魏晋南北朝"双子城"、齐州州城（母子城）和济南府城的演变过程[219]。历下古城的创始之初已难于考证。据马正林先生在其著作《中国城市历史地理》的论述可知：由历下古城发展而来的秦汉时期的历下城，是一座方城；之后，魏晋南北朝时期，在历水以东修筑东城，与秦汉历城县城隔河相望，为顺应历水走向，并受东南山水冲沟的限制，东城为一长方形，城市整体出现"双子城"的格局；唐元和十五年（820年）改筑齐州城，城内保留了秦汉历城县城，称为"子城"，城市形态由原来的"双子城"演变成"母子城"[220, 221]。

陈桥驿先生校证版本的《水经注》对唐代以前济南地区水环境的概况有所记载：

（泺水）俗谓之为娥姜水，以泉源有舜妃娥英庙故也。城南对山，山上有舜祠，山下有大穴，谓之舜井，抑亦茅山禹井之比矣。《书》：'舜耕历山'，亦云在此，所未详也。其水北为大明湖，西即大明寺，寺东北两面侧湖，此水便成净池也。池上有客亭，左右楸桐负日，俯仰目对鱼鸟，水木明瑟，可谓濠梁之性，物我无违矣。湖水引渎，东入西郭，东至历城西而侧城北注陂。水上承东城，历祀下泉，泉源竞发。其水北流迳历城东。又北，引水为流杯池，州僚宾燕，公私多萃其上。分为二水，右水北出，左水西迳历城北，西北为陂，谓之历水，与泺水会。又北，历水枝津首受历水于历城东，东北迳东城西而北出郭，又北注泺水。又北，听水出焉。泺水又北流注于济，谓之泺口也。济水又东北，华不注山单椒秀泽，不连丘陵以自高；虎牙桀立，孤峰特拔以刺天。青崖翠发，望同点黛。山下有华泉。

图3-1和图3-2分别展示了魏晋南北朝时期及唐代的历城水环境概况。

由此可知，泺水与历水是当时济南境内两条重要的河流。历城水资源丰富，城内外泉眼数量众多，城西有泺水沿城北流，东城有历水穿东、西城之间北流，城内有流杯池，城西北有历水陂，城西北有古大明湖[217]。

这一时期的中国古代园林由生成期进入转折期。在魏晋山水文化的影响下，由前一时期单纯摹仿自然山水转为对山水风景的概括、提炼[1]。因此，山水风景

※图3-1 魏晋南北朝时期历城水环境示意图[220]

※图3-2 唐代历城水环境示意图[221]

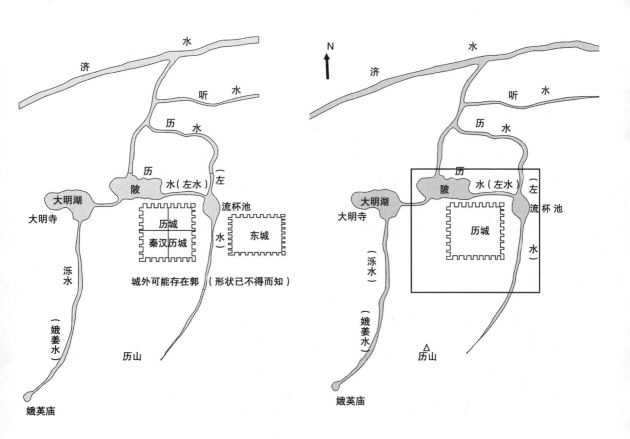

营造是这一时期济南城市园林建设实践的主题。早期的济南园林水利建设，以泺水、历水、古大明湖为依托。依靠丰富的水源，当时的济南园林开发建设活动主要集中于3处：（1）西子城西南郊的泺水源头，即今趵突泉区域，该区域当时"涌声若隐雷、势如云沸"，建有娥姜祠；（2）东西子城之间的珍珠泉水域，该地"泉源竞发"，景色秀丽，交通便捷，通过人工凿渠导引历水，以建成时兴的园林构筑物"流杯池"，从而使珍珠泉一带具备公共园林的特点，成为名流雅士汇集、骚人墨客游山玩水的聚集之地；（3）泺水源趵突泉北侧的古大明湖和城北历水陂一带。魏晋时期古大明湖（今五龙潭及以北）和历水陂（今大明湖及以北地带）、莲子湖（今鹊华一带）属于彼此相连的泉、湖胜地，多建有私家园林[222]。

3.1.1.2 唐宋金元时期的齐州城城市水环境

唐宋时期的济南称为齐州，城市规模因不断扩建而迅速增大，由此也影响了城市水系格局的形成。

唐代，对原魏晋时期的历城东、西子城进行扩建时，将原城北历水陂和两子城间珍珠泉地段扩入城内，隔断了城内诸泉汇入泺水的水道，城内泉水倾泻不及，逐渐于城西北地势低洼的历水陂滞水形成湖面（今大明湖），[217]湖西、北两岸临近州城墙基[223]。

到北宋时，湖水面积不断扩大，《太平寰宇记》中称其为解署西水，曾巩称其为西湖，到金代时才被正式称为大明湖。至宋金元时期，济南城池继续沿用唐时格局，随着中国古代城市在两宋时期进入发展高峰时期，历城规模在此时有了进一步的扩大。曾巩任齐州知州时，在历城北城郭内外修筑堤堰、建筑水闸，疏通整理水道，扩建了大明湖。曾巩《齐州北水门记》中称："北城之下疏为门以泄之"；苏辙《齐州泺源石桥记》中称："城之西门跨而为桥，自京师走海上者皆道于其上"；宋金交战之际，济南在金朝的扶持下建立了伪齐政权，刘豫父子在济南当权时，将历水陂水导向东流开凿小清河，引济南泉水补充其水源、疏通渤海至济南盐运、灌溉济南北部农田等[224]，可见当时对齐州的城市水利事业进行了比较积极的建设。这一时期，济南地区水资源更加丰富，大明湖的形成及众多泉眼的出现，极大地丰富和改变了城市水系格局，也为济南以泉水为中心的城市园林景观的形成奠定了基础。当时主要的泉水有趵突泉、金线泉、舜泉、孝感泉、珍珠泉、玉环泉等；主要的湖有大明湖、鹊山湖、四望湖，以及大明湖附近零散分布的一些小湖。此外，发源于舜泉的历水，随着舜泉在北宋中期以后的逐渐枯竭，历水也随之消失，这是唐宋时期济南水环境的又一重要变化。金元时期，济南地区水环境出现新变化。名泉数量不断增加，出现了"七十二名泉"之说；大明湖面积逐渐扩大，占城三分之一；刘豫为保证海盐运输而开挖小清河；城北鹊山湖消退[217]。

唐宋时期的济南园林建设进入全盛阶段，城内及城郊园林水利建设多围绕城内外多泉、多水地带。至宋代，城内北侧大明湖、城西近郊趵突泉、城北远郊华不注自然风景形胜地带发展成为"济南三绝胜"。北宋时期，济南大明湖公共园林区域的营建，得益于丰沛的水资源和曾巩为解决城内水患而兴修水利工程的举措。以调剂宣泄湖水而建的"北水门"水闸，利用疏浚湖水时挖掘出的泥沙修筑的"曾堤"，大明湖周边的各类水利设施，如桥梁等，在自然因素和人为措施的共同作用下，成就了宋代济南城内大明湖园林水利建设特色。而趵突泉、华不注两大园林区域，更多地依赖于基址天然的自然风光特色及优质的水源条件进行城郊园林的营造。

3.1.1.3　明清时期的济南城市水环境

明清时期的济南城，格局已经趋于稳定，这一时期的城市建设活动主要包括筑城、修官署、整水系。"四面荷花三面柳，一城春色半城湖"的城市风貌在明清之际得以确定[224]（图3-3，图3-4）。此时，济南"城以外盈盈皆水也，西南则趵突金线诸泉，东南则珍珠黑虎诸泉，城内则珍珠濯缨诸泉汇为明湖连北门出，合东西两水环而绕之"。内城有大明湖、百花洲等湖泊及珍珠泉等多处泉群；内城外有护城河、东西泺河等水系，古温泉、五龙潭、马跑泉等多处泉群及山水沟、小河等溪流沟渠（表3-1）[225]。

这一时期的大明湖园林区，因不断增长的城市人口压力而逐渐缩减，至明嘉靖时"湖多为民居填塞治圃，夹芦为沼，小舟仅通曲港"，百花洲周边也成为"居民庐舍围旋"的居民区。至明末，刘敕《齐乘》有"官民社居什九，湖居什一"的记载，但是作为前朝传统城市文化积淀的重要载体仍旧得以传承。而位于城西近郊的趵突泉与五龙潭园林区则因丰沛的水源和城市交通的日渐发达，遂成为此

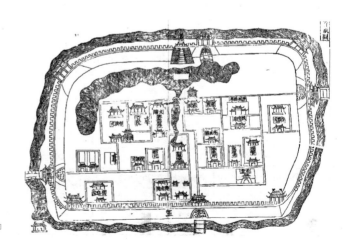

※图3-3　明代济南城图[224]

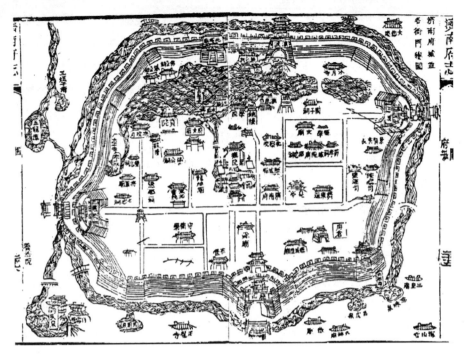

※图3-4 清代济南城图[226]

水系变迁与不同时期的济南城市景观空间形态

表3-

历史时期	城市形态	水系格局	城市水系特征	城市形态特征	城市景观空间形态
魏晋南北朝	历城时代——"双子城"格局	城西有泺水沿城北流，东城有历水穿东、西城之间北流，城内有流杯池，城西北有历水陂，城西南有古大明湖	历水、泺水汇集沿途泉水在北郊汇集，继续北流	在历水以东，修筑东城，与秦汉历城县城隔河相望，城市顺应历水走向，并受东南山水冲沟的限制	园林营建活动以西郊、北郊及珍珠泉一带，多水、多泉地段为主
唐宋金元	齐州城时代——"母子城"格局	对原魏晋时期的历城东、西子城进行扩建时，将原城北历水陂和两子城间珍珠泉地段扩入城内，隔断了城内诸泉汇入泺水的水道，城内泉水倾泻不及，逐渐于城西北地势低洼的历水陂滞水形成湖面（今大明湖）；到北宋时，湖水面积不断扩大，曾巩称其为西湖，到金代时才被正式称为大明湖；刘豫将历水陂水导向东流开凿小清河；大明湖面积不断扩大	城郭外无护城河修建；南陆坡迫山；西有四望湖、泺水；东为沼泽"自城以东，水弥漫数十里"；北为湖水，可乘舟楫从北水门出北城前往鹊山湖；唐末，北郊湖水消退，余下城内水面与城外二里的莲子湖。城内水面即北宋时期称为"西湖"的大明湖；曾巩主持修建用以调蓄城内雨洪的"北水门"；金、元时期大明湖面积扩大；刘豫指导开凿的小清河将北郊水泽东导，黄河泥沙堆积，北郊由"鹊华烟雨"胜景转变为千顷耕地与莲池	城门绕湖而辟，造成城池"四门不对"；城池最内层为齐州州署驻地"州城"，中间为历城县"县城"，至北宋时期已不完整，最外层为"郭城"	大明湖的形成使园林建设活动的重心从城市西、北郊移到城内，形成以华不注山、大明湖、趵突泉群为中心的城市景观空间；"西湖"是宋代济南城市园林的重点营建区域及对象；金元时期，北郊稻畦莲荡，水村渔舍，成为园林营建的理想区域
明清	济南府城时代——"双层城池"格局	明代时，大明湖水面显著缩小，到清代以后又逐渐扩大，开凿护城河，大明湖水面逐渐扩张	四大泉群确立、大明湖面积缩小、护城河水系形成、大、小清河的淤塞与疏浚	清末再次呈现"子母城"形态；明清时期因居住空间的拓展而使大明湖水面缩减，清乾隆年间又逐渐开阔；西门外城郊形成繁华的商业区；明清时期济南形成了官署居中、民居在城东南西郊、商业区夹杂其中的城市格局	近郊园林的分布重心由西、北郊移至西、南郊；泉水的淤塞和消失引起以泉为衬托的园林的颓废

时私家园林的聚集之地。私家园林成为明清济南园林的主要组成内容，就文献记载的名园分布地点而言，大明湖和珍珠泉区域依然是城内私家园林集中之地；西郊和北郊依然是城郊城市名园营建首选之地。清代，随着济南城南郊的城市化及佛寺地兴盛，千佛山一带凭借丰厚的文化底蕴，成为济南寺庙园林聚集区[222]。

3.1.2 济南古代园林历史沿革

济南古代园林在流派上属于北方园林。但由于济南的区位因素，使其园林的发展程度在数量和规模上并不具有北方皇家园林和江南私家园林的巨大影响力。与之相比，无论在整体养护管理水平还是持续发展能力方面都显得逊色。济南古代园林的现存遗迹很少，能完整保留下来的案例更是稀缺。有关园林的文献资料较为分散，除了元代张养浩的"云庄记"和赵孟頫的画作《鹊华烟云》能直观反映古代济南园林的建设情况之外，与园林直接相关的文献也并不多见。各历史时期济南园林的状况多见于不同时期的各类地方志资料中，如北魏郦道元的《水经注》；唐代段成式的《酉阳杂俎》；元代于钦的《齐乘》；明代刘敕《历乘》；明《历城县志》；清康熙年间的《重修历城县志》《趵突泉志》；乾隆年间周永年的《历城县志》等。

今人对古代济南园林进行了一些专门性的研究。由济南市园林局主编的《济南园林志》对济南目前的城市园林建设情况进行了系统记录，并记录了从历代古籍文献资料中选取的大量描述园林景观的诗词、园记，为研究济南古代园林水利提供了重要的资源。周维权先生的《中国古典园林史》和汪菊渊先生的《中国古代园林史》对济南大明湖等都有论述。以往从建筑学视角对济南泉水聚落、济南老城区城市格局的研究较多，其中也会不同程度的涉及古代园林的建设情况。随着济南"泉城文化景观"申遗工作的展开，作为重要遗产要素的园林进入了多个专业的研究视野，研究成果逐渐丰富，其中，有专门针对园林研究的学位论文，如《济南城市名园历史渊源与特色研究》《济南传统园林认知研究》均对不同历史时期济南园林的生成环境、布局、特点进行了分析和总结。陆敏（1998年）分析了济南古代园林整体分布的空间演化特点及园林的地域性特色。赵夏（2005年）考察了古代济南城北鹊华景观的变迁。张华松（2013年）根据历史发展脉络分析了从魏晋南北朝至明清时期的济南泉水园林。

研究根据已有基础，对济南古代有文献记载的园林进行整理，以考察不同园林所引用的水源，确定城市水环境的变迁对园林的影响，为进一步分析古代济南园林水利的特征提供参考。济南现有的历史园林遗产不多，经实地调研发现：大明湖畔的铁公祠（小沧浪）、明德藩王府西苑（现山东省人大常委会）、趵突泉尚志堂、趵突泉万竹园四处园林遗产尚留存一定的格局或建筑；而潭西精舍、贤清园（朗园）、漪园三处园林，仅有园中名泉尚存；秋柳园是在园林原址附近建造，并沿用原名的传统园林；元代张养浩的"云庄"仅有遗址。根据文献调研和实地考察来看，古代济南园林水利的建设都是以泉水为中心的，这是济南园林水利区别于其他地域园林水利建设的主要特点和因素（表3-2）。

济南古代主要城市园林水系概况 表3-2

园林名称	所属时代	特点	水系	相关文献
使君林	北魏	文献记载的济南最早的一处园林。园址位于北水门外，当时城北多水，园内沟溪纵横，水声潺潺。《酉阳杂俎·卷七》载："历城北有使君林。魏正始中，郑公悫三伏之际每率宾僚避暑于此。取大莲叶置砚格上，盛酒三升，以簪刺叶，令与柄通，屈茎上轮菌如象鼻，传吸之，名为碧筒杯。酒味杂莲气，香冷胜于水"	北郊水系	《酉阳杂俎》《太平寰宇记》《曾巩集》《元好问全集》乾隆《历城县志》《济南府志》刘敕《历乘》《欧阳修全集》
房家园	北齐	园址位于历城北湖滨地带。《酉阳杂俎·卷十一》载："历城房家园，齐博陵君豹之山池，其中杂树森疏，泉石崇邃，历中袯禊之胜也。曾有人折其一枝者，公曰'何为伤吾凤条'！自后人不可复折。公语参军尹孝逸曰：'昔季伦金谷山泉，何必逾此？'孝逸对曰：'曾诣洛西，游其故所。彼此相仿，诚如明教。'孝逸常欲还邺，词人饯宿於此。逸为诗曰：'风沦历城水，月依华山树'"	北郊水系	
华不注山与鹊山湖（李白诗）、历下亭、历下古城员外新亭、鹊山湖亭（杜甫诗）	隋唐	/	泺水沿线	
张氏园亭	宋金	/	金线泉畔	
刘诏园亭	宋金	/	趵突泉畔	
溪亭（历城名士徐遁）	宋金	/	历水沿线	
北渚亭、百花台、百花堤、鹊山亭、静化堂、名士轩、芙蓉堂、芍药厅、仁风厅、凝香斋、环波亭、水香亭、水西亭等、桥梁景观、趵突泉畔的历山堂和泺源堂	宋金	/	北宋西湖（元代以后的大明湖）周边的环湖园林	
历下亭	北宋末年至金代	/	大明湖南岸	
万竹园	金代	/	趵突泉泉群	
舜井舜祠	元代	/	珍珠泉泉群	
张舍人园亭	元代	利用珍珠泉泉群修建的大型私家园林	珍珠泉	
灵泉庵	元代	/	金线泉	
李泂的天心水面亭和超然楼	/	/	大明湖畔	
大明湖汇波楼	/	北宋的北水门，是一处城防和水利设施	大明湖	
北郊湿地景观	金元	自从金朝初年刘豫开通小清河，放走鹊山湖水，北郊就变为沼泽和湿地	北郊沼泽	
张养浩的云庄	元	北郊一处大规模的庄园型私家园林	北郊	
赵孟頫的砚溪村	元	在北郊营建的庄园型私家园林	北郊	

园林名称	所属时代	特点	水系	相关文献
德藩王府宫苑西苑	明代	当时济南城内以泉水为主题兴建的、规模最大的传统人工山水园。依托珍珠泉水系及其北的濯缨湖而建。濯缨湖，即北魏著名的流杯池所在地，汇聚珍珠、散水、溪亭诸泉而成。湖水自南而北，绕过假山，经北墙下的水道汇入大明湖	包括珍珠泉水系及濯缨湖	《酉阳杂俎》《太平寰宇记》《曾巩集》《元好问全集》乾隆《历城县志》《济南府志》刘敕《历乘》《欧阳修全集》
谷继宗园亭（万历年间改办为历山书院）	/	/	趵突泉东北金线泉	
刘天民的刘氏园	/	/	大明湖畔	
赵世卿小淇园	/	/	大明湖畔	
殷士儋的通乐园/王氏南园	/	属于同一址不同时期的宅园，原为万竹园原址	趵突泉西侧	
徐邦才的梁园	明代	位于城北水门外的水村，属于大型私家别墅园	北郊	
北渚园	明、清	该园属于传统人工山水园，园内有白鹤亭、见山亭、小华不注、得月廊、不系舟、龙蟠石、曲涧、来雁阁、竹径、倚华书屋、址亭、涵青楼、众香台等景点	北郊	
贤清园/朗园	明代、清代	为贤清泉处同一园址的两代名园	/	
张秀的漪园	清代	/	西门外五龙潭附近的古温泉处	
广平府知府刘叔枚的亦园	清代	/	泺口一带的别墅园	
李世琛的基园	清代	/	泺口一带的别墅园	
小沧浪	清代	/	大明湖	
江园（布政司署西花园）	清代	/	/	
王士禛秋柳园	清代	/	大明湖畔	
倦飞亭	清代	/	听水闸北	
钟性朴的榆园/燕园	清代	/	趵突泉东，金线泉北	
桂馥的潭西精舍	清代	以五龙潭水为依托，建水榭、谈助亭、杖影阁、曲廊、石画壁等，建筑多临于水面；临水植有浓荫蔽日的青桐；舍周以长廊相通，旁侧的"天镜泉"水系潆绕园内	西门外五龙潭（古历下亭旧址）	
周永年的林汲山房	清代	山房依林汲泉构筑，典型的传统天然山水园	林汲泉边	
巡抚署院（原德藩王西苑旧址），光绪时改名为"退园"	清代	明清两代的山东布政司署驻地（原北宋齐州衙署）院内有华笔池、凤翥池与珍珠泉水和芙蓉泉水相通，清乾隆年间，在布政司署西侧的小明湖（又称小南湖）东岸构筑西花园，内设雪园，其水源就是来自华笔池、凤翥池；小明湖对面有江园（后改办为济南书院）；华笔池与芙蓉、南珍珠两泉一脉相承，注入凤翥池，经园内放生池，最后汇入大明湖	珍珠泉水系	

小结	魏晋时期：名人私家园林主要分布于城北湖滨地带。 隋唐时期：（1）城内：城池核心地带的珍珠泉水域一带；城内西北方向历水陂湖面；（2）城郊：城西古大明湖地带；城北鹊山湖地带。 宋金元时期：公共园林：（1）大明湖公共园林：百花堤、百花林、七桥、百花台；（2）趵突泉群传统公共园林（也是私家园林营建首选之地）；（3）华不注-鹊山湖公共园林；私家园林：城市北郊鹊华一带；城市西南近郊趵突泉群周边；珍珠泉群一带。 明清时期：公共园林：（1）大明湖园林；（2）趵突泉与五龙潭园林；（3）千佛山园林；私家园林：文献记载的私家园林有50多处，名园达30余处

3.1.3　济南园林水利

3.1.3.1　济南园林水利功能

1. 济南园林与城市供排水

泉水不仅是影响古代济南城市格局的关键因素，同时也是形成城市园林风格的自然基础。而济南古代园林，许多也成为城市供排水体系的有机组成部分，协助完善和促进城市水体的良性循环。

如前文所述，历史时期济南古城的城市格局及景观空间形态主要受制于四大泉群的影响：趵突泉、黑虎泉和五龙潭的泉水喷涌如柱，水量很大，因此古代在修筑城市时，将这3处水量较大的泉群隔于城外，并与护城河、城墙等城防设施相互联系；而将水量较小的珍珠泉圈入城内，作为稳定的使用水源。从隋唐时期开始，珍珠泉群区域的园林建设活动一直保持着较为兴盛的状态，这与该区域稳定的水源与优良的水质有着密切的关系。

泉水集中且量大的特点，在保证了城市稳定供水的同时，也造成了济南古城在丰水季节雨洪宣泄不及的状况。为此，将3处大水量泉群隔于城外的格局，可有效避免因水量过大而宣泄不及的困扰。从这个角度来看，济南古城的城市格局及整体的景观空间形态是区域水环境影响下城市水适应性景观的表现特征。而历史上的济南城市园林水利建设，既是自然水资源条件的客观反映，也是城市对自然环境的响应措施。从济南园林的选址及水景营造形态来看，不难发现园林是历史时期济南河湖泉水导蓄体系的重要组成环节。

历史时期济南古城北郊一直有较大面积的水域，曾经出现过或大或小的湖面，如《酉阳杂俎》所述："历城北二里有莲子湖，周环二十里。湖中多莲花，红绿间明，乍疑濯锦。又渔船掩映，罟罾踈布，远望之者，若蛛网浮杯也"，除了地质原因外，大面积水域的形成与济南城市南高北低的地貌特征相关[227]。城市及其周边众多泉水沿途汇集于北郊低洼之处后，继续北流。在明清护城河开挖之前，城市雨洪排放基本依靠自然式排水方式，城池内外泉水及南部山区汇水皆排入大明湖后由北水门流出[225]。明清时期修筑护城河之后，城市雨洪及泉水的导蓄形式发生了很大的改变，先前的自然式排水方式被护城河、城墙、明渠、暗渠、水闸、东西泺河以及小清河[228]共同组成的人工排水体系取代，由此形成新的排水格局。内外护城河成为重要的排洪渠道。内外护城河在北郊交汇后由东、西泺水排入小清河[225]。在这一体系中，以泉水为中心的园林水利发挥了重要的调蓄作用，尤其是大明湖，承接来自城内外方向的雨洪及城周汇集的泉水，是古代济南城内重要的调蓄设施。其他的泉水园林，不论规模大小，与城内其他人工排水设施联合为整体，加强了城市的排水与调蓄能力。

明清之前的济南，还未形成完善的供排水系统，但是大明湖自唐宋济南城池建成以来，便成为了城市的主要雨洪调蓄基础设施。北水门的修建，使得大明湖作为城市雨洪调蓄基础设施的功效得以持续发挥。丰水季节，大明湖北岸的北水门被打开，城内的水通过东、西泺河人工水道排入小清河，同时护城河进入大明湖的水闸被关闭，避免过多的水进入湖内。旱季的时候，北水门的闸被关闭，大明湖的水留在城内，同时通过大明湖西侧水闸的调节将疏导三大泉群泉水的护城河水引入城内，共同满足城内生活使用[228]。将城市基础设施纳入城市景观的营造，这项工作自宋代开始便得到了极大的重视，将城市水系管理与城市景观结合，是古代济南园林水利的主要特色。

2. 济南园林与城市防洪

济南地势较低，城内泉眼丰富，城市地下水位高，内涝是济南城市面临的主要水灾类型。根据杨颋在其博士学位论文《古济南城水系与空间形态关系研究》中对历史时期济南地区洪涝灾害发生次数的整理可知，济南地区有历史记载的水灾从魏晋时期直至清末，共计82次，其中45次为洪涝灾害，大雨所致的涝灾有21次，明确记载的由泉水暴溢导致的城市内涝共3次（见表3-3）。就水灾发生的总体次数及类型而言，因大河决堤引发的区域性水患对济南城造成的影响不及因南部山区山洪暴发或雨季泉水漫溢而造成的影响更深重[224]，因此，如何解决或者缓解内涝问题，是历史时期济南古城防洪面临的主要问题和任务。

历史时期济南城的泉水内涝灾害[224]　　　　　　　　　　　　　　表3-3

时间	相关记载	文献
万历三十五年（1608年）（历乘作三十六年）	济南大水，舜庙香泉发	崇祯《历城县志》《历乘》
康熙九年（1670年）	夏五月二十一日，大雨，雹，趵突泉溢，没庐舍、人畜	康熙《济南府志》康熙《山东通志》
嘉庆二十三年（1818年）	五月二十夜，大雨，趵突泉一带湮没庐舍无算，民多溺死	道光《济南府志》
道光二年（1822年）	秋八月，舜庙井水溢，由刷律巷达院属，十余日方止	民国《续修历城县志》

针对这一内涝问题，济南的防洪排涝建设在历史上一直持续进行。早在魏晋历城时代，郦道元在《水经注》当中曾记载历城有人工开凿的"渎"，引古"大明湖"水入城："湖水引渎，东入西郭，东至历城西而侧城北注陂。"这条自西入、自北出的明渠，就是济南城市中最早的供水、排水系统。这条明渠一直持续到唐、宋[224]。明清时期，古城泉水汲排系统主要以城中央的珍珠泉泉群为源头，大小明渠暗渠，穿街过巷，串联散落在街巷深处、官衙民宅中的泉池，最后都汇入大明湖中。张华松先生在《济南泉水与济南古城的选址、布局和建设》[229]一文中，总结了明清济南城的泉水排水系统：

古历水：珍珠泉-百花桥-百花洲-大明湖；梯云溪：芙蓉泉-泮池-百花洲-大明湖；西北一路：濯缨湖-芙蓉泉-茶巷口-贡院-华笔池-凤翥池-雪泉-小南湖-大明湖。此外，还有太平寺的孝感泉水，汇而为池，曲折引入僧厨，复流出，入大明湖。

由此不难发现，泉水园林贯穿济南古城泉水排水系统的始终。在南部山区及西南地区，是泉之源头，这里是大量寺庙园林及城市园林的汇集之地；在城市中部地区，是以珍珠泉泉群为依托的私家园林，其中最具代表性的即德藩王府花园；在泉之末端，是众泉汇集而成的大明湖，这个区域自宋代开始，便是城内传统的公共园林空间。至此，依循城市泉水排水系统而形成的城市园林空间格局，使济南的泉城景观风貌得以体现。这一系统，不仅是集排、蓄水为一体的功能系统，同时也是充分利用泉水资源进行园林水景营造的城市景观系统。通过这一系统，形成了古代济南湖光山色、泉-城相依、水-景相映的城市特色。

经过笔者实地考察，并通过对济南城乡水务局工作人员的访谈，其中有4条泉水排水线路至今尚存：小王府池子-濯缨泉-曲水亭街-百花洲-大明湖；珍珠泉-曲水亭街-百花洲-大明湖；珍珠泉-玉带河-珍池-后宰门街南侧-百花洲-大明湖；芙蓉泉-西花墙子街-泮池-百花洲-大明湖。此外经工作人员介绍，还有另一条排水线路，即"孝感泉-华家井-小明湖-大明湖"一线，确定存在。遗憾的是，因快速城市化带来的用地扩张，在这一排水线路中，孝感泉已被填埋，小明湖已于20世纪80年代被填埋，除大明湖之外，华家井作为该线路中的唯一幸存者，至今仍正常使用，加以保护性修建之后，保留了井泉公共园林空间的特征。

3.1.3.2 济南园林水利的特点

济南园林水利对于水环境的适应性体现在园林的时空分布和景观形态两个方面。

1. 城市水环境变迁决定园林的时空分布

历史时期济南的城市水环境是逐渐变化的。魏晋南北朝时期，东城有珍珠泉水系历水，西城西边地区有泺水，北郊有古历下陂，因此这一时期的园林营建则集中于西郊及东、西双子城之间的地段。西郊泺水之源处的趵突泉，这里"泉源上奋，水涌若轮"，在泉畔建有娥姜祠；西北郊的古大明湖畔，开始出现风景园林建筑；另外一处，即东、西城之间的珍珠泉水系范围内，人工穿渠凿池导引历水，形成了济南城市内部的水景型园林-流杯池。这一时期，城市园林的建设因自然水资源格局而呈散点状分布，尚未形成固定格局。

唐至清末齐州州城，珍珠泉水系以及城池北部汇聚泉水的历水陂划入城池之内（即大明湖），黑虎泉水系分布在南城墙和南护城河两岸，趵突泉和五龙潭水系由南向北分布在西护城河外。这时的济南园林，随着自然河湖泉水与城市格局的变迁，历经千年，形成稳定的分布形态。

隋唐时期，城市内部少有园林分布的记载，西、北二郊因鹊山湖、华不注山而形成烟波浩渺的大面积山水景观。

有宋以来，因大明湖形成于城市内部北区，园林建设的重心由城郊移至城内，从而形成了宋元时期围绕大明湖营建湖泊型园林景观的新格局。实际上，从宋代济南园林水利建设实践内容及总体空间分布来看，这不单是园林水利对自然水环境的适应性表现，也是园林营建思想由自然风景游憩导向转为功能兼顾导向的表现，这一点在济南城市公共园林的建设方面表现得尤其突出，是中国古代园林水利建设思想在北方泉水城市聚落中的体现。以杭州西湖为代表的中国古代对城市水利设施的风景化营造，在宋代形成完善和成熟的模式，其传递的不仅是中国山水风景思想的延伸，更是对园林现实意义及功能的表达。而济南大明湖在宋代曾被曾巩称为"西湖"，可见其受杭州西湖的影响，在整个城市理水、治水体系中发挥了重要作用。因此，对基于自然地理条件而形成的湖泊进行有目的、有组织的湖泊疏浚、管理维护及风景营造，是推动宋代大明湖园林区形成和发展的主要原因。

金元时期，北郊鹊山湖在自然及人为双重影响因素下消失。自然因素方面，贯穿鹊山湖区的济水水文状况发生了改变。济水携带大量泥沙进入鹊山湖，而且黄河屡决章丘窜入济水河道，鹊山湖接受大量的泥沙沉积。城南山上植被因无度垦伐而被破坏殆尽，每逢雨季山洪暴发，洪流携带泥沙泻入鹊山湖。泥沙沉淀使湖底抬高，蓄水能力迅速减小，湖面退缩。因此，泥沙淤积是鹊山湖消失至关重要的因素[223]。人为因素方面，主要是因小清河开挖所致。"伪齐刘豫自城北导泺水东行，而鹊山湖涸为平陆。[218]" 小清河开通之后，济南因处于东西盐运航道的枢纽位置，从而经济繁荣，但曾被称为"鹊山烟雨"的北郊大面积自然湖泊景观也荡然无存，取而代之的是成片的沼泽湿地，使得这里从烟波浩渺演变为稻畦莲荡，水村渔舍，成为庄园型私家园林营建的理想区域。例如，元赵孟頫在洛口以东修建砚溪村，"泉声振响明林壑，山色滴翠落莓台"，"竹林深处小亭开，白鹤徐行啄紫苔"，张养浩在城北十里处构造别墅云庄，有云锦池、雪香林、挂月峰、待凤石、遂闲堂、处士菴以及绰然、拙逸、乐全、九皋、半仙五亭等景点景物。此外，西郊趵突泉园林及城内大明湖园林也稳定发展。

明清时期，城市四大泉群形成。明代开挖的护城河将四大泉群联系成整体，而后汇入大明湖，湖水再入城河，城外泉水和泺水也通过这条水系纳入城防[230]。北郊水势在明清时期进一步消退，至清初，已演变为"华泉一线，渐淤为小沟"[231]"山寺尽毁，游者绝少"[232]的萧条面貌，城市园林则围绕"四大泉群–大明湖–护城河"这一城市水系展开。综上可见，济南城市水环境变迁是园林时空演变的主要影响因素。

2. 城市水环境变迁与园林水景形态变化

魏晋南北朝时期，历城城内出现流杯池、西南郊趵突泉区域的娥姜祠、西北郊的古大明湖、历水陂、鹊山湖以及济水区域的房家园、史君林等为代表的私家园林。流杯池和趵突泉娥姜祠区域是当时名流雅士游聚的公共园林化空间；娥姜祠临泉而建；流杯池凿渠引历水而建；西北郊地区水源充足，湖泊浩淼，私家园林多依水傍溪，属天然山水园。

根据"碧筒饮"典故可以猜想，史君林内有适宜荷花生长的水塘，水源主要来自园林周边的湖、陂等天然水系；房家园是建于滨湖地带的别墅型私家园林，《酉阳杂俎·卷十一》载："历城房家园，齐博陵君豹之山池，其中杂树森竦，泉石崇邃，历中被褉之胜也。曾有人折其桐枝者，公曰'何谓伤吾凤条！'自后人不可复折。公语参军尹孝逸曰'昔季伦金谷山泉，何必蹦此'，孝逸对曰'曾诣洛西，游其故所。彼此相仿，诚如明教。'孝逸常欲还邺，词人饯宿於此。逸为诗曰'风沧历城水，月依华山树。'时人以此两句比谢灵运池塘十字焉。"由这段记载可知，房家园林的景观特色应与同一时代洛阳西北郊金谷涧石崇所经营的金谷园有异曲同工之妙，可知园内有池沼、清泉等类的水景形态，"历中被褉之胜也"，如此可知，园林局部地段临溪或河，园内有自然形成的沟壑纵横交织。这一时期的济南园林，主要临水而建，由最近的自然水系为园林提供水源或进行补给，水景形态主要由基址自然水环境条件决定。

根据文献，隋唐时期多分布于西、北二郊的济南园林，主要依托鹊山湖、华不注山等自然山水风景资源，呈现出湖山型自然风景区的形态，是文人骚客游赏之所。如李白泛舟的"湖阔数千里，湖光摇碧山"的北郊鹊山湖风景区；"含笑凌倒影"的华不注山风景区等，是城市宏观景观形态的主要构成要素，在景点类型上以自然类景物为主，辅以亭榭等点缀型人工景物，如杜甫诗中涉及到的历下亭、李员外新亭、鹊山湖亭等，从而形成城郊大面积水景区域，加强了与城市内部生活的联系。唐代天宝年间（742年~756年），李白诗云《陪从祖济南太守泛鹊山湖三首》："初谓鹊山近，宁知湖水遥。此行殊访戴，自可缓归桡。湖阔数千里，湖光摇碧山。湖西正有月，独送李膺还。水入北湖去，舟从南浦回。遥看鹊山转，却似送人来"。由"湖阔数千里"可推想，其形态是连续数里、面积庞大的整体水面，而不是纵横交织的水网[224]。

唐末，北郊大面积湖水消退，余下城内水面（大明湖）与城外二里的莲子湖（前鹊山湖）。北郊湖水面积缩小，城北水面不再连续，为北宋济南城向北扩城创造了条件。北宋城市北扩，城外大片湖水圈入城中，成为城市内的"西湖"。曾巩任齐州知州期间，为调节湖水水位，围绕"西湖"进行了一系列以改善城市人居环境为目的的园林水利工程。首先，针对济南时常面临的洪水危害，对北水门进行了修整。城墙建水门以调节城市水位是北宋城市防洪体系的一项重要内容，北水门在济南古城的防洪工程史上发挥的功能持续了千年，后世还将此水利设施改建为设施型景观构筑物。此外，围绕"西湖"湖区，进行了大量的园林开发营建活动，例如北渚亭、百花洲、百花堤、百花桥（后世改名为鹊华桥）等景物都建于这一时期，使"西湖"景区成为北宋济南最重要的城市园林景观空间。苏辙有诗对北宋济南"西湖"的景观称赞有加："共事林泉郡，忘归南北人。煮茶流水曲，载酒后湖滨。[233]"齐州州城地扩建直接导致了宋代大明湖的形成。扩建之前，城内诸泉水的排泄途径主要依靠历水左、右支，历水左支的排泄途径是经过历水陂出西北郭汇入泺水，北城墙的修建直接阻断了诸泉水在城市西北部的排泄渠道，使得城内泉水宣泄不及，加之济南南高北低的宏观地形，从而逐渐形成了大明湖。北宋时湖水面积进一步扩大，于是造就了"西湖"园林的繁华胜景。从这个过程中可以看出，水环境的变迁是宋代园林蓬勃发展的基础。

金元时期，济南水环境的变化体现在明泉数量增多、大明湖面积扩大、北郊湖水消退而成为沼泽湿地。园林水利建设也随之取得了长足发展，金人元好问称："大概承平时，济南楼观天下莫与为比。[234]"园林的水景出现了湿地型、湖泊型、几何或非几何形的水池型等形态。北郊因多种原因形成的湿地景观促成了该区域数量众多的别墅型私家园林，这其中最具代表性的便是张养浩的云庄。园主人的《云庄记》对园林景观有非常细致的描述："……树多梨、杏、桃、柿，交枝合荫，盛夏亦爽然无暑意。负林为亭，面亭激流为池，实以荷芰，环以丛篁、垂柳、桧柏、花卉之植，所谓名山灵泉者，或献岚贡翠于几席之下，或歧流合派经纬乎畎（quǎn）亩之中，王维惘川殆伯仲埒（liè）。池取其芳，名曰'云锦'。"这段描述表明，园林中有栽植荷花、紫菱等植物的池塘，"激流为池"，水源引自周边湿地水泊及众多泉水资源。赵孟頫的砚溪村应当是与云庄具有相似景观效果的郊野别墅园林，时人称之为"小辋川"。清人孙光祀《砚溪偶吟》二首之《胆馀轩集》云："荷菱丛中受一壖（chán），坐听啼鸟间鸣泉。薜萝深处峰头转，鸥鹭群边水径连。曲沼环村明似镜，遥岑隔岩碧如烟。波光草色年年绿，不减当时绘辋川。"可见这两处园林都是将湿地自然水系改造成园池的例子。

明清时期的济南园林，进入鼎盛时期，但这一发展过程因频发的旱灾及其他人为因素（政策、战争等）而于明代曾一度出现凋敝的现象。入清之后人口规模的持续增加导致了填湖造地的现象，使大明湖水域面积缩小而影响了园林的总体发展规模与速度。但总体而言，从园林营造的数量上来看，明清时期，随着济南城市性质的确立，城市建设力度加大，特别是城市防洪体系的建设，进一步确定和凸显了"四面荷花三面柳，一城山色半城湖"的城市景观格局。清代中叶，随着泉水复涌，社会环境安定，城市水环境又有了新的变化。围绕四大泉群，清初缩减、清中又增大的大明湖以及完善的护城河这一整体水系，直接影响了城市园林水利建设。除了泉水私家园林的大量建设之外，大明湖景区依然是城内最重要且规模最大的城市水利型园林区。

德藩王府是明代济南私家园林中规模最大、最具特色的实例。德藩王府官苑位于珍珠泉群一带，是明代德王朱见潾建于济南的王府官苑。园在府西，为侧园型宅园，时称"西苑"[222]。园林是在元朝张舍人宅园的基础上，以珍珠泉为核心，扩建而成的水景园林。明末刘敕如是描写西苑："德藩有濯缨泉、灰泉、珍珠泉、朱砂泉，共汇为一泓，其广数亩。名花匝岸，澄澈见底；亭台错落，倒影入波；金鳞竞跃，以潜以咏；龙舟轻泛，箫鼓动天，世称'人间福地、天上蓬莱'不是过矣"[235]。由这段描写可知，西苑包含珍珠泉水系和其北濯缨湖，苑中珍珠泉、濯缨泉、朱砂泉、灰泉等众泉之水汇流于濯缨湖，湖水从官苑北墙下的水道，流入百花洲，进入大明湖[236]。清康熙二年（1663年），周有德出任山东巡抚时将王府改为巡抚衙门，原王府面积缩小[222]，珍珠泉、濯缨湖保留在巡抚署院之中，濯缨泉、灰泉、朱砂泉等则被隔离于院外[236]。诗人朱昆田在《春日珍珠泉杂兴》中对重修之后的园林景观进行了描绘："插柳寻花匠，穿池唤藕夫。枯松横略约，新叶长菰蒲。到处泉争泻，无名鸟自呼。谁知官舍里，宛似水村图。"后世因康熙、乾隆皇帝南巡驻跸于此，遂进行多次修缮，并有诗赋流传，如康熙的《观珍珠泉诗》、乾隆的《戊辰上巳后一日题珍珠泉》。光绪年间，经改建之后改名为"退园"。

综上，不同历史时期的济南园林在水环境不断变迁的影响下，其形态和分布展示出多样性：（1）集中于自然湖山资源优良，风光优美的山麓、湖泊风景区域，即中国传统园林理论论著《园冶》所指的"山林地""江湖地"；（2）湿地水泊密布的城郊地区，即《园冶》中的"郊野地""村庄地"；（3）城内水量稳定、水质优良、通水方便的风景地段，即"城市地""傍宅地"。围泉入园、凿渠引泉、临水而建，是济南园林应对多水环境而采取的园林引水方式。可以说，济南园林水利是水资源要素制约下的一种适应性景观。

3. 园林水利建设的管理机制

经过长期的发展和演进过程，济南园林建设以应对特殊的泉水环境为核心，形成了风景营造结合城市水利建设的维护管理机制。从宋代开始，以曾巩等为代表的历代地方政府官员及当地文人名士，都对济南园林营建倾注了极大的热情。园林水利功能与城市的日常生活一直保持直接的联系。这种整体环境观念，促进了园林建设与泉水治理及风景营造的长期融合发展。

在风景营造方面，从魏晋时期历水沿线的"流杯池"，西郊"房家园""使君林"，隋唐的"鹊山湖亭"，宋代曾巩建筑"北水门""百花堤"，修建"百花汀"、"百花七桥"、泺水之畔"齐州二堂"、北渚亭，明清围绕四大泉群而建的各类景物景点，如珍珠泉边的"白云楼"、"望湖楼"等，济南城市水系的全部要素，湖、泉、河、堤、桥、闸（水门），历来都被作为城市景观进行建设和宣传，从而始终保持着当地社会，特别是当政及名流阶层对城市水系的关注及建设力度[224]。可以认为，济南的园林水利建设作为处理城市水系统健康运行的一种手段，伴随着城市的不断发展，对其的管理维护从未停止过。

在对城市泉水的治理方面，主要通过大明湖、私家庭院水景等各类园林中的大小水体，作为城市调蓄设施，以发挥园林水利对城市泉水的调蓄功能。介入到水循环系统中的园林水体在消化包括城市雨洪在内的水负荷时，就对整个城市的水安全产生了积极的影响。此外，四大泉群是济南明清护城河稳定水源的有效保障，因护城河集防御、防洪、蓄排等多种功能，对其进行维护管理的同时，也为泉水及泉水园林的治理提供了充足的空间和可持续性。

道光《济南府志》有《挑挖护城河各工奏案》一篇，详细记述了明清两代护城河：

"……核计挑挖护城河一道，东西泺河二道，共计长四千二百十六丈；跃突泉河一道，计长一百六十三丈；南门迤西山水沟一道，计长八十六丈；修补东、西、北三门内外石桥三座，拆修东、西、南三门外吊桥三座，坛桥、卫闸石桥两座。修补齐川门牌坊一座，添立泺源、历山、汇波三门牌坊三座。新建北门迤东石闸一座，南门迤西滚水坝一座，挑濬跃突泉池一座。修砌寿康等泉石池八座。新修东门迤北、南门桥垛并迤东、迤西、西门迤北石泊岸共五段，三皇庙石泊岸台阶一段，共计长六十七丈四尺。坛桥、卫闸两桥石雁翅共八段，计长二十一丈五尺。新筑南门迤东、迤西，马跑泉迤北，坛桥迤西桩埽共四段，计长六十六丈五尺。起除南门东、西土渣二堆，计长二十四丈；铺换西门内外石路一道，计长四十七丈五尺；挖砌城内沟渠五道，共计长七百一十八丈。从此省城内外泉脉深通，河流疏畅，即大雨时行，山泉湖水同时涨发，可以顺轨而下，不至漫溢。沿河一带田园亦可无乏水之虞，而桥梁、闸座、泊岸、牌坊以及道路、沟渠无不整齐坚固，焕然一新，盖百馀年未经兴举之工也。"不仅体现了泉群园林具有联接护城河、导蓄等功能，也列举了对泉水的一些治理措施："挑濬跃突泉池一座""修砌寿康等泉石池八座"。这类"泉池"作为防洪体系的重要组成部分而被纳入城市管理体系。

在对泉水的水质保育方面，由于各泉群首先担负着城市日常供水的重要功能，例如跃突泉"斯泉交灌于城中，浚之而为井，潴之而为池，引之而为沟渠，汇之而为沼沚"[237]，因此历代都重视对泉群的严格管控。具体措施包括：控制南部山区的开发，以保护生态环境，涵养水源；在泉水渗流区不进行任何开发建设。对出露点水质优良的泉水进行有序取饮、煎茶；在城市外围护城河，以及古城内泉水途经的下游进行洗涤；清代用汇集于大明湖沼田的泉水进行灌溉及农业生产，最终汇入小清河的泉水被利用于通航。通过不同区段使用强度和使用功能的控制，保证对泉水长期持续的利用和良好的水质供应[228]。另外，历史时期，济南城市周边重要的泉池均设专人进行看管，明代徐榜撰在《济南纪政》中记载的一则小传奇中出现了"司泉"一职："……徐生欲饮（趵突泉水），司泉者拒之曰：泉神已禁民间毋汲三日矣，不许"[224]。综上，济南园林水利的管理机制是城市在认识自然水环境的基础上，从宏观和微观不同方面形成的环境应对体系，是城市与水环境长期互动的结果。

3.2　古代福州

3.2.1　福州城市水系变迁与城市营建概况

福州地处中国东南沿海，在历史上长期是福建地区的中心城市。福州西枕鹫峰-戴云山脉，东临大海，地势由西向东渐次下降，闽江自西北向东南横切山脉，东流至福州盆地，形成福建省四大平原之一——福州平原。闽江支流大樟溪、梅溪在流经盆地时都形成小片河谷平原[238]。关于福州城市发展的开端，现普遍认为应追溯到汉代冶城。从汉冶城开始，福州城市空间经历了城池初创-格局确立-发展完善这三个主要的变化时期[239]，城市发展也经历了汉冶城-晋子城-唐罗城-梁夹城-宋外城-明清福州府城等发展变化阶段。

3.2.1.1　汉晋时期的福州城市水环境

汉晋时期为福州城池初创时期。《史记·东越列传》记载："汉五年，复立无诸为闽越王，王闽中故地，都东冶。"《汉书·高帝本纪》载"王闽中故冶地，都冶"[240]。因冶在中国之东，故亦名东冶[241]。明代王应山《闽都记》载："将军山一名冶山，在贡院西南，闽越古城。"《读史方舆纪要》："闽越王无诸开国都冶，依山置垒，据将军山、欧冶池以为胜"[242]。综合上述记载可见，福州城市始建于西汉初年的汉高祖五年（公元前202年），"因无诸从诸侯灭秦，又佐汉击楚有功"，被复立为闽越王，并且建立城池为王都，因其建于冶山之下，故名冶城[243]。汉冶城城池面积不大，一是由于传统封建制度对王都面积的规定，另一主要原因是受当时地理环境的限制。自古以来，福州市区陆地之形成，皆从北向南发展。当时除越王山、冶山南麓可能有一小片丘陵之外，大部分地区经常蒙受洪水之害，许多地方还是沙洲之地[244]（图3-5）。关于福州当时的地貌形态，郑力鹏在其博

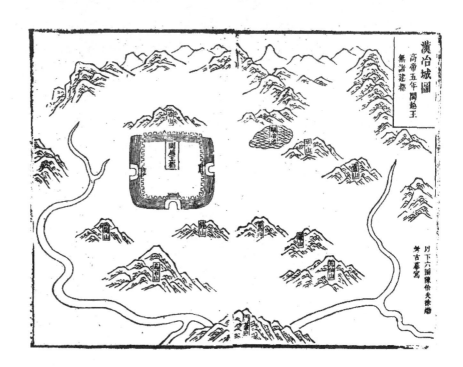

图3-5　汉冶城图[246]

士论文《福州城市发展史研究》中认为：汉代时福州地形为半岛[245]，其东西南三面环水，北面靠山。古人站在南台山俯瞰福州市区时，映入眼帘的便是一副水乡泽国的景象，"千载登临遥极目，海天空阔雁行低。"

宋代《三山志》载，在汉代无诸时代，澳桥（今福州城东）"四面皆江水"，为"舟楫所赴"之地，到三国时期还在澳桥以北设立"典船校尉"，可见汉代时福州东部尚为开阔的可以行船的水面[245]；而福州西侧也可行舟，据郭柏苍《葭树草堂集》载："相传汉时海舶椗于还珠门外（即今鼓楼前贤南路口）"；冶城之南也是江河潮水所及之区，正如明代驸马都尉王恭在《冶城怀古》一诗中写道："无诸建国古蛮州，城下长江水漫流。"[244]因此，在汉冶城建立之初，城里居民主要是王族与治下的官吏和士兵。至于其他百姓，仍散居在城外一片片洲地之中，若是遇到战争年代，黎民仍然得不到城垣的保护[244]。

西汉至东汉时期，福州城的规模和范围尚能基本保持不变。但中原人民开始陆续进入闽越地区，使得该地区人口逐渐增长，社会经济不断发展。到了三国时期，闽越地区的造船业和航海运输业迅速发展，福州成为孙吴的造船基地，也是重要的港口。人口的快速增长和社会经济的持续发展对城市建设提出了新的要求。西晋晋武帝太康三年（282年）始置晋安郡，首任太守严高以无诸旧城狭隘不能聚众为由，将郡城南迁，创建了晋子城。《三山志》记载："晋太康三年，始以候官为晋安郡，严高为守。初治故都，迁今城。县八。"且"高顾视险隘不足以聚众，将移白田渡，嫌非南向，乃图以咨郭璞。璞指其小山阜曰：'是宜城。后五百年大盛。'于是迁焉[247]。"《福州府志》记载："太康三年，为晋安太守。时初置郡，诏治闽越故城。高顾视险隘不足容众，遂改筑子城。"[248] 除社会经济和人口的原因以外，迁城的另一个重要原因是当时地貌的变迁（郑力鹏，1991）。汉至晋代海平面持续下降导致福州海湾水位下降，陆地岸线南推，特别是东西侧海湾的淤塞使出海水运受阻，单靠疏浚已无可能，故采取迁城之举[245]。以后福州历代城址均以晋子城为基础加以扩大和完善而成。晋时也是福州城市发展的转折期。

据史书记载，太守严高为扩建城垣而挖土，所挖凹地纳上游诸小溪来水，蓄水成湖，形成东西二湖，分别容纳来自东北、西北的山涧溪流，其西因在子城西，谓之西湖[238]。按《闽都记》所云："（西湖）周回二十里，引西北诸山溪水，注于湖。与海潮汐通，所溉田不可胜计。"也有学者认为东西湖的形成是在自然淤塞的基础上加以人工修整而成，而非完全由人工挖掘而得[245]。另外严高还组织开凿了一条人工运河，即现在的晋安河[248]，也疏导了城东、西、南三面的河道。《福州府志》记载："又凿迎仙馆前，连于澳桥，通舟楫之利，城西浚东西二湖，溉田数万亩，至今利之。"东西湖与闽江潮汐相通，城内外水系相连，既是城壕又是航道，形成晋子城"北枕越王山，东、西、南三面绕以护城河"的山水城市格局[248]（图3-6）。同时东西湖不仅容纳东北、西北诸山之来水，也可作为闽江涨潮时的纳潮地，水流有进有退，可防御洪、涝、潮、台风等诸多灾害，旱时可浇，涝时可蓄，成为了福州水系的一大特色，也为以后历朝历代所继承[245]。

3.2.1.2 唐宋时期的福州城市水环境

至唐宋时期，福建人口因为中原人民的大量迁入而急剧增加，促使福州城市

※图3-6　晋子城图[246]

建设进入快速发展期。福州城市格局经过多次扩建而基本确立。

唐贞观年间，观察使王翃凿洪塘浦，即南湖。《闽都记》云："唐贞元十一年（795年），观察使王翃辟城西南五里二百四十步，接西湖之水流于东南，今柳桥是也。"[244]唐中和年间，观察使郑镒对城市进行了一次扩建。《三山志》载："唐中和中，观察使郑镒始修广其东南隅。""先是，开城南河"[247]。扩建后的子城，其格局较晋子城无太大变化，城内仍是官吏士卒居住，有些寺观庙宇也建于城内，而集市还是设在城外[248]。唐人陈翊有诗《登郡城楼》："井邑白云间，岩城远带山，沙墟阴欲暮，郊色淡方闲。孤径迥榕岸，层峦破积关，寥寥分远望，暂得一开颜。"从"沙墟阴欲暮"与"孤径迥榕岸"两句中可想见在唐朝"子城"之南，还有大片的"沙墟"之地，而且榕树茂盛，使福州逐渐形成了独特的南方古城风貌[244]。

唐末及五代十国时期，王氏兄弟王潮和王审知入闽并建立了闽国，推行劝农桑、定税赋、交好邻道的政策，对城市进行了两次扩建，成为福州城市建设史上的一次高潮[245]。唐开复元年（901年），王审知出于守地养民的目的，在子城外建筑罗城，周围约40华里，设大门及便门16座，水门3座[244]。并且在北面将冶山围入，成为全城制高点[239]。在形态上，整个罗城呈现出一个东西宽、南北狭的椭圆形[244]（图3-7）。唐罗城分为内外两重城垣，内城是原来的子城，是政治中心以及贵族的居住地；外城是平民居住区，也是商业经济区[249]。南北两区以大航桥河为分界：政治中心与贵族居城北，平民居住区及商业经济区居城南。同时城市布局还强调中轴对称，城北中轴大道两侧被辟为衙署；城南中轴两侧，分段围

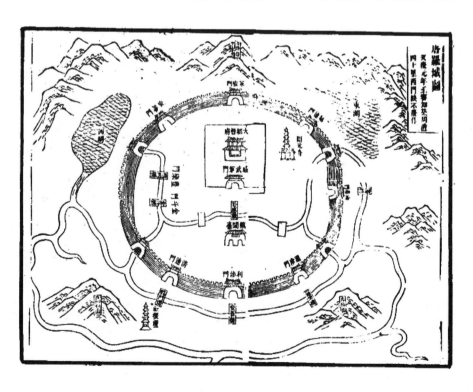

图3-7　唐罗城图[246]

筑高墙，称为"坊"。这些居民区成为坊、巷之始，初步形成保存至今的"三坊七巷"格局。由于人口的增长和经济的不断发展，城市用地向南拓展，而原来的大航河日益淤浅，已无法满足航运的需求，因此福州港口由大航桥一带南移到安泰河，那里航运条件相对更好，也逐渐成为码头商业集市中心[239, 248]。

五代梁开平二年（908年），王审知又对罗城的南北两端进行扩大，将罗城夹于其中，故称南北夹城。新城建成后形似满月，当时节度推官黄滔的"万岁寺"诗中有"新城似月圆"之句[244]，故南北夹城又被称为南月城、北月城。城市由内而外形成了子城、罗城、夹城三重城垣（图3-8）。清林枫《榕城考古略》记载："梁开平二年，复筑南北夹城，谓之南月城、北月城。南城大门二、便门六、水门二，浚濠以通潮汐。北城大门二、便门五，南城大濠百五十步，北城决河通西湖。"[250]《三山志》载："王审知初筑南、北夹城，南夹城，今宁越门东、西一带；北夹城，今严胜门、遗爱门一带。谓之南月城、北月城。黄滔《万岁记》：'新城似月圆'。南城，大门累砖覽、设悬门外，楼橹七十间，便门六，水门二，浚濠以通潮汐。北城，大门二，便门五。'南城大濠百五十步，北城决濠通西湖'，黄滔《记》。后渐湮塞。"以上材料说明王氏在建城的同时注重疏浚护城壕，将旧城壕作为内河，内外水道与江潮相通[242, 245]。建城用土取于西湖旁，一方面满足建设所需，另一方面也对西湖进行了疏理，一举两得。后经人工整治，西湖周围从原来的二十里扩大到了四十里，这对西湖和福州城市水环境的建设发展都是一次重要的突破。同时在福州历史上第一次将乌山、屏山、于山围于城中，形成城市中的3个制高点，由此开启福州古城中三山鼎峙的城市格局[249]。三山之中，以屏山为

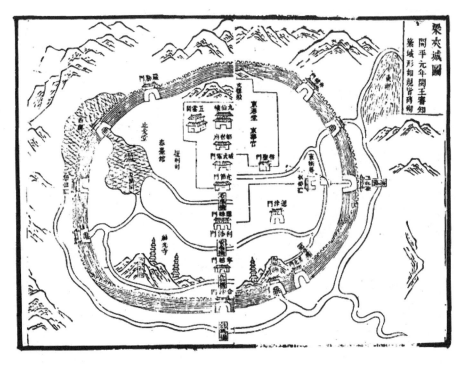

※图3-8　梁夹城图[246]

主位，位于城市中轴线的北端，是城市主要干道的重要对景点[248]，也是城市景观的重要组成部分。

宋时是福州城市发展的高潮期，在晋、唐、梁的城市建设基础上又对福州城进行了修复和扩建，以满足防御以及城市生活和经济发展需求。宋太祖开宝七年（974年），刺史钱昱为加强防御增筑东南夹城，即外城。《三山志》载："皇朝开宝七年，钱昱筑东、南夹城……今两城东、南皆遇水而止。又云：'东临大江，西接平陆。'见当时沙洲未合，城犹近江也。"熙宁二年（1069年），太守程师孟因官衙安全问题修复子城并扩展其西南隅。在修建城垣时，建设者也注重将水系纳入城市防御的一部分，对河面、水系等加以整治而形成城壕，并将城墙沿河岸砌筑[245]（图3-9）。

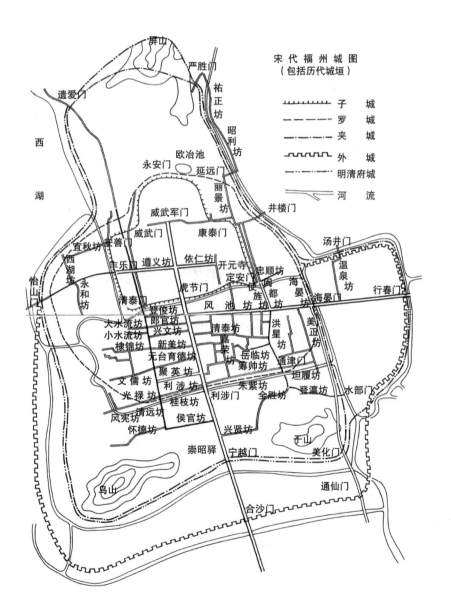

图3-9 宋代福州城图[238]

3.2.1.3 元明清时期的福州城市水环境

元明清时期，商品经济的进一步繁荣促进福州城市继续发展。明洪武四年（1371年），福州城垣又有一次较大规模地重建，即为福州府城。就城市布局而言，港口随水陆岸线南迁而进一步南移，依港而兴的商业集市也随之向南移动[239]。此后直至清朝，城郭未有大的变迁。图3-10展示了从汉晋到明清时期福州城市变迁情况。

关于此时期福州城内外水系的情况在清人林枫所著《榕城考古略》中有所记载："（清嘉庆至同治时福州城有）水关四：曰南水关、曰西水闸、曰北水闸、曰汤水闸。西南二闸，舟楫随潮汐往来，百货所通。河中河道周折萦回于民居前后。

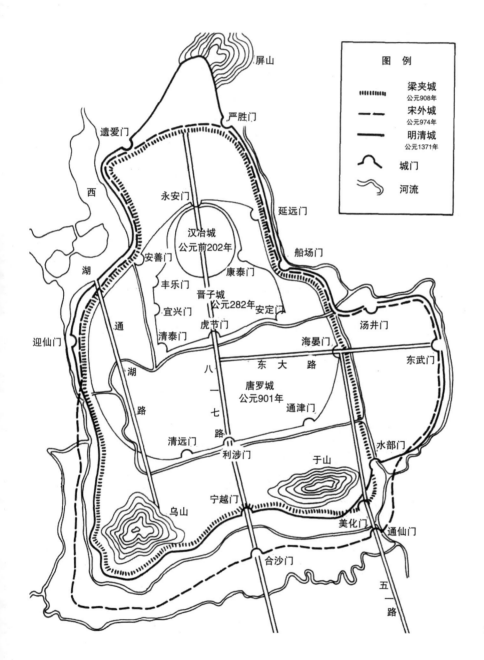

※图3-10 福州古代城市变迁示意图[238]

北水闸若开通壅塞，西湖小舟亦可以径入内河，唯汤水关则但以蓄泄潦水而已。时董侍郎应举曰：省城水法，龙腰东北诸山之水汇于溪，送入汤水关；龙腰西北诸山之水汇于湖，送入北水关；此二龙送水也。最妙洪、台二江之水，挟潮绕入西水关，环注而东，而海潮又自水部门直入，环注城中，与送龙水汇，进以钟其美，退以流其恶，最为吉利。从来有水关而无闸限亦不闭塞者，以潮汐往来，非若他处有出无入之水，虞其泄露也。"其中南水关俗称水部门闸[250]。从这段描述中可以清楚地了解清时福州城中水系出入城市的途径（图3-11）：

入水途径有4条：一是东北诸山之水汇成溪流通过汤水闸进入城内；二是西北诸山之水注入西湖并通过北水关进入城内；三是洪江与台江二江之水通过西水闸进入城内；四是南台江潮涨潮时通过水部门闸进入城内。其中三和四为运送货物的主要途径。

出水途径有2条：一是通过汤水关排水泄洪；二是海潮退潮时通过水部门流出城外。

具体来说，城内内河可包括如下部分：

从南水关闸即水部门闸引入南台江潮进入城内后，分为两条支流：一是经过使君桥-武安桥-通津门桥-西折经福枝桥-新桥-安泰桥-澳门桥-虹桥-北折过常丰仓前-金斗桥-馆驿桥-观音桥，在此与西水关的江潮汇合流向浦尾；另一支流入城后折向西北，经德政桥-通澳桥-接汤水关-西折经庆城寺前延庆桥-达狮桥-院前桥-循仁爱桥-勾栏桥-到任桥-又西至杨桥-合潮桥，在此与北水关之水汇合并流向浦尾与南潮汇合。

从北水关将西湖之水引入城内，经北水关桥-宜秋桥-南过定远桥-发苗桥-合潮桥，并在此与南水关入城支流汇合。

除以上主要水系外，在杨桥之东还有一条水系经开通桥-向北通向一港-众乐桥-宜兴桥，也被称为西龙须河。

此外，《榕城考古略》还记录了《闽都记》与《三山志》关于福州城内河流流

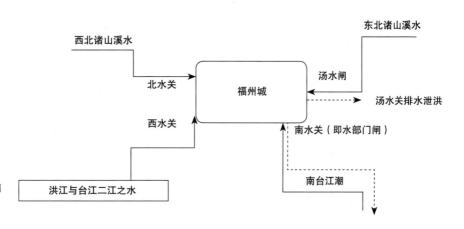

经途径的描述。

关于城外沟濠，《榕城考古略》记录了《三山志》的描述："自通仙门西分为三：一自通仙门之南，入通仙桥，西行经洗马桥，凸会于夹城濠之西南隅；一自美化门之西，入教场，南过宁越门外九仙桥，西逾宿猿洞址，过西门迎仙桥，乃北通西湖至遗爱门池桥；一自通仙门之东北，行至临河务水门，分支濠，绕外城而北过行春门外乐游桥，又绕而西至汤井门，接去思桥河尾，此则专就城外河道言之[250]。"

通过入水和出水路径的组织，福州城的水系可进可退，自由通畅，进可满足城市生活、园林、消防等用水需求，同时为水上交通运输创造了便利的条件，使商品经济进一步繁荣，促使福州逐渐成为由多港区组成的港口城市，进而形成以福州为中心的港口城镇网络；退可及时排水排涝，减轻内涝危害，同时也兼有排污的作用，并且流动的水系可以使城市水体保持清洁。

福州城市布局和水系结构是依托江河海湾的自然条件，适应水陆岸线由北向南扩展的变迁规律，经过从汉晋以来历朝历代不断地建设发展形成的人、水、城和谐共荣的结果。城内河网纵横交错、城外连通江河湖海可进可退、可蓄可放的城市水系统是城市适应水及环境的结果，这为当代城市水环境建设提供了一些古代智慧。

3.2.2 福州古代园林历史沿革

3.2.2.1 汉初福州园林的特征

福州园林的历史可以追溯到汉初闽越王无诸时代，主要的营建活动及事件记载有桑溪流杯宴集以及欧冶池冶山铸剑。这一时期的福州园林尚处于生成期，主要以优美的自然山水风景为依托，以娱乐休憩为主要功能。

据宋代《三山志》载，汉初闽越王无诸在福州东郊桑溪"流杯宴集"，这是福州园林的开端，距今已2200年，比绍兴兰亭的"曲水流觞"还要早550多年。桑溪在东郊金鸡山之北，源出青鹅山，流至登云路山下，溪涧迂回曲折，水清见底，名为"曲水"。两岸桃花翠竹，绿草如茵。附近有龙窟、猎岭等射猎游览古迹，原有修禊亭，至北宋时已荒废[251]。宋太守程师孟曾作诗抒发其对桑溪的怀念之情："出城林逸起苍烟，白马遗踪俗尚传。"明徐熥、徐𤊹兄弟查考了郡志，又找到了曲水遗迹，劈除榛荆，稍事修整，上巳日约谢肇淛、邓原岳、曹学佺、林宏衍、陈荐夫等来此举行过一次规模盛大的修禊活动："盘开漾轻凫，杯行杂游鳞。"他们仿效流觞韵事，每人赋四、五言诗各一章，徐𤊹和谢肇淛还各写一篇《桑溪饮序》，并把盛况图画下来，合订一集，流传至今，脍炙人口。清道光、咸丰年间，执教台湾的学士刘家谋每到上巳日就惦念桑溪修禊事，抑不住思乡之情，写诗寄友曰："故乡禊事话桑溪，酒侣吟朋迹久暌；愁绝行春桥畔柳，年年天末望归蹄。"[252]

关于无诸欧冶池铸剑，可参据清《读史方舆要记》载："闽越王无诸开国都冶，依山置垒，据将军山、欧冶池以为胜。"其中欧冶池曾是无诸铸剑处，明《八闽通志·山川》载："越王山，在府城北，半壁城外。一名平山，或曰屏山。剑池，相传越王无诸淬剑处。"后续朝代多次在此地修亭、台、池、院，甚至环池一周达数里，有禊游堂、利泽庙、剑池院、秉兰室、五龙堂、欧冶亭等。今此地仍存有越王台遗址，欧冶池位于其旁[253]。

3.2.2.2 晋至五代福州园林的特征

在晋至五代的七百余年间，福州的园林建设与城市建设关系紧密。一方面园林作为城市建设的重要部分，营造城市风貌。与此同时，随着城市经济和社会的发展，园林也需要应对包括生产运输、军事防御、排涝、防火以及游赏等更多复杂功能的挑战，因此也具有更加重要的现实意义。

这一时期福州园林的类型较上一时期更加丰富，出现了随水利建设而形成的园林水利景观，以福州西湖、东湖和南湖为典型代表；出现了大量随寺观建设而形成的寺观园林；以山水名胜为依托的风景园也得到了一定的开发；具有文人园林特色的私家园林也逐渐兴盛起来。

晋太康三年（282年），太守严高率众开凿东西二湖以蓄纳诸山之来水，其中西湖在唐末被辟为游览区。五代时，闽王王审知修筑罗城及南北夹城，在湖旁取土，使福州西湖湖面扩大[254]，"大之至四十余里"[255]。后梁开平三年（909年）其子王延钧继位称帝，在西湖"筑室其上，号水晶宫"，园内建造亭台楼榭，湖中设楼船。王延钧还从自己的住处修建了一条复道从城内跨越出外城直达水晶宫。王继鹏在任内时亦"作紫微宫，以水晶饰之"。西湖便成为了闽越王朝的御花园[252]。闽国后期的官苑规模非常庞大，甚至占到城池面积的三分之一，越发奢靡无度。到了宋代，西湖面积更为扩展，逐步成为著名的风景区，南宋宗室、福州知州兼福建抚使赵汝愚在湖上建澄澜阁，并且品题"福州西湖八景"：仙桥柳色、大梦松声、古谍斜阳、水晶初月、荷亭唱晚、湖心春雨、澄澜曙莺、西禅晓钟。宋、元、明、清等历朝历代亦有无数文人墨客在此留下诗词歌赋。著名南宋词人辛弃疾曾写词《贺新郎三山雨中游西湖》赞美福州西湖曰："翠浪吞平野。挽天河谁来照影，卧龙山下。烟雨偏宜晴更好，约略西施未嫁。待细把江山图画。千顷光中堆滟潋，似扁舟欲下瞿塘马。中有句，浩难写。诗人例入西湖社。记风流重来手种，绿阴成也。陌上游人夸故国，十里水晶台榭。更复道横空清夜。粉黛中洲歌妙曲，问当年鱼鸟无存者。堂上燕，又长夏。"宋李纲，也曾会宴湖心亭，并吟诗曰："画栋翠飞瞰曲塘，主人情重启华觞。月摇花影鳞鳞碧，风入荷池苒苒香。散策幸陪终日适，开襟还喜十分凉。天涯随分同情赏，何必南园作醉乡。"明谢肇制《西湖晚泛》赞："十里柳如丝，湖光晚更奇"。湖中有开化、谢坪、窑角三屿。开化屿为其核心，上有开化寺、宛在堂。另外，南宋时的西湖是端午龙舟竞渡庆典的举办地点，同时西湖周边各种祠庙兴建。此外书院的大量建立也使士人得以泛舟交友[256]，西湖进一步发挥其公共园林的价值。后来，西湖几经淤塞和疏浚。到清康熙年间，林则徐率众浚湖后又为湖岸砌石。民国三年（1914年），福建巡按使许世英将西湖辟为公园[251]。

魏晋时期随着中原人口入闽，佛教逐渐开始发展，进入到福建地区。加之特定的自然山水条件，寺观园林开始萌芽。五代闽越王朝时期寺观园林进一步发展，这得益于闽王及其后人对佛教虔诚的信仰。宋代梁克家《三山志》中有记载："王氏入闽，更加营缮，又增为寺二百六十七，费耗过之。自蜀吴越，首尾才三十二年，建寺亦二百二十一。"今之西禅寺、林阳寺及鼓山涌泉寺等寺观及园林，均始建于唐末五代，那时的鼓山已被誉为"全闽二绝"之一，作为名山古刹其佛寺建筑及园林环境已相当的完善[253]。

隋唐五代时期，江南文人的造园风气也影响着福建地区。福州地区开始出现私家文人园林。由于私家园林主多半是财力雄厚附庸风雅之王公官吏，他们有才华也有财力支持造园活动，即使不像江南地区那般富庶，也能在有限的财力和空间中摹写江南文人园林的精髓。因此，福建地区的私家园林虽大多不及苏州私家园林的规模，但却能够在继承苏州园林精髓的基础上结合福建地区的人文和自然特色进行进一步创作。在福州的私家园林中能够经常看到苏州园林的影子，但也具有明显的福建特色。这是福州私家园林的主要特点，也被后世福州私家园林继承并发展。这一时期具有代表性的私家文人园林包括甘棠院等，史料描述："乃卜筑。处花心者曰梦蝶亭，瞰水际者曰枕流亭，引爽气者曰临风亭，眺夕照者曰琪霞亭，而又别创小齐甲于四亭，不独用之待宾，亦可处兹为政，乃目之曰甘棠院"。[250]

3.2.2.3 宋代福州园林的特征

宋代，中国古典园林的发展趋近成熟，福州园林在此大环境中也迎来了一个造园的繁荣时期。宋代海上贸易的发展促进了福州城市经济的发展，再加上良好的自然山水条件共同为造园的兴盛提供了物质基础。与此同时，重文轻武的社会风气以及由士族文人带来的苏州造园风格，也为园林建设活动提供了参照，使得这一时期福州园林更向苏州风格靠拢，并且对后世造园风格的形成影响颇深。

宋代福州私家园林类型多样，根据其大小及与建筑之间的关系可分为宅园、别墅园、游憩园以及其他园林，包括私有化的衙署园林、祠堂园林和会馆园林等。宅园主要分布于城内，如著名的三坊七巷中大户人家的宅旁或宅后多分布有宅园，甚至还专有一条"花园巷"，名字沿用至今。别墅园多建在郊外风景优美的山林地带。游憩园相对面积较大，不依附邸宅而建。

宅园主要分布在城内，其水源多与城市水系相关联。主要水源有3种：第一种是城市河网中的活水。通过将水直接从城市水系中引入园内，园内外水体相通，既能保持水量的充足也能通过水的流动状态来保持水质清洁。清末民初时朱紫坊内萨家花园中的水体就属于这种情况。花园中的假山下有一泓池水，与院外的安泰河相连通，利用安泰河的活水保证了水池中有水可赏、有水可用。

第二种是井水。在宋代，凿井取水是城内获取生活和园林用水的主要方式之一，很多街道边和庭院内都有水井。这些水井一方面为生活提供了必要的水源，另一方面也为城市园林化环境的营造增添了新的要素。正如前文提过的朱紫坊内的萨家花园，其住宅共五进院落，每进院落中均有一口水井，水质清甘；另外宋提刑苏舜元在福州城内所开凿的十二口苏公井及七口七星井均是城内多水井的实例。

还有一种是泉水。以泉水作为水源的宅园多分布于城内西南部于山和乌山附近，借助山丘的地势和山泉作为营园的良好基础。这部分园林以三坊七巷中的宅园为代表。如衣锦坊中水榭戏台、文儒坊中郑鹏程宅园里都有涌泉。

除宅园外，别墅园的水源主要包括城市水网中的活水以及泉水。别墅园多分布于近郊风景优美地带。相较于宅园，别墅园中水体规模一般会大很多，对水的需求量也会更大，因此更加适合从附近的城市河网中引进活水作为水源。除此之外，别墅园中也常会使用泉水来营造景观，例如石林园、光禄吟台等别墅园中都有泉眼。

这一时期私家园林营建颇盛，除此之外也非常重视对城市生态环境的建设。一些有识之士已经认识到环境保护的重要性，并且开始积极地寻找用自然生态的方法解决城市环境问题的途径。这在一定程度上促进了福州城市公共景观的建设。如蔡襄在知福州时大力提倡造林绿化，他曾"植松七百里，以庇道路"，因此当时的老百姓作歌称颂他道："夹道松，夹道松，问谁栽之？'我蔡公。'行人六月不知暑，千古万古摇清风[257]"。熙宁年间，太守张伯玉为治理旱涝灾害，推行"编户植榕"，使福州城"绿荫满城暑不张盖"[248]，福州"榕城"之美誉更加广为人知。政府还利用兴修水利之时，开浚淤塞的西湖，并在西湖修筑了五道堰闸、三座桥梁，在湖滨筑建澄澜阁，修葺湖中原有的亭榭和梅柳两堤，将山水文化与水利工程完美地结合在一起，西湖也由闽王的私家园林转变为向公众开放的园林[258]。

不仅借助环境治理来提升城市公共景观的品质，这一时期也开始真正重视公共园林对城市形象和城市生活的改变。蔡襄知福州时"与民同乐"，将原本禁止百姓进入游览的福州知州花园在每年二月为公众开放，供人游赏。正如他在诗作《开州园纵民游乐二首》中写道的观民游而自己也享受其中："风日朝来好，园林雨后清。游鱼知水乐，戏蝶见春晴。草软迷行迹，花深隐笑声。观民聊自适，不用管弦迎。"而且他还在福州修建了很多游览景点，如春野亭（位今屏山上）、碧峰亭（位今乌山上）和达观亭（位闽江滨）等[257]。

3.2.2.4 明清福州园林的特征

明清时期，福州地区社会经济的发展以及文化的繁荣共同促进了园林的蓬勃发展，一时间城中宅园林立。这一时期文人园林盛极一时，书院园林也颇为发达[258]。

明代时期福州地区的私家园林中较为著名的有豆区园和石仓园。豆区园是明宰相叶向高辞官后，在其家乡福清融城镇官驿巷内修建的。《福州府志》记载"豆区园，在县南桧庭，叶向高读书处，西园，在西门外，向高归隐处"。这座被称为"天上神仙府，世间宰相家"的园林是我国东南颇具特色的园林之一。其整体布局有模仿江南园林的痕迹，园内亭、台、楼、阁、岩、洞错落有致。参天古木、名贵奇石相映成趣，尤其是来自大海的"闲云石"，极具本土特色。石仓园是闽剧创始人之一曹学佺晚年弃官赋闲后在榕乡所筑，《洪塘小志》中记载："先生置小折湾泊其下，或载酒读书濡翰，岸旁石笋林立，古洞深窈屈折，如虫绕蚪曲，旧有夜光堂，听泉阁为轩，错落措置。"[259]除二者外，清王紫华编著的《榕郡名胜辑要》中提及的还有中使园、钟邱园、石林园、洋尾园等。三坊七巷中，官巷的林聪彝私宅、衣锦坊水榭戏台、郎官巷的二梅书屋以及文儒坊的张经故居等遗址均是明代宅园的代表[253]。

清朝时期福建地区的宗教、民俗和文化氛围对园林的影响日渐加深，人们造园时讲究意境深远，甚至园必有名，景必有诗。城内私家园林数量大增，但规模不大，以宅园为主。遗存较多的名人庭园主要集中在古城三坊七巷、朱紫坊以及周边十邑地区。晚清时中西文化交流频繁，将西方文化特色融入造园艺术中成为一时风尚。如位于北大路晚清最大的私园"三山旧馆"，馆内有白洋楼、观袖亭、西式门厅和廊柱等[253]。

除私家园林外，书院园林、祠堂园林等形式也有所发展。最著名的书院园林应属陈氏五楼。陈氏五楼是清道光年间的刑部尚书陈若霖与后人在祖地螺洲所建，书楼造型典雅极具特色，窗外竹影婆娑，有鱼池假山、庭院花园等，而其家祠陈太尉宫建筑风格与庭院环境也成为当地经典[253]。

纵观福州古代园林，造园艺术特色大致如下：

1. 注意借景，一般都依湖、河、山而建，利用自然山水形胜之地造园；庭院在布局上一般都位于住宅一侧，与花厅相连；

2. 采取自然山水园形式，园无论大小，都有山石和水池。水池平面多为长方形，池上架有石桥，假山则大多采用太湖石砌筑；

3. 园林植物配置以乡土树种为主，比较简洁。主要应用的花木品种有：樟、桂、荔枝、龙眼、白玉兰、广玉兰、松、竹、梅、月季、蜡梅等；

4. 讲究诗情画意，趣在小中见大。主要园景均有题刻或楹联点题，园林建筑物不多，园地范围一般也比较小，通过文学意趣的开拓以求得"小中见大"[251-252]。

福州古代主要园林水源及理水特色见表3-4。

园林名称	时代	性质	位置	水源	园林理水特色
桑溪	汉初	公共园林	东郊金鸡山之北	桑溪	文献记载的福州最早的园林。汉初闽越王无诸在福州东郊桑溪"流杯宴集"。源出青鹅山，流至登云路山下，溪涧迂回曲折，水清见底，名为"曲水"。两岸桃花翠竹，绿草如茵。附近有龙窟、猎岭等射猎游览古迹，原有修禊亭，至北宋时已荒废
欧冶池	汉	/	北部冶山脚下	/	曾是无诸铸剑处，明《八闽通志·山川》载："越王山，在府城北，半壁城外。一名平山，或曰屏山。剑池，相传越王无诸淬剑处。"《三山志》载："池旧周围数里，或风雨大作，烟波晦暝，后渐淹塞。"后续朝代多次在此地修亭、台、池、院，甚至环池一周达数里，有禊游堂、利泽庙、剑池院、秉兰室、五龙堂、欧冶亭等。今此地仍存有越王台遗址，欧冶池位于其旁
西湖	晋	公共园林，五代为皇家园林	西北卧龙山	西北诸山溪水	迄今为止保留最完整的一座古典园林，也是福州市有史以来关于兴修水利最早的记载，是福建省三大古灌溉工程之一。《闽中记》记载："西湖，在西门三里。蓄水成湖，可荫民田。伪闽时，又益广之，号水晶宫。迤逦南流接城西大濠，直通南莲池。"宋时有西湖八景：仙桥柳色、大梦松声、古堞斜阳、水晶初月、荷亭唱晚、西禅晓钟、湖心春雨、澄澜曙莺
苏公井	宋	/	城内	井水	宋提刑苏舜元所凿，凡十二井，皆在城内，俗称苏公井
七星井	宋	/	城内。其六在宣政街左右，其一在还珠门外	井水	宋提刑苏舜元所凿
注水斗斛	宋	/	城内	/	俗有"七星、八斗、十六斛"之称，大抵与七星井同时并置，皆取压制南离，消弭火患
乐圃	宋	私家园林	城内箭道一带	/	有左右二沼
芙蓉园	宋代	私家园林，宅园	朱紫坊花园巷	朱紫坊河道	池塘花木幽深，景致以水石胜。隔邻武陵园有池一方，外环假山石，池水由桥下转向东流，为小泊台、岁霞仙馆。园内人工湖的水源来自朱紫坊的河道，与闽江潮汐相通，终年不涸，且不变质
光禄吟台	宋代	私家园林，别墅园	光禄坊	涌泉、井	又名玉尺山房、沁泉山馆。园内依山凿池，小桥回廊，构筑颇为精致。旧时中有玉尺山、光禄吟台、方井、法祥院、鹤磴、石泉、沁泉、漾月池、追昔亭及闽山庙、怀悯祠、道南祠诸胜
石仓园	明代	私家园林，别墅园	洪塘山麓	/	有石仓园二十景，包括南池，还有半月池
中使园	明代	私家园林	城西南乌石山西北麓	/	又名西园、荔水园。园内"高台曲池，花竹清幽"，号为胜览，极西南之胜。园内有六塘
钟邱园	明代	私家园林，别墅园	杨桥路以北，古钟山大钟寺旁、杨桥巷尾	/	园方圆五亩，内花木池石罗列。马森《钟邱园记》："前有池，池中有亭，石梁而过，扁曰：'水中央'"
石林园	明代	私家园林，别墅园	乌石山南麓，旧神光寺侧	泉	又名涛园。许友《石林自记》："亭之檐隙，凿翠为井，形类半月，暗泉注焉，淈淈循除，飞减萝壁以下，入于瓷池"
水榭戏台	明万历年间	私家园林，宅园	衣锦坊东口北侧	涌泉	建于池上，水池面积约60m²。是福州市唯一的院内水榭戏台

园林名称	时代	性质	位置	水源	园林理水特色
耿王庄	清代	私家园林，游憩园	现台江区国货东路南侧	河网活水	湖面约占200余亩，具有楼阁、池馆之胜，可荡舟泛游。有山丘、河渠，通潮汐，园林幽胜，著于会城内外。后为南公园
环碧轩	清代	私家园林	西湖畔	北关闸活水，应为西湖之水	又称三山旧馆、武陵北墅。是清末以来福建最大的私家园林，集民宅、祠堂、园林于一身。有大面积荷塘，池水引进北关闸的活水
半野轩	清代	私家园林，别墅园	古北门下	河网活水	古时园周围四十余亩，中辟长方形广池，约十余亩。轩中有池塘、月洞，绕池建亭、台、楼、阁，花木香艳，山石玲珑，富有园林之盛。尚存一十亩大的水池
双骖园	清代	私家园林，别墅园	乌石山西南麓，旧为城边街	泉	园中有泉，曰载山泉，深可尺许，水由岩下出，汩汩有声，清澈不涸
郑鹏程宅园	清代乾隆年间	宅园	文儒坊闽山巷洗银营	涌泉	园在宅西侧，园南有太湖石假山，旁植竹木花草，山前为水池，下有涌泉，久旱不涸，谓之"天池"
萨家花园	清末民初	私家园林，宅园	朱紫坊、安泰河南岸	安泰河、水井	假山脚下有一泓池水，可与院外之安泰河相通。每进院落均有一眼水井

总结
1 福州园林水系的水源主要为山泉水、井水以及河网活水；
2 宅园中水体形态多为池、井和泉，其中池是一种特色水形，如半月池等，且面积一般较小，注重与其他造景要素的结合；
3 别墅园水体面积相对较大，水源多是城市河湖体系，与城市水网相连通；山地别墅园水体水源多为山泉。

3.2.3　福州园林水利

3.2.3.1　福州园林与城市水利系统的互动关系

1. 福州西湖的持续发展

福州的城市水利系统以纵横交错的水网结构为依托，发挥着包括引水蓄水、防洪排涝、交通运输、军事防御等功能。对福州而言，同一水体往往承担着多种水利功能，发挥着复合作用，单一功能的水体并不多见。例如，城市边缘河道在发挥城防功能的同时又是主要的交通航道，城郊的湖泊在收蓄山间来水减轻洪涝灾害的同时也为周边农业生产提供必要的灌溉水源，而城中的河道在为生活和园林供水的同时也承担着部分排水排污和消防的需求。

以水作为主要造园要素的福州园林与城市水利系统的建设关系密切。因水利建设而形成的园林化环境，和因园林建设而发展起来的水利系统相互支持，为城市发展提供了物质和精神基础。随着时代的发展，两者相互交融，互相渗透。水利功能的衰退，必定引起因水而成的园林景观的荒废，而园林景观湮灭也会导致部分水利功能渐趋荒废。福州西湖的变迁就是园林与水利系统交织发展的典型实例。

福州西湖形成于晋代。在晋到闽国时期，西湖主要承担农业灌溉、防洪调蓄、航运及城防等重要的功能。西湖之水源，主要是由龙腰山西北即现在的新店区诸山溪水汇集而成，而东湖则汇聚东北诸山之水而成。西湖开挖后经过整治，湖水畅通，吐纳潮汐，使周围十数里一万余亩农田，旱时获湖水灌溉，雨时开闸汇流，无淹没之虞，是山区洪水的天然蓄水池，列福建省三大古灌溉工程之一，成为福州市有史以来关于兴修水利最早的记载[263]。晋代时，福州郊区大部分的农田，多数靠西湖及东湖之水灌溉十分便利[244]。以后又加上洪江-台江之水互相沟通，所以西湖便成为福州历代农田水利的重要一环。之后疏导东西南三面河道并且通过城渠与南湖相连，构成福州水系的初始结构，既利航运，又兼城防[254]。从园林角度来说，西湖景观因西湖水利而成。至闽国时，西湖成为了王氏的御花园，大量奢华的园林建设使西湖的园林景观维持在相对高的水平上。而水利功能运转良好，水环境保持健康，为西湖园林发展提供了充分的水量、水质保障，进而发挥其文化、艺术和游赏价值。同时，福州西湖园林的蓬勃发展，风景建设与维护情况良好，才能源源不断地推动其水利功能的实现。因此可以说，在闽国、宋初之际，西湖的园林景观和水利功能相互促进，达到了一种良性共融状态（图3-12）。

但是随着两宋时中国经济重心的南移，福州经济快速发展，人口迅速增多。日益增加的人口压力一方面导致围垦湖田现象的产生，另一方面也对两湖水环境造成了很大威胁。正如《淳熙三山志》所载：（福州西湖）"或塞为鱼塘，或筑成园囿，甚至于违法立券相售，如祖业然。"[247]（福州西湖）"尽为民田及菱池矣"。清人许珌之诗亦云"菰菱绕缭芦花乱"，这些菱角对西湖水体的保养极为不利，因为它们死后会沉积在湖底，容易垫高湖床。不仅如此，《福建省例》也记载："因人居稠密，各以粪草猥屑之物任意倾倒，以致河湖日就淤塞。"[256]这些都导致了西湖的日渐萎缩，以至于到宋皇佑四年（1052年）曹颖叔任郡守时，西湖"所存仅仅十之三"。对西湖景观的破坏导致西湖水生态环境的恶化，加之水陆大环境的变迁进一步导致了西湖水量的锐减和水质的污染，使得西湖的水量调蓄等水利功能及自我修复能力急剧减弱；水利功能衰弱进一步导致园林景观建设无水可用、用水皆污，大大削弱了园林的景观价值和游赏功能。与前一时期西湖的园林建设与水利功能一派欣欣向荣的蓬勃发展状态相比，这一阶段可谓是一损俱损，其水量、水质达到低谷阶段。

为应对西湖的淤塞及环境的恶化，历史上进行了多次疏浚工作。宋嘉佑三年（1058年），樊纪、朱定知福州时，疏浚西湖及河浦一百七十六条，溉田三千六百

图3-12 古代福州西湖园林水利运行机制

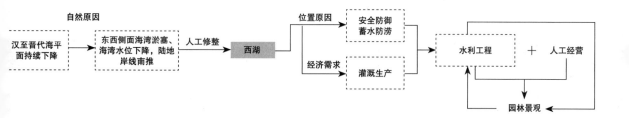

顷[244]。淳熙九年（1182年），宋宗室赵汝愚出任福建安抚使，知福州。他下令全面开浚西湖，疏通东湖，兴修水利。他在《请大浚本州西湖疏》中说："臣州有西湖，接濠而通市湖，潴蓄灌溉，旱运涝泄，民以亨丰年之利。"[255]赵汝愚还在西湖修筑了五道堰闸、三座桥梁，在湖滨筑建澄澜阁，修葺湖中原有的亭榭和梅柳两堤，将山水文化与水利工程建设结合在一起。竣工时，赵汝愚请当时的离职名相陈俊卿观赏西湖景色。陈俊卿当即赋诗云："凿开千顷碧溶溶，颖上钱塘仿佛同。梅柳两堤连绿荫，芰荷十里散香风。波涵翠伏层层出，潮接新河处处通。舆颂载途农事起，从今岁岁作丰年。"[249]

至明清时期，由于人口压力、私自侵占和过度开发使西湖的淤塞已成常态，需要不断疏浚以维持其正常运转，发挥水利和社会功能。据统计，明中叶至清末西湖疏浚凡十一次[256]，其中，以林则徐在道光八年（1828年）疏浚最为著名。至林则徐重浚西湖之前，湖身已不足七里，"道光初丈量，只有七里，则诚小矣。及今恐尚不能七里，则小之又小矣"[264]。林则徐首先通过考察旧志，清厘湖界范围，接着按段挑土并且砌石为岸，保护西湖面积不受侵占。在竣工后又组织人力种植梅树来保护堤岸。不仅如此，还组织人员复建亭阁楼祠，并且将浚湖时所用的大小两舟改为画舫，分别命名"�

月"和"绿筠"供人泛舟游览。后来他与友人泛舟湖上时也留下了诗句"风物蛮乡也足夸，枫亭丹荔慢亭茶。新潮拍案添瓜蔓，小艇穿桥宿藕花[265]。"民国三年，以林炳章为总理，再度疏浚西湖，前后历二百余日，湖宽约为"三万五千九百方丈"[255]。

从宋至明清时期，福州对西湖的治理都强调在恢复水利功能的基础上进行园林化建设。可见当时人们已经开始认识到水利功能的发挥和园林景观的营造可以相互融合、相互促进，以提供多元化的城市服务功能。时至今日，西湖能够历经沉浮，继续发挥园林与水利功能，得益于历朝历代不断地疏浚工作。

2. 东湖与南湖的湮灭

东湖与西湖均形成于晋代。东湖面积较西湖稍大，主要承担灌溉和蓄水防洪的作用。东湖在宋庆历时（1041~1048年）渐塞，淳熙年间（1174~1189年）则为民田[238]。据《闽都记》记载："庆历中，东湖渐塞，至淳熙间则渐为民田。浮仓山（今浮村山福七中校址）昔在水中央，今周遭皆田，东北诸乡还有湖之名，浮仓之山有亭尚呼湖前亭云。"由于东湖渐塞，溪流无归宿，水发则苦涨，水浅则忧旱。《三山志》记载："直北自莲花峰、北岭、长箕岭、升山、凰池、贤沙（在新店乡一带），数十里溪涧无所归宿，每逢淫雨，则淹为泽国，偶遭亢旱则涓滴无资。"

宋时蔡襄在已湮灭的东湖区域复古五塘，以渠引水来解决周边农田的灌溉问题，收到了不错的成效。据乾隆《福州府志》记载："当时湖虽渐湮，有渠引水，故旱涝可以无虞；今纵不能尽复全湖，急取蔡忠惠所凿，近湖渠而浚深之，亦灌溉之资也"。[266]但后来东湖因为缺乏管理等原因再次湮灭。

南湖，旧称洪塘浦，仅知其是在唐代时被开凿。《闽都记》云："唐贞元十一年（795年），观察使王翃辟城西南五里二百四十步，接西湖之水流于东南，今柳桥是也。"至于该湖淤塞于何时，史无可考。现在柳桥一带仅余一些零星的池塘，为当地农民放养池鱼之用[238]。

综上可见，不断地疏浚工作，保障防洪、灌溉等水利功能的持续发挥，也是保障园林水体存在的重要基础。西湖幸运的得以延续至今，而与其同时代的东湖和稍晚的南湖却很快湮没在了历史长河中，这从园林水利的角度来看，也是值得当代城市、园林与水利建设所反思和借鉴的。包括东湖、南湖在内的城市水系，对城市防洪排涝起着重要作用。其消失会导致调蓄水域面积减少，区域水文调节能力降低。当代福州晋安河沿线许多重要地段"逢雨必涝"，便是这一历史演变的后果[267]。

3.2.3.2　福州园林的水适应性

水是构成福州城市格局的要素，可以说，福州城市格局是适应福州水环境变化特点的结果。在响应自然水文变化机理的基础上加以人工调控，表现出在二元水循环过程中人、水、城三者之间的相互适应关系。

而福州古代城市水系与园林，便是人、水、城三者相互适应的产物，是人类智慧、自然水文过程与城市建设相互协调的成果。福州古代园林从诞生之日起便与水关系密切：水陆变迁为园林的形成提供了地形条件和自然物质基础，影响城市结构以及城市水系的形成，加以人工整治便成为具有复合型功能的园林景观。具体体现在：一方面，海平面上升导致了水陆变迁，使福州港湾北部和西部原本为水域的区域逐渐淤浅，一部分变成了陆地，另一部分形成了内湖，这可以看作是福州西湖形成的自然地理原因。形成内湖后，由于其与早期福州城市的位置关系便使其成为了城市防御的天然屏障，使西湖从起初便拥有了保障城市安全的功能。除此之外，由于西湖所在地为西北诸山脚下，需要空间来收纳诸山小溪之来水，以免洪涝之灾；而其周围的大面积良田也需要从中引水灌溉，西湖又需要承担起农业生产的功能。旱可浇、涝可蓄的水利模式使西湖成为调蓄水资源、缓解水灾害的重要设施。相比较而言，东湖最初的定位与早期演变过程与西湖类似，经过人工治理也曾一度成为具有重要游赏功能的园林景观，但后续的管理、疏浚不力，导致其水利与园林功能一并荒废。总而述之，水利是保障农业生产、园林营造乃至城市发展最基础和最重要的原因。因此以东西二湖为代表的福州城郊地区园林水利工程，基本承担着调蓄水资源以应对旱涝灾害的使命，靠近城垣的规模较大的水系还具有城市防御的功能，是园林水利功能的充分体现。

另一方面，随着城市水陆边界的南移，福州经历了多次修复和扩建，每一次扩建后老城的护城河便会成为新城的内河，原来承担集市码头的功能便被新

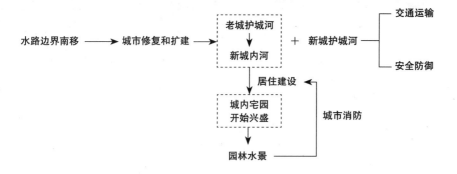

边界所取代。原本的护城河成为内河后，围绕其周边开始进行建设，形成新的
以居住为主要功能的区域。随着居住坊巷建设的日渐繁荣，附属于住宅的宅园
便开始兴盛。这也就是以宅园为代表的福州古代私家园林主要集中于城内坊巷
之中并大多拥有水景的重要原因。这些内河与由此形成的城市水景观还有一个
重要的功能就是城市消防。在密集的居住区中防火至关重要，福州市中纵横交
错的河网和房前屋后宅园庭院里分散的水景，都可为城市提供便捷的消防用水。
与此同时，新的边界河流也会具备航运和防御功能，保障交通运输的顺畅和城
市安全（图3-13）。在此基础上，通过自然演变及人工干预形成的城市水系景观，
成为了私家、公共及其他类型园林的重要组成部分，也是构成城市文化的要素。

3.3　北魏平城

3.3.1　北魏平城城市水系与城市营建概况

平城是北魏三都之一。平城地区的自然环境是城市选址、营建的前提和基
础，其周边水系对城市布局产生了深远影响，城市水利和园林的建设均围绕其
展开。平城的营建情况代表了北魏前期和中期的建设水平。对平城园林的研
究，包括其结构、功能和运行机制，对于了解北魏时期园林景观的水利，具有
非常重要的作用。

3.3.1.1　北魏平城周边水系概况

北魏时期平城地区水系，主要包括由如浑水和武州川水及各自支津构成的
河流系统，及由此河流系统串联起来的各处陂塘湖池共同构成的水系网络。其
中，如浑水分为东西两支津，武州川水分为南北两支津。这四条支津共同为平
城地区的发展提供了宝贵的水资源。北魏时著名地理学家郦道元曾著《水经
注》，在卷十三灅水篇中详细描述了如浑水和武州川水的水源、流经过程以及
周边建筑和环境景观情况。清人杨守敬据此绘制出了较为详细的水系布置图
（图3-14）。

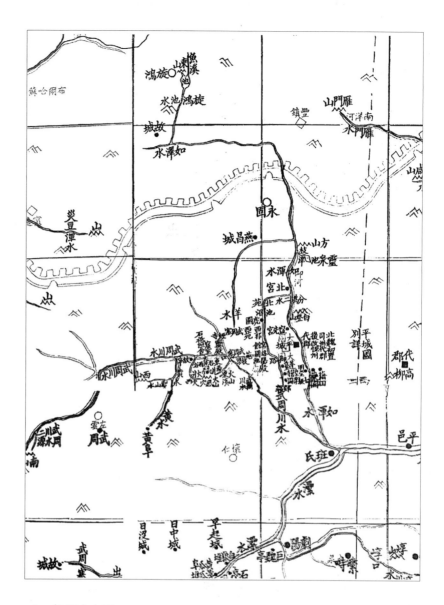

图3-14 平城及近郊主要水系图^[268]

1. 如浑水水系

《水经注》记载：

"（如浑水）水出凉城旋鸿县西南五十余里，东流径故城南……东合旋鸿池水……如浑水又东南流径永固县"，说明如浑水水源在旋鸿县西南，后向东流，又向东南流经永固县。

"右会羊水……羊水又东注于如浑水，乱流径方山南……如浑水又南至灵泉池，枝津东南注池……如浑水又南径北宫下，旧宫人作薄所在。"之后，先与羊水汇合，并流经方山南面相对平坦的区域形成了多条交错的溪流，之后又向南到达灵泉池，并有支流向东南方向流入池内，而干流则继续向南流经北宫。

"如浑水又南，分为二水，一水西出南屈，入北苑中。历诸池沼，又南径虎圈东……又径平城西郭内……其水又南屈，径平城县故城南。……又南径皇舅寺西……又南径永宁七级浮图西……又南，远出郊郭，弱柳荫街，丝杨被浦，公私引裂，用周园溉，长塘曲池，所在布濩，故不可得而论也。"之后又向南流并且分成了两条支流：其中一条从西侧而来又向南转并流入北苑中[269]，穿过多个陂池又向南流经虎圈东侧，并经过平城城郭西部，又向南转，穿过平城县故城南部，向南流经皇舅寺西侧以及永宁七级浮屠西侧，再向南到南郊，创造了良好的公共环境并为周边的灌溉提供了充足的水源，这就是如浑水的西支津。

"一水南径白登山西……其水又径宁先宫东……其水又南径平城县故城东……水左有大道坛庙……水右有三层浮图……其水自北苑南出，历京城内。河干两湄，太和十年累石结岸，夹塘之上，杂树交荫，郭南结两石桥，横水为梁。又南径藉田及药圃西、明堂东……加灵台于其（明堂）上，下则引水为辟雍，水侧结石为塘，事准古制，是太和中之所经建也……如浑水又南与武州川水会……如浑水又东南流注于灅水。"[48]另外一条，也就是如浑水的东支津，向南流经过白登山西侧，又向南经过平城县故城东侧，又向南经过藉田和药圃西侧和明堂东侧并且向南与武州川水汇合，之后又向东南流最终注入灅水。

综上来看，如浑水自北向南先后穿过了北郊的园林区以及东西二城郭，满足了园林和城市的用水，又继续向南穿过城市南郊出城，满足了城东城南的农业灌溉需要，形成了一条贯穿城市南北方向的水系动脉。并且在流经过程中串联起了多处河湖陂塘，流经多处街巷庙堂，穿过广阔的苑囿和农田，不仅满足了水利功能的需要，而且还营造出了意趣生动的环境景观。

2. 武州川水水系

《水经注》中关于武州川水的记载如下：

"（武州川）水出县西南山下，二源翼导，俱发一山，东北流，合成一川，北流径武州县故城西[48]"明确说明武州川水有两个源头，这两个源头来自同一座山，汇合后向北流穿过了武州县故城西部。

"又东北，右合黄水……又东历故亭北，右合火山西溪水"后向东北流并与黄水汇合，又向东穿过了故亭北侧，与火山西溪水汇合；"武州川水又东南流，水侧有石祇洹舍并诸窟室……其水又东转径灵岩南……川水又东南流出山。"后又向东南流，水边有祇洹舍和众多石窟，之后再向东转流经灵岩南侧，再向东南方向流并且流出武州山；"《魏土地记》曰：平城西三十里武州塞口者也。自山口枝渠东出入苑，溉诸园池。……一水自枝渠南流东南出，火山水注之……又南流径班氏县故城东。"[48]武州川水从武州塞口引出北支津并进入苑囿区，而南支津则向东南流。

从上可以看出武州川水从西向东方向流，并分成南北两条支津，通向苑囿及城区，将城市东西连为一体，为苑囿的园林用水、宫城和郭城居民的生活以及东

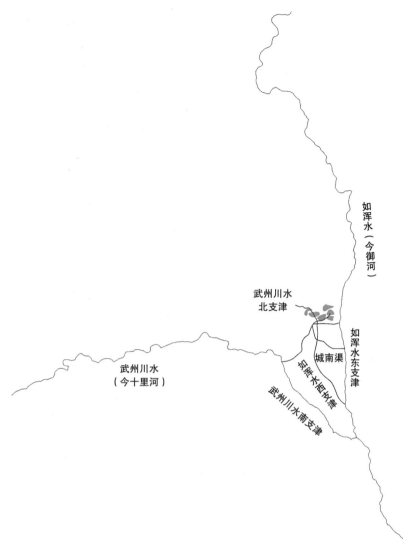

※图3-15　平城地区主要河流位置图
图片来源：作者自绘

郊和南郊农田的灌溉提供了充足的水源，也为环境的改善和游憩空间的营造提供了基础。

综上所述，北魏时期平城地区最主要的水系包括如浑水东西二支津以及武州川水南北二支津，四条水系从北到南、从西到东，共同构成了平城地区的水系网络，为平城地区的发展提供了良好的自然基础（图3-15）。

3.3.1.2　北魏平城城市营建的沿革与特征

1. 北魏平城营建的历史沿革

北魏道武帝拓跋珪在386年于盛乐即位，建"魏"国，史称北魏；于天兴元年（398年）迁都平城，"天兴初，制定京邑，东至代郡，西及善无，南极阴馆，北尽参合，为畿内之田"[270]，确定了都城的范围，并且"始营宫室，建宗庙，立社稷"[271]。这次迁都和由此开始的城市营建使得平城由偏远地区逐渐发展为北魏时代的政治、经济和文化中心。后孝文帝元宏于太和十九年（496年）将都城迁往洛阳，"（太和）十有九年……九月庚午，六宫及文武尽迁洛阳"，平城已不再是建设中心；最终在正光四年（523年），因六镇之乱，平城陷于荒废，此后也再未出现五世纪时繁荣的城市景观。

平城作为北魏的都城共97年。在这近百年中，平城的建设经历了两次高潮。一次在北魏前期，天兴元年至延和三年（398～434年），共计36年，历经道武帝、明元帝和太武帝三代。第二次是在北魏中期，承明元年至太和十六年（476～492年），共计16年，为文明太后冯氏临朝听政时期[272]。对城市水利及苑囿景观的营建主要集中在前期，包括鹿苑、虎圈等皇家园林的营建、武州川水与如浑水等自然河流的引入与分流、城南渠与东西鱼池等人工池渠的开凿等；但后期也有局部的建设，主要包括天渊池、深渊池的开凿以及明堂和辟雍的修建等。平城主要营建事件见表3-5。

2. 北魏平城的整体布局

北魏平城经过历代帝皇、能工巧匠和劳动人民的共同配合，以"模邺、洛、长安之制"[277]为初创方针并一以贯之，逐渐形成清晰的城市布局模式。总体来说便是宫城居北、郭城在南，两条主干河及其支流穿城而过，而东南西北四处城郊也都有不同特点。在北郊开凿池塘并引天然河流注之，利用天然山体围合苑囿使之成为城市及近郊最大的园林行宫区。在东郊利用天然山体和河流建设多处别墅公馆，而东郊南部则多为平川，多被开垦为耕地。在西郊利用天然山体和河流

平城主要营建事件表[271，273-276]   表3-5

年代	在位皇帝	时间	事件	主要建造成果
天兴元年～天赐六年（398～409年）	太祖道武皇帝拓跋珪	天兴元年（398年）春正月	帝至邺，巡登台榭，遍览宫城，将有定都之意	/
		天兴元年（398年）秋七月	迁都平城，始营宫室，建宗庙，立社稷	迁都平城，始营宫室，建宗庙，立社稷
		天兴元年（398年）秋八月	诏有司正封畿，制郊甸，端径术，标道里，平五权，较五量，定五度	/
		天兴元年（398年）冬十月	起天文殿……太史令晁崇造浑仪，考天象	起天文殿
		天兴二年（399年）春二月丁亥朔	诸军同会，破高车杂种三十余部，获七万余口……以所获高车众起鹿苑，南因台阴，北距长城，东包白登，属之西山，广轮数十里。凿渠引武川水注之苑中，疏为三沟，分流宫城内外。又穿鸿雁池	（1）起鹿苑（2）凿渠引武川水注之中，疏为三沟，分流宫城内外（3）穿鸿雁池
		天兴二年（399年）秋七月	起天华殿。辛酉，大阅于鹿苑，缮赐各有差	起天华殿
		天兴二年（399年）冬十月	太庙成，迁神元、平文、昭成、献明皇帝神主于太庙	太庙成
		天兴二年（399年）冬十有二月辛亥	天华殿成	天华殿成

中国古代园林水利

年代	在位皇帝	时间	事件	主要建造成果
天兴元年 ~ 天赐六年 （398~409年）	太祖道武皇帝拓跋珪	天兴三年（400年）春二月丁亥	诏有司祀日于东郊。始耕藉田……是月，穿城南渠通于城内，作东西鱼池	穿城南渠通于城内，作东西鱼池
		天兴三年（400年）秋七月壬子	车驾还宫。起中天殿及云母堂、金华室	起中天殿及云母堂、金华室
		天兴四年（401年）夏四月辛卯	罢鄴行台。诏有司明扬隐逸	/
		天兴四年（401年）夏五月	起紫极殿、玄武楼、凉风观、石池、鹿苑台	起紫极殿、玄武楼、凉风观、石池、鹿苑台
		天兴六年（403年）秋七月戊子	车驾北巡，筑离宫于犴山，纵士校猎，东北逾阴岭，出参合、代谷	/
		天兴六年（403年）秋九月	行幸南平城，规度灅南，面夏屋山，背黄瓜堆，将建新邑	（1）规度灅南 （2）将建新邑
		天兴六年（403年）冬十月	起西昭阳殿	起西昭阳殿
		天赐元年（404年）冬十月辛巳	大赦，改元。筑西宫	筑西宫
		天赐三年（406年）春正月甲申	车驾北巡，幸犴山宫。校猎，至屋孤山	/
		天赐三年（406年）春二月乙亥	幸代园山，建五石亭	建五石亭
		天赐三年（406年）夏四月庚申	复幸犴山宫	/
		天赐三年（406年）夏六月	发八部五百里内男丁筑灅南宫，门阙高十余丈；引沟穿池，广苑囿；规立外城，方二十里，分置市里，经涂洞达。三十日罢	（1）筑灅南宫，门阙高十余丈 （2）引沟穿池，广苑囿 （3）规立外城，方二十里，分置市里，经涂洞达
		天赐三年（406年）秋八月甲辰	行幸犴山宫，遂至青牛山。丙辰，西登武要北原，观九十九泉，造石亭，遂之石漠	观九十九泉，造石亭
		天赐三年（406年）秋九月甲戌朔	幸漠南盐池。壬午，至漠中，观天盐池；度漠，北之吐盐池。癸巳，南还长川。丙申，临观长陵	/
		天赐四年（407年）夏五月	北巡。自参合陂东过蟠羊山，大雨，暴水流辎重数百乘，杀百余人	/
		天赐四年（407年）秋七月	车驾自濡源西幸参合陂。筑北宫垣，三旬而罢，乃还宫	筑北宫垣
		天赐六年（409年）冬十月戊辰	帝崩于天安殿，时年三十九	/
		永兴二年（410年）九月甲寅	上谥宣武皇帝，葬于盛乐金陵。庙号太祖。泰常五年，改谥曰道武	/
永兴元年 ~ 泰常八年 （409~423年）	太宗明元皇帝拓跋嗣	永兴四年（412年）春二月癸未	登虎圈射虎	/
		永兴五年（413年）春二月癸丑	穿鱼池于北苑	穿鱼池于北苑

年代	在位皇帝	时间	事件	主要建造成果
永兴元年 ~ 泰常八年 （409~423年）	太宗明元皇帝拓跋嗣	永兴五年（413年）秋七月己巳	还幸薄山。帝登观太祖游幸刻石颂德之处，乃于其旁起石坛而荐飨焉	/
		永兴五年（413年）秋八月甲寅	帝临白登，观降民，数军实	/
		永兴五年（413年）秋八月丁丑	幸犲山宫	/
		泰常二年（417年）秋七月	作白台于城南，高二十丈	作白台于城南
		泰常三年（418年）冬十月戊辰	筑宫于西苑	筑宫于西苑
		泰常四年（419年）三月癸丑	筑宫于蓬台北	筑宫于蓬台北
		泰常四年（419年）秋九月	筑宫于白登山	筑宫于白登山
		泰常五年（420年）夏四月丙寅	起澄南宫	起澄南宫
		泰常六年（421年）春三月	发京师六千人筑苑，起自旧苑，东包白登，周回三十余里	发京师六千人筑苑
		泰常六年（421年）夏六月乙酉	北巡，至蟠羊山	/
		泰常六年（421年）秋七月	西巡，猎于柞山，亲射虎，获之，遂至于河	/
		泰常七年（422年）秋九月乙巳	幸澄南宫，遂如广宁	/
		泰常七年（422年）秋九月己酉	诏泰平王率百国以法驾田于东苑，车乘服物皆以乘舆之副	/
		泰常七年（422年）秋九月辛亥	筑平城外郭，周回三十二里	筑平城外郭
		泰常八年（423年）二月戊辰	筑长城于长川之南，起自赤城，西至五原，延袤二千余里，备置戍卫	筑长城
		泰常八年（423年）秋七月	幸三会屋侯泉，诏皇太子率百官以从	/
		泰常八年（423年）秋八月	幸马邑，观于澄源	/
		泰常八年（423年）冬十月癸卯	广西宫，起外垣墙，周回二十里	广西宫，起外垣墙
始光元年 ~ 正平二年 （424~452年）	世祖太武皇帝拓跋焘	始光二年（425年）春三月庚申	营故东宫为万寿宫，起永安、安乐二殿，临望观，九华堂	/
		始光二年（425年）秋九月	永安、安乐二殿成，丁卯，大飨以落之	/
		始光三年（426年）春二月	起太学于城东，祀孔子，以颜渊配	/
		始光三年（426年）夏六月	幸云中旧宫，谒陵庙；西至五原，田于阴山；东至和兜山	/

年代	在位皇帝	时间	事件	主要建造成果
始光元年 ~ 正平二年 （424~452年）	世祖太武皇帝拓跋焘	始光三年（426年）秋七月	筑马射台于长川，帝亲登台观走马	/
		始光四年（427年）秋七月己卯	筑坛于祚岭，戏马驰射	/
		神䴥四年（431年）秋七月己酉	行幸河西，起承华宫	/
		延和元年（432年）秋八月	筑东宫	/
兴安元年 ~ 和平六年 （452~465年）	高宗文成皇帝拓跋濬	兴安二年（453年）春二月乙丑	发京师五千人穿天渊池	发京师五千人穿天渊池
		兴安二年（453年）秋七月	筑马射台于南郊	/
		太安四年（458年）秋七月辛亥	太华殿成	/
		和平三年（462年）春二月癸酉	畋于崞山，遂观渔于旋鸿池	/
		和平四年（463年）夏四月癸亥	上幸西苑，亲射虎三头	/
天安元年 ~ 皇兴五年 （466~471年）	显祖献文皇帝拓跋弘	皇兴四年（470年）冬十二月甲辰	幸鹿野苑、石窟寺	/
延兴元年 ~ 太和二十三年 （471~499年）	高祖孝文皇帝元宏	承明元年（476年）冬十月丁巳	起七宝永安行殿	/
		太和元年（477年）春正月	起太和、安昌二殿	/
		太和元年（477年）秋七月己酉	太和、安昌二殿成。起朱明、思贤门	/
		太和元年（477年）秋九月庚子	起永乐游观殿于北苑，穿神渊池	起永乐游观殿于北苑，穿神渊池
		太和三年（479年）春正月癸丑	坤德六合殿成	/
		太和三年（479年）春正月壬寅	乾象六合殿成	/
		太和三年（479年）夏六月	起文石室、灵泉殿于方山	/
		太和三年（479年）秋八月乙亥	幸方山，起思远佛寺	/
		太和四年（480年）春正月癸卯	乾象六合殿成	/
		太和四年（480年）秋七月壬子	改作东明观	/
		太和四年（480年）秋九月乙亥	思义殿成	/

年代	在位皇帝	时间	事件	主要建造成果
延兴元年 ~ 太和二十三年 （471~499年）	高祖孝文皇帝元宏	太和四年（480年）秋九月壬午	东明观成	/
		太和五年（481年）夏四月己亥	行幸方山。建永固石室于山上，立碑于石室之庭；又铭太皇太后终制于金册；又起鉴玄殿	/
		太和六年（482年）秋七月	发州郡五万人治灵丘道	/
		太和七年（483年）秋七月丁丑	帝、太皇太后幸神渊池	/
		太和八年（484年）夏四月庚申	行幸旋鸿池，遂幸崞山	/
		太和八年（484年）秋七月乙未	行幸方山石窟寺	/
		太和九年（485年）夏六月辛亥	幸方山，遂幸灵泉池	/
		太和九年（485年）秋七月丙寅	新作诸门	/
		太和九年（485年）秋七月戊子	幸鱼池，登青原冈	/
		太和九年（485年）八月己亥	行幸弥泽	/
		太和十年（486年）九月辛卯	诏起明堂、辟雍	诏起明堂、辟雍
		太和十二年（488年）夏五月丁酉	诏六镇、云中、河西及关内六郡，各修水田，通渠溉灌	/
		太和十二年（488年）秋九月丁酉	起宣文堂、经武殿	/
		太和十三年（489年）秋七月丙寅	幸灵泉池，与群臣御龙舟，赋诗而罢。立孔子庙于京师	/
		太和十三年（489年）秋八月戊子	诏诸州镇有水田之处，各通溉灌，遣匠者所在指授	/
		太和十五年（491年）夏四月己卯	经始明堂，改营太庙	/
		太和十五年（491年）秋七月乙丑	谒永固陵，规建寿陵	/
		太和十五年（491年）秋八月戊戌	移道坛于桑乾之阴，改曰崇虚寺	/
		太和十五年（491年）冬十月	明堂、太庙成	/
		太和十六年（492年）春二月庚寅	坏太华殿，经始太极殿	/
		太和十六年（492年）冬十月庚戌2	太极殿成，大飨群臣	/
		太和十六年（492年）冬十一月乙卯	依古六寝，权制三室，以安昌殿为内寝，皇信堂为中寝，四下为外寝	/

年代	在位皇帝	时间	事件	主要建造成果
延兴元年~太和二十三年（471~499年）	高祖孝文皇帝元宏	太和十七年（493年）春二月己丑	车驾始籍田于都南	/
		太和十七年（493年）春三月戊辰	改作后宫，帝幸永兴园，徙御宣文堂	/
		太和十七年（493年）秋九月庚午	幸洛阳，周巡故宫基址	/
		太和十七年（493年）秋九月壬申	观洛桥，幸太学，观《石经》……仍定迁都之计	/
		太和十七年（493年）冬十月乙未	设坛于滑台城东，告行庙以迁都之意。大赦天下。起滑台宫	/
		太和十八年（494年）春二月甲辰	诏天下，喻以迁都之意	/
		太和十九年（495年）九月庚午	六宫及文武尽迁洛阳	/

开山引水、挖池蓄水，建造众多宫殿及石窟庙宇。而南郊则一马平川，不围苑囿，不建公馆。总结来说，平城北郊为苑囿行宫区，东郊为别墅公馆区，西郊为石窟庙宇区，南郊为郊野农田区。

3. 北魏平城营建的主要工程技术人员

在拓跋魏营建平城的过程中，在《魏书》《北史》等文献中记载的工程技术人员主要包括五位：莫题、郭善明、王遇、李冲、蒋少游。由于生平经历不同，他们各有擅长之处，但是却都为平城的建设发挥了重要的作用。

在史料记载中，最初为北魏平城建设做出贡献的是太祖道武皇帝拓跋珪时代的莫题。《魏书》列传第十一中有记载："显子题，亦有策谋"，列传第十六中也提到"莫题，代人也，多智有才用"[278]，均已说明莫题机敏聪慧。因此，"后太祖欲广宫室，规度平城四方数十里，将模邺、洛、长安之制，运材数百万根。以题机巧，徵令监之[277]。"由于其祖籍为雁门繁峙，与平城相去不远，推测其接触更多的应是燕代地区富有地域特色的营建实例，更多地受到地域文化的熏陶，并且形成了不同于中原汉文化的营建风格[279]。而后（太祖）"召入，与论兴造之宜。题久侍颇怠，赐死。"导致这种结局的原因很有可能就是由于莫题长期接受地域文化及营建风格的熏陶，而太祖却"将模邺、洛、长安之制"，更偏向于中原文化，这不是莫题所追求的，因此"久侍颇怠"。虽然如此，但是还是不可否认他的建造才华，也从侧面反映了太祖对平城建设的重视和对中原文化的崇敬，在建设之初就"将模邺、洛、长安之制"，为之后城市的发展指明了方向。

史料中提到的为平城建设作出过贡献的还包括高宗拓跋浚时代的郭善明，《魏书》中但并未专门列传，而是多于高允及蒋少游等处提及。在《魏书》列传第三十六高允处有记载："给事中郭善明，性多机巧，欲逞其能，劝高宗大起宫室。"[280]在《魏书》列传术艺第七十九处讲蒋少游时有提到"初，高宗时，郭善明甚机巧，北京宫殿，多其制作[281]。"说明他对于平城的建设也作出了一定的贡献，但其成就应该是集中于宫殿建设，而关于对苑囿及景观方面则未发现有所记载。

根据《魏书》的记载，宦官王遇在北魏平城的建设中也有所建树。在《魏书》列传阉官第八十二中对其有明确地记载："遇性巧，强于部分"[282]，说明其十分擅长规划布局。并且"世宗初，兼将作大匠"，故知高祖孝文和世宗宣武两朝的大建筑，都和他有关[279]。除此之外，亦明确记载："北都方山灵泉道俗居宇及文明太后陵庙，洛京东郊马射坛殿，修广文昭太后墓园，太极殿及东西两堂、内外诸门制度，皆遇监作。"以上记载说明了王遇作为"匠作大臣"涉及到的领域包括寺院、陵庙陵园、宫殿建筑、城门等公共建筑。如此多的实践活动充分肯定了他作为规划建筑师的才华与成就。不同于前两位建筑师，王遇对园林景观的营建已有一定的涉猎。例如方山永固陵就是王遇领导的宦官团体在文明太后的授意下做出的杰出作品[283]（图3-16）。《水经注》中对方山永固陵及其周边环境做出了较为细致的描述："羊水又东注于如浑水，乱流径方山南，岭上有文明太皇太后陵，陵之东北有高祖陵。二陵之南有永固堂，堂之四周隅雉，列、榭、阶、栏及扉、户、梁、壁、椽、瓦，悉文石也。檐前四柱，采洛阳之八风谷黑石为之，雕镂隐起，以金银间云矩，有若锦焉。堂之内外．四侧结两石跌，张青石屏风，以文石为缘，并隐起忠孝之容，题刻贞顺之名。庙前镌石为碑兽，碑石至佳，左右列柏，四周迷禽暗日。院外西侧，有思远灵图，图之西有斋堂，南门表二石阙，阙下斩山，累结御路，下望灵泉宫池，皎若圆镜矣。如浑水又南至灵泉池，枝津东南注池，池东西百步，南北二百步。池渚旧名白杨泉，泉上有白杨树，因以名焉，其犹长杨、五柞之流称矣。南面旧京，北背方岭，左右山原，亭观绣峙，方湖反景，若三山之倒水下[284]。"据此可以想象陵园的规模布局与精雕细琢。尤其是后半段描写了陵园周边的山湖胜境，以水之灵，映山亭之秀，宛若天成之仙境。而这些与王遇等设计建造者的聪敏才思不无关系。除此之外，他的成就还突出表现在将宗教寺宇与园林意趣相结合，善于运用天然山水形势营造宗教式的神秘气氛[279]。

《魏书》中提到的另一位著名的人物是李冲。《魏书》卷五十三列传第四十一中有提到"冲机敏有巧思"[286]，说明了他的才华与天赋，"尚书冲器怀渊博，经度明远，可领将作大匠"，这证明了他的规划设计能力。并且"勤志强力，孜孜无怠，旦理文簿，兼营匠制，几案盈积，剖厥在手，终不劳厌也。"[286]也充分肯定了他对规划建造事业的勤勉。又有"北京明堂、圆丘、太庙，及洛都初基，安处郊兆，新起堂寝，皆资于冲。"说明他对于平城的皇家建筑、洛阳的基本布局和新建建筑都作出了很大的贡献。但是他更多关注的是政治工作，

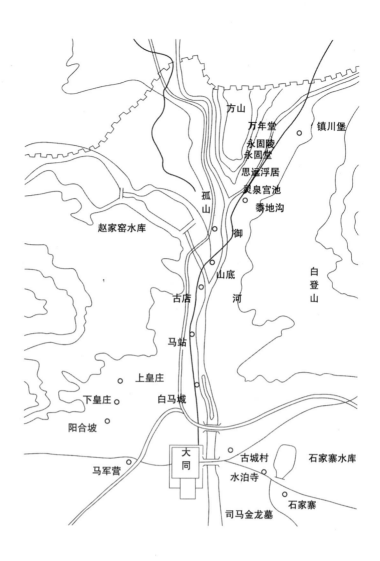

图3-16 永固陵地形图[285]

这就限制了他在工程建设上投入的精力。虽然如此，但不得不提的是他的兼容并包的精神，这种精神使得他对建造人才的培养非常重视，为之后的建筑师，尤其是他选拔的杰出助手，也就是北魏最著名的匠师之一——蒋少游，创造了良好的发展环境。

蒋少游是北魏最重要的匠师之一，他曾任北魏散骑侍郎、都水使者、前将军、将作大匠、太常少卿等官职，并且主持北魏平城宫和洛阳宫的规划、设计与建造，是最早被正史列传的古代建筑师。他不仅只是建筑师，在书法、绘画、雕刻、文学等方面也都颇有建树，为中国建筑史、书法史、绘画史等典籍记载，被后人称为"全能型建筑师"[287]。

蒋少游是乐安博昌人，出身于青州蒋氏家族，为山东土族。他在"慕容白曜之平东阳，见俘入于平城，充平齐户，后配云中为兵"[281]，可知他是在攻下东阳之年（献文帝皇兴元年，即467年）才从山东来到了平城地区，因此他在幼年时应该是深受中原文化熏陶，若他在家乡时便开始学习技艺的话，那么他师承的也应该是中原文化的主流。《魏书》列传第七十九有提到蒋少游"性机巧，颇能画刻。有文思。"说明他在画刻诗文方面的基础与天赋，而这些又恰恰是一位优秀的建筑师所应具备的。后为中书令高允所赏识，入李冲门下，继而得到文明皇太后冯氏和孝文帝拓跋宏的重用，而此时正逢孝文帝改革的大潮，出身中原且擅长中原建造样式的他便得到了更大的发挥空间："后于平城将营太庙。太极殿，遣少游乘传诣洛，量准魏晋基趾"是他去南朝齐都建康城的考察；"高祖修船乘，以其多有思力，除都水使者，迁前将军、兼将作大匠，仍领水池湖泛戏舟楫之具"说明他对水利工程也有涉猎；"及华林殿、沼修旧增新，改作金墉门楼，皆所措意，号为妍美"指出他对苑囿池沼和门楼殿宇等建筑也颇有巧思；"为太极立模范"是有关建筑模型的最早的记载，表明他当时已经具备了运用建筑模型纵观全局的建筑设计思想；并且"又兼太常少卿，都水如故"再次证明他在水利建设方面的才华。

3.3.2 北魏平城园林概况

北魏平城园林主要包括皇家园林和公共园林。皇家园林主要位于城市的北部，以及西部和东部的大部分地区，以鹿苑为代表。公共园林主要位于城中及城南区域。

3.3.2.1 皇家园林——鹿苑

在迁都平城的同时，宫苑建设也如火如荼地开展起来，其中最大也是最重要的一座便是平城禁苑，即鹿苑。

鹿苑占据了城市以北广大的山林川泽地带。《魏书》帝纪第二太祖纪中有记载："（天兴）二年……二月丁亥朔，诸军同会，破高车杂种三十余部，获七万余口，……以所获高车众起鹿苑，南因台阴，北距长城，东包白登，属之西山，广轮数十里。凿渠引武川水注之苑中，疏为三沟，分流宫城内外。又穿鸿雁池。"[271] 说明鹿苑建设的时间是迁都后的第二年（399年），建设人群是大量被俘的高车族人；以及鹿苑的大致范围，即南起平城北墙，即鹿苑墙，北抵方山长城，东至白登山，西至西山，纵横已经达到了几十里之长，可见其范围之广。在如此广阔的苑囿中，起伏的峰峦就像一座巨大的天然动植物园，层峦叠翠，百兽奔走，为来自草原的鲜卑贵族的狩猎活动提供了一个绝佳的场所，同时多处精雕细琢的宫馆建筑和富有园林意趣的陂池台阁极大地丰富了苑中的景观。"（天兴）四年……五月，起紫极殿、玄武楼、凉风观、石池、鹿苑台。"如有鸿雁池、鱼池、虎圈、永乐游观殿供拓跋贵族嬉戏游乐，有宁光宫、鹿野苑石窟供他们闲居等[269]。因此，可以推测鹿苑是一座兼有行宫御园、猎苑等功能的大型皇家园林。

后鹿苑被分成北苑和西苑，尤其是明元帝之后，已不见有鹿苑的记载。之后又将白登山周边纳入其中，并扩建为东苑。关于东苑，《魏书》帝纪第四世祖纪中有记载："发京师六千人筑苑，起自旧苑，东包白登，周回三十余里。"[273-274]三苑的大致范围分别如下：北苑应为城北至方山地带、西苑应为城西至西山之间、东苑应在城东白登山周围。西苑中武周山脚下有灵岩寺，即今日著名的云冈石窟，"凿石开山，因崖结构，真容巨壮，世法所稀。山堂水殿，烟寺相望，林渊锦镜，缀目新眺。"[268]；东苑有颇具盛名的白登山，山上建有离宫，山南地势广阔，是演武场。三苑均为皇家田猎、游乐、礼佛、拜祖等活动的场所[288]。同时三苑也分别有不同的建设："（永兴）五年春……二月……癸丑，穿鱼池于北苑。""（泰常）元年……十一月甲戌，车驾还宫，筑蓬台于北苑。""（泰常）三年……冬十月戊辰，筑宫于西苑。""（泰常）六年……三月……发京师六千人筑苑，起自旧苑，东包白登，周回三十余里。""（兴安）二年……二月……乙丑，发京师五千人穿天渊池。"[275]"太和元年……九月……庚子，起永乐游观殿于北苑，穿神渊池。""（太和）三年六月……起文石室、灵泉殿于方山……八月……乙亥，幸方山，起思远佛寺。"[289]以上的记述说明三苑的建设包括宫馆建筑，例如紫极殿等，祭祀及景观功能的建筑，如鹿苑台、蓬台等。还有极具北魏时代特色的宗教建筑，如思远佛寺和鹿野浮屠等，其中后者是皇家园林中开建寺院之首创[290]。同时也特别强调对苑内水体的营建，不仅将武州川水引入苑中，并开凿了三条人工沟渠，而且还建成了包括鸿雁池、石池、鱼池、天渊池、深渊池等众多陂塘，可见当时对苑囿中水系环境的重视。

　　鹿苑的建设从天兴二年到太和三年，即公元399～479年，经历了包括太祖道武皇帝拓跋珪、太宗明元皇帝拓跋嗣、世祖太武皇帝拓跋焘、高宗文成皇帝拓跋濬、显祖献文皇帝拓跋弘、高祖孝文皇帝元宏等在内的六朝君王，共约八十年。逐渐建设成为一座包括狩猎、祭祀、军训、游宴、弘法崇道等功能在内的规模宏大、功能复杂的大型皇家园林。北魏重臣高允曾作一篇《鹿苑赋》，记述了献文帝时代平城郊外鹿苑的盛况，也提及在鹿苑中的佛寺营造、龙宫祈雨等活动。文中简要地描写了苑中的景观环境："于是命匠选工，刊兹西岭……即灵崖以构宇，疏百寻而直上；絚飞梁于浮柱，列荷华于绮井。图之以万形，缀之以清永；若祇洹之瞪对，孰道场之途逈……凿仙窟以居禅，辟重阶以通逑；澄清气于高轩，佇流芳于王室。茂花树以芬敷，涌醴泉之洋溢；祈龙宫以降雨，俟膏液于星毕。"[291]

　　据今人考证，鹿苑中的部分重要建筑物如崇光宫，在今大同城北马站村一带，鹿野浮图在西北小石子村附近，而马家小村则是鹿苑中北苑的一部分。今上皇庄至白马城一线大沙沟南崖壁上的一道底宽6m、残高2m左右不等的夯土墙被判断应为鹿苑的南墙[288]。

3.3.2.2　公共园林

北魏时期对公共环境的重视，为平城营造出多处兼具环境效益、风景效果与实用功能的公共景观。史料中亦有多处关于北魏时代平城景观的记述。如在《水经注》卷十三灅水中，就有关于如浑水西支津流到南郊时的情况："又南，远出郊郭，弱柳荫街，丝杨被浦，公私引裂，用周园溉，长塘曲池，所在布濩，故不可得而论也。"可以想象，郊郭之外，街巷田野杨柳依依，长长的沟渠弯曲纵横，将水从主河道引到各处，家家户户浇花灌田，袅袅炊烟笑语连连。这是为满足用水需求而进行的工程建设，进而形成了具有环境效益与风景效果的公共环境，水网改善了当地的生态环境，也创造出令人心旷神怡的水景观。同一卷中在讲到如浑水东支津时亦有描述："其水自北苑南出，历京城内。河干两湄，太和十年累石结岸，夹塘之上，杂树交荫，郭南结两石桥，横水为梁。又南径藉田及药圃西、明堂东。"从城内到郊野，一条如浑水穿过纷杂热闹，奔过良田庙堂，创造了风景优美的公共活动空间。在描述武州川水时提到："其水又东转经灵岩南，凿石开山，因岩结构，真容巨壮，世法所希，山堂水殿，烟寺相望，林渊锦镜，缀目新眺。"好一派山水氤氲却又壮阔大气的宗教景观。如浑水"东合旋鸿池水，水出旋鸿县东山下，水积成池，北引鱼水，水出鱼溪，南流注池。池水吐纳川流，以成巨沼……虽隔越山阜，鸟道不远，云霞之间常有。"积水成池，吐纳川流，鸢飞于天，鱼翔浅底，自然风光磅礴大气；"南门表二石阙，阙下斩山，累结御路，下望灵泉宫池，皎若圆镜矣。"方山永固陵"南面旧京，北背方岭，左右山原，亭观绣峙，方湖反景，若三山之倒水下。"宗教的神秘与自然山水的钟灵毓秀相得益彰。

3.3.3　北魏平城园林水利

北魏平城园林不仅具有传统园林所拥有的功能，如狩猎、游憩等，也具有非常明显的水利功能。北魏平城中具有较为显著的水利意义的园林大致可以有以下两类：一是皇家园林，以自然河渠结合人工疏导水体为依托、以诸多池沼为空间载体，水利功能主要表现在引、蓄、净、渗、排相结合；另一种是公共园林，以穿城而过的河流和人工沟渠为主体，以街巷市肆和外郭农田为空间载体，水利功能主要通过引、排、灌溉等来体现，对人居环境的改善和休憩空间的营造提供了物质和空间基础。本节将首先介绍北魏平城的水利工程，在此基础上分别对皇家园林水利和公共园林水利进行分析，并探索其运行机制，以期能够从中总结出相关的经验和启示。

3.3.3.1　北魏平城水利工程概况

在平城营建初期就开始大规模的城市建设，其中就包括对城市水利系统的规划布局和设计建造。平城地处北方干旱与半干旱过渡带的水资源紧缺地区，却在作为都城的近百年时间内承担着一百多万人口[292]以及大量的农业、手工业和贸易压力，如何调配相对匮乏的水资源才能满足如此巨大的用水需求，是一个重大的挑战。经过近百年的经营建设，平城形成完善的水利系统，为都城的发展发挥了重要的基础性作用。具体而言，平城的水利系统主要由区域自然河流湖泊、人工河渠和陂塘组成，它们之间相互连接、互相协调，共同构成了一个有机联动的整体，得以维持城市运转所需的引水、排水、防洪、灌溉、航运等功能。其中最重要的水利工程分别为如浑水、武州川水、城南渠等。

（1）如浑水水利工程

如浑水纵贯南北，其上游是平城主要水源之一，同时接纳众河渠之水入漯水（今桑干河），至下游成为城市的主要防洪和排污通道[293]。

在《水经注》中，郦氏记录如浑水过北宫后向南并分为二水，即如浑水的东西二支津。张畅耕先生（2007年）认为如浑水东支津即为今日大同市之御河[294]。要子谨先生（1992年）经实地考察后认为如浑水西支津应为今日当地所称的大沙河及其南延的部分。它发源于碓臼沟、大猴山之间众多的山涧小泉，向东流经鹿野苑石窟之南，到小石子村出山后向南到安家小村再向南，经陈庄直达北关外垫[269]，符合《水经注》中一水西出-南屈-入北苑-历池沼-南径虎圈东-径平城西郭内-径南郊的描述。

如浑水水利工程主要包括以如浑水西支津为基础的引水工程以及以如浑水东支津为基础的引水和排水工程。其中，如浑水西支津主要供给北苑和西苑的园林用水以及城市西郭的生活和灌溉用水，"又南，远出郊郭，弱柳荫街，丝杨被浦，公私引裂，用周园溉，长塘曲池，所在布濩，故不可得而论也"，也需要满足城市西郭的消防需求；而东支津则承担着城市东南郊的生活及灌溉用水以及东苑的园林用水。同时，东支津还是整个城市最主要的排水渠道，不仅是城市生活污水的最终出口，还承担着非常重要的泄洪功能，尤其是洪水期通过武州川排水渠道的多余的水最终都将汇入其中，排到城市之外。

综上所述，如浑水是平城的主要水源之一，而如浑水水利工程是一项具有引水、排水排污、消防等综合功能的城市水利工程，其东支津是城市最重要的排水渠道，综合为平城的城市安全和正常运转提供保障（图3-17）。

（2）武州川水水利工程

武州川水利工程自山口东北流经西北苑入如浑水，分流经宫城郭城至南郊入如浑水，即武州川水北支津，是平城最重要的水源工程[293]。

《水经注》中有记载："《魏土地记》曰：平城西三十里武州塞口者也。自山口枝渠东出入苑，溉诸园池。"上述记载准确地记录了武州川水引水工程的位置是在平城西三十里武州塞口，渠口位置在河流出山口，据考证应在今天小站村南，与十里河灌区渠首的位置基本一致。这项工程上段是沿雷公山东南麓一条1100m的等高线向西北开挖，在今阳合坡村东南、五里店村西北处即北魏时西苑处引水

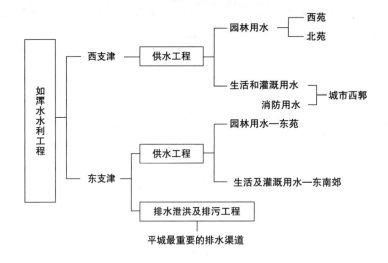

入城[295]。这样总干渠海拔较高，布设因地制宜，便于下段各分支渠随地势逐渐降低而自然入城。

《魏书》帝纪第二太祖纪中有记载："（天兴）二年……以所获高车众起鹿苑……凿渠引武川水注之苑中，疏为三沟，分流宫城内外。又穿鸿雁池。"上述记载明确说明了武州川水是鹿苑的主要水源之一。武州川水进入鹿苑后通过人工开凿的三条沟渠将水引到宫城内外，供给宫城生活和苑囿用水。此三条沟渠的走向分别如下：最北侧一条北去鹿苑诸池沼与如浑西水汇合；中间一条由大沙沟东去如浑水；最南侧一条向南经陈庄直通北关外堑[269]。综观此引水工程可以看出是将西面的武州川水引入到东部的区域，可以简化理解为"西水东调"，是一项富有成效的工程。

首先，这一工程开凿了三条东西向的人工沟渠，穿越了西苑、北苑的园林池沼区，满足了郊外苑囿的园林用水，也流经宫城和城区，满足了宫城和城区的生活和园林用水，这些都符合其作为引水工程的首要要求；其次，由于武州川水水量十分可观，甚至有"武州水泛滥，坏民居舍"[271]的记载，因此武州川水通过三条沟渠被引到宫城，防洪排涝问题就显得十分重要，既要满足使用需求，又不能因此而引发水灾危害皇宫和城市安全。对于这一问题，北魏工匠极具智慧地开挖了一条人工渠道用作分洪和泄洪，以保证城市的安全[269]。这条人工渠道位于今大沙沟至御河一带，即武州川水北支津三条沟渠中中间的一条。这样的布置既保障了城市的安全，满足了排水与泄洪的需求，同时其生态效益也十分可观。尤其三条沟渠中最北侧的一条经过鹿苑中的众多陂塘池沼。这些陂塘具有较大的蓄水能力，能够存储相当规模的水体，在非雨季时能利用储存下来的大量水资源满足灌溉之需，同时还能美化环境。

综上所述，武州川水引水工程是一项集引、蓄、泄洪等多种水利功能于一体的综合性水利工程措施，同时也对城市环境改善发挥一定作用。通过三条人工水

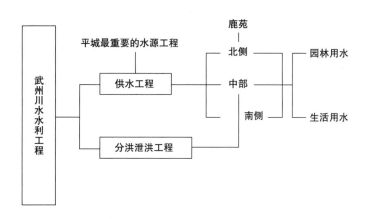

※图3-18 武州川水水利工程示意图
图片来源：作者自绘

渠的开凿，不仅解决了引水的难题，同时也科学地布置了泄洪渠道，满足了城市的用水需求，保障了城市的安全。另外通过陂塘池沼发挥储水功能，存储大量水资源，并具有水质净化功能，也营造出了良好风景（图3-18）。

（3）城南渠水利工程

城南渠是一条人工渠道。《魏书》帝纪第二太祖纪中有记载："（天兴）三年春……二月丁亥，诏有司祀日于东郊。始耕籍田。……是月，穿城南渠通于城内，作东西鱼池。"据推测，城南渠应是武州川引水工程自宫城向郭城的延伸部分，除向南外，并向东注入如浑水[288]。结合之前对武州川水北支津三条沟渠的分析，判断城南渠应该是其中南部一条的东半部分。城南渠不仅承担着将武州川水从宫城引到郭城的引水功能，供给宫城和郭城的生活和灌溉用水，同时也承担着非常重要的排水功能。由于城南渠穿过城中人口密集区域，在洪水期需要尽快地将武州川中多余的水资源退入到如浑水中，尽可能避免城中水患（图3-19）。

3.3.3.2 北魏平城皇家园林水利

北魏平城的皇家园林中最具特色的当属鹿苑。通过对鹿苑中园林与水利之间相互关系的探讨，能够进一步了解当时的皇家园林水利的建设情况。鹿苑中的水系主要包括如浑水东西二支津、武州川水北支津以及众多池沼，而园林水利的建设以武州川水北支津及周边池沼为主。

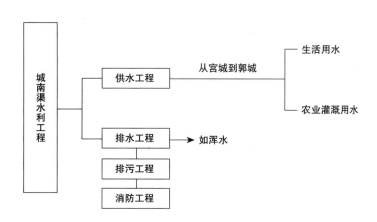

图3-19 城南渠水利工程示意图
图片来源：作者自绘

（1）园林水利结构

由之前两节分析可知，武州川水北支津进入鹿苑后，引出三条沟渠，分别流经城市和苑囿。通过与现代卫星地图做比较，可大致确定武州川水北支津是从鹿苑南部偏西的位置进入苑中，之后一支向北注入池沼，一支向东入如浑水东支津，还有一支转向东南进入城市。向北的那支是注入鹿苑中的一片池沼集中的区域，推测应该也在鹿苑的南部区域。对此，要子瑾（1992年）在实地考察中认为安家小村北面的一处凹陷地应该就是北魏时期鹿苑中的池沼区[269]。当鹿苑被划分为北苑、西苑和东苑后，根据三苑的位置可大致推断出武州川水北支津和鹿苑中诸池沼与三苑的位置关系：武州川水北支津从西苑南部进入苑中，之后向北穿越西苑，一部分通过西苑西北部的池沼进入北苑南部的池沼，一部分出西苑并向东向南进入宫城和郭城。总体来说，鹿苑中园林水利功能主要体现在鹿苑西南部。

鹿苑中的水利功能主要通过人工河渠和池沼来实现。其中，人工河渠主要指武州川水北支津，包括一条干渠和三条支渠，均为线形空间，并组合形成了延伸的网状结构，将水输入到苑囿和城市中。池沼主要位于鹿苑南部，由众多水面连结而成，承担水的输入与输出，雨季积水成池，可供旱季使用，循环往复吐纳。水体通过线形的人工水渠输入到点状的池沼中，构成面状水体，多余的水又通过水渠进行疏导和排泄，组合发挥更大的水利和生态效益，保证了用水的安全。总体来说，由点、线、面共同构建的水系空间网络形成了一套完整的流程，保证了水的运输-积聚-使用-排泄过程的畅通。北魏平城皇家园林水利布局见图3-20。

（2）园林水利功能

① 引水功能。武州川水水利工程（即北支津）是平城最主要的水源工程之一，供应着平城的宫城和城市的生活用水以及苑囿用水，其开凿的首要目的是通过将武州川水引入到城市和苑囿中来解决用水问题。因此，鹿苑中的武州川水北支津作为园林水体的同时，也具有非常重要的引水入城入苑的水利意义。

② 蓄水功能。鹿苑中的集中池沼区规模很大，具有很强的蓄水能力。武州川水充足的水资源注入其中，在创造了水景的同时也具有显著的水利和生态意义。尤其可以蓄水补枯，提高水资源的利用率。

③ 水质净化功能。武州川水出山后进入西苑中，苑中良好的自然环境保证了水质在引水之初未受污染；之后引水工程送水至渚池沼，大规模水体通过自然沉淀澄清得以再次净化，而后进入宫城，供给皇室生活用水。再经宫城池沼自净，入郭城供市民生活生产用水，充分保证了宫廷和城市的用水安全。总体来说，首先充分利用较少人为干预的苑囿，实现控制源头污染；然后通过水体自然沉淀去除污染物，实现层层自净。合理的引流路线在保证水源清洁的同时提高了水的利用率。[293]这些功能的实现与园林苑囿的自然环境条件息息相关。

④ 排水、分洪和防洪的功能。首先从池沼区出来的水通过水渠排向各处，如

武州川水北支津三条支渠的中间分支，向东通向如浑水东支津，有关学者认为这应该是一条排水渠道[269]；其次武州川水北支津疏为三沟，将水分流至多处，当洪水来临时能够将其泄入三条渠道，减少对单一渠道的压力。同时大规模的池沼也是防洪手段之一，通过调蓄减少洪水压力。总体而言，通过多条渠道并置发挥导流与分洪的作用，再通过池沼蓄水削减水量，进而降低洪泛的危害，保证都城安全。

综上所述，鹿苑中的园林水体具有非常显著且重要的水利功能：其中的武州川水北支津作为水源工程的一部分，承担着将水从西山引入城市和苑囿、以满足城市的生活用水和苑囿用水的重任，这体现了引水功能；鹿苑中的诸多池沼可以积蓄大量的水，蓄水补枯，改善气候，这是蓄水功能；通过源头控制和池沼的自然沉淀，园林水体得到净化，保证城市的用水安全，此为净化功能；通过多条支渠的布置来排水和分洪，通过池沼蓄水来减少洪水的压力，此为城市防洪排涝功能。

（3）园林水利的运行机制

第一，要考虑当时的历史环境背景。北魏政权是由来自北方草原的游牧民族鲜卑族建立起来的，在中国历史上为推动民族融合、弘扬民族文化作出了巨大的贡献。由这样一个崇尚汉文化的游牧民族创立的政权在多方面都进行了改革，包括政治上崇尚儒学、启用汉族人才，经济上倡导农耕与畜牧业并行，大力发展农业种植等等。而在城市建设方面，作为纲领的便是在平城建设之初提出的"将模邺、洛、长安之治"，这在平城之后的建设中也是一以贯之的，同样的思想也延续到了园林水利的建设之中。

第二，除了政策的支持外，也离不开皇家包括人力财力在内的支持。人力方面首先要肯定的就是众工匠的才华，单从武州川水的布置上就可见一斑。除此之外还有大量的劳动人民，包括俘虏乃至平民，例如兴建鹿苑时"诸军同会，破高车杂种三十余部，获七万余口……以所获高车众起鹿苑。"扩建东苑时又"发京师六千人筑苑"。要启动如此多数量人力的建设项目必然需要花费大量的资金，这都从侧面说明了北魏政权对城市、苑囿以及水利建设的重视。

第三，除了皇权支持外，自然环境本身也极大地促进了园林水利的发展。鹿苑是以平城北面大范围的丰美肥硕的水草地为基础建成的，这广阔的空间是园林水利建设的空间基础。西苑的山林川泽是水体水质的涵养区，天然凹地是孕育广阔池沼的最佳环境。通过对这些丰富的自然环境进行局部的人工疏导和修整，可以为园林水利的产生和发展提供充分的空间环境。

第四，现实的需求则推动着园林水利的兴起。因城市和苑囿的用水需求产生引水的需要，进而形成用人工水渠引水的模式。由于排水、泄洪和排涝的需要，形成了一干、多条、渠系并置的水渠布置模式。由于气候变化水量干湿季不均，但无论何时都有用水的需求，产生了人工池沼与自然池沼并置蓄水补枯的情况。另外，出于对清洁水源的需求，形成了先过苑囿自然净化再进城市供给使用的引水路线。

第五，皇宫贵族的游憩需要。北魏平城时代的鹿苑承担着非常重要的皇室狩猎和游宴的活动，丰富的园林水体为多种活动的发生提供空间基础，如泛舟游乐、赏花捕鱼等，以至于到后期愈演愈烈，奢靡无度。

总而言之，以鹿苑为代表的北魏平城皇家园林，由于各方条件的充足使得其园林水利功能表现出多样性、系统性、综合性的特点：其形态具有多样性，线状水渠、点状池塘、面状池沼区相互配合；其功能具有系统性，包括引、蓄、排等完整的系统；在具有实用性的同时也具有多种价值，成为综合的水系统，是园林营造与水利建设相结合的实例。

3.3.3.3 北魏平城公共园林水利

北魏平城公共园林，主要存在于内城南渠和城市东郊、南郊如浑水东西二支津附近的区域。这些区域以线性空间为主，包括穿过街巷的人工水渠，或穿越郊外的线状水渠系统。如南渠承担着重要的水利功能，具有引水、排水、排污、消防等作用，同时也是城内一处难得的公共园林。在城郊，如浑水的水利功能主要体现为引水灌溉，"远出郊郭，弱柳荫街，丝杨被浦，公私引裂，用周园溉，长塘曲池，所在布濩，故不可得而论也。"从上可见，如浑水两岸广泛种植花木，配以广阔的田园环境和局部的人工园林营造。北魏平城公共园林水利布局见图3-20。

北魏时代的平城地区人口规模庞大。自拓跋部定都平城后，就开始大规模的人口迁移活动。日本学者前田正名在《平城历史地理学研究》一书中详细地研究了自神元皇帝三十九年（258年）至太和十九年（495年）迁都洛阳止，平城附近的人口流动情况以及居民结构。他认为平城地区的人口在四世纪末、五世纪初的太祖时期开始急剧增多，在世祖时期平城因附近的迁徙人口大增而达到最高潮，并且推测大约有一百万人左右。这些人口中民族构成复杂，并且有多种迁徙来源。正是以这样庞大的人口基数和复杂的人口成分为基础，北魏政权得以在平城地区开展大规模的城市建设和经济活动。

另外，农业是保证城市正常发展的重要经济基础，农业的发展与水利的建设紧密相关。平城农业得以发展的原因主要有以下几个方面：当权者重视农耕；大量徙民为农业发展提供了充足的人力资源；技术徙民中有很大一部分是能工巧匠，为水利建设和农业生产提供技术支持；另外平城本身的自然环境，包括河流和土地，为农业发展提供了良好的基础。而如何利用河流为农业生产服务，成为水资源并不丰富的平城需要解决的重要问题。如浑水在平城东南郊和南郊穿越了大片农田，从其引出的多条水渠支撑农业发展，也构成优美风景，成为人们踏青游赏的公共园林区域。

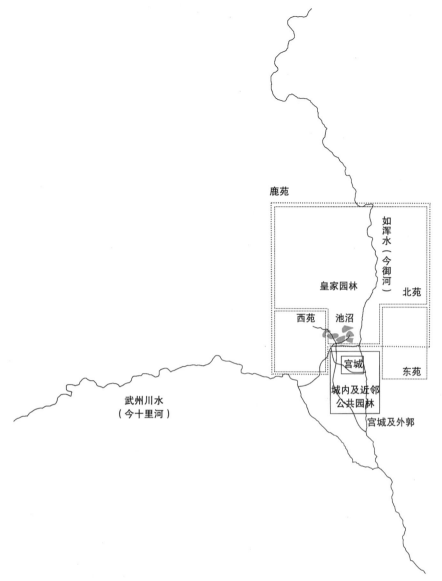

鹿苑

如浑水（今御河）

皇家园林

北苑

西苑

池沼

宫城

东苑

武州川水
（今十里河）

城内及近邻
公共园林

宫城及外郭

※图3-20 北魏平城园林水利布局图
图片来源：作者自绘

3.4 明代银川

3.4.1 古代银川的城市水系及城市营建概况

　　银川自古就有"塞北江南"之美誉。据《宁夏地理历史考》中记载："塞北江南是北周时灵州黄河灌区（今宁夏平原）之美称。因宣政元年（578年）周破陈将吴明彻，迁其人于灵州……习俗相化，故谓之塞北江南。或曰有水田果园，引河水溉田，因风貌相似而称'塞北江南'。"无论是早期的灵州城，还是后来的银川城，宁夏平原的富庶和繁荣，早在明代时期就形成了"天下黄河富宁夏"的共识。西夏政权于这里经营长达二百年之久，均有赖于这里温润的气候、肥沃的土地和重要的军事地理位置。银川古代城市建设情况见表3-6。

建设时期	事件	建设内容	主要成果
西汉武帝元狩四年（公元前119年）前后	内地移民到此屯田戍边	在银川平原上构筑了廉县城（今贺兰县暖泉农场一带）	是最早出现在贺兰山东麓、古代黄河西岸的军防屯田城镇之一
西汉成帝阳朔年间（公元前24年）前后	北地郡主持屯田植谷的上河典农都尉冯参，为就近管理屯垦事业，囤集粮秣，又在古代黄河东岸滨河地带，营建北典农城（今银川市东郊掌政乡洼河路村镇河堡一带），俗称吕城	建设吕城，又称饮汗城	此为银川建城之始
东汉安帝永初年间（107-113年）	因战乱频发，郡县内迁，廉县逐渐消失未再恢复，但饮汗城依然留存	/	饮汗城依然留存
十六国及南北朝时期	大夏国国王赫连勃勃立都统万（今陕西靖边县），统治了今银川在内的宁夏大部分地区，时属大夏国薄骨律镇（今灵武市西南）辖地	将饮汗城辟为皇家园林"丽子园"及驻兵屯粮重镇	饮汗城辟为皇家园林"丽子园"
北魏	改饮汗城为怀远县城	/	银川始有怀远之称
北周宣政元年	因迁俘"江左之人"于此，使这一地区一改"羌胡之俗"而"尚礼好学，习俗相化"，始得"塞北江南"之称	增设怀远郡，怀远县改为怀远郡辖地	"塞北江南"美誉
隋、唐	实行州郡、县两级建制，怀远县属灵武郡。唐朝高宗仪凤二年（677年），怀远县遭黄河泛损，次年，于故城西的唐涟渠东畔更筑怀远新城	唐时，在被黄河损毁的怀远故城之西修筑怀远新城	怀远新城的构筑（即今银川古城）
宋初	怀远改制为镇，与黄河西所设保定、保静、临河、定远四镇统称为"河外五镇"，并定怀远为首镇	/	/
宋太宗太平兴国七年（982年）至党项族首领李继迁抗宋自立，与真宗咸平四年（1001年）	统治中心由夏州（今陕西靖边）北迁往灵州，改称西平府	/	/
天禧四年（1020年）	继迁子德明从西平府再迁怀远，改名兴州	/	/
仁宗明道二年（1033年）至仁宗宝元元年（1038年）	德明之子元昊升兴州为兴庆府（今银川市老城），李元昊正式称帝，建立西夏国，立兴庆府为国都，后改名中兴府，直至公元1227年被成吉思汗所灭，凡十主，历时190年	建立西夏国，立兴庆府为国都，后改名中兴府	兴庆府
元中统年间	先后在此设西夏、中兴路等行中书省，这里为其所属中兴府辖地，中兴府路为省及府路治所	/	/
元二十五年（1288年）	改中兴府路为宁夏府路，隶甘肃行中书省，宁夏之名肇始于此	/	/
明朝	设宁夏府，隶陕西省行省	/	/
洪武九年	改置宁夏卫，时称宁夏卫城	/	/
建文年间	设宁夏镇	/	边陲重地
清朝	沿袭明制，雍正三年裁卫设府，宁夏府改属甘肃省，领1州（灵州）6县（宁夏、宁朔、平罗、中卫、新渠、宝丰），之后又设宁夏道，道县署均设于府城内	/	/

明代宁夏地区最大的城镇当属宁夏镇城，即今银川。据史书记载："宁夏镇城，汉朝方地，宋景德间，赵德明内附，价以本道节制，始迁。改兴州，今城沿其故址。"[297]宁夏镇城经历了西汉北典农城-北周怀远县城—唐怀远新城—宋怀远镇—西夏国都兴庆府的建设与发展，而明代宁夏镇城就是在此基础上兴建的。

3.4.1.1　明朝前城市形态的演变

银川自公元前119年起始建，但直到西夏定都兴庆府（今银川古城），城市才开始大规模发展。宋天禧四年（1020年）李德明决定由灵州迁此，改怀远为兴州，并遣"贺承珍督役夫北渡河城之，构门阙宫殿及宗社籍田，号为兴州，遂定都焉"[298]。进行首次扩建。宋明道二年（1033年）李元昊登基称帝，升兴州为兴庆府，再次大兴土木，并进一步"广宫室，营殿宇，其名号悉仿中国故事"[298]。1046年，模仿唐长安城的兴庆宫和曲江，在城内设置以水景为主的皇家园林"元昊避暑宫"，"于城内作避暑宫，逶迤数里，亭榭台池，并极其胜"；于城东饮汗城故址建高台寺及诸浮图；于贺兰山东麓营离宫数十里，台阁高十余丈。1050～1055年，元昊子凉柞兴建承天寺（俗称西塔）。1099年后，崇宗顺帝再修都城，此时西夏国国力鼎盛，城市格局逐步形成。1277年，蒙古军灭西夏，兴庆府城遭受极度严重的破坏[296]，"元太祖灭夏，城遂空"。

3.4.1.2　明代宁夏镇城的形态与结构

《嘉靖宁夏新志》对明代宁夏镇城的记载：

周回一十八里，东西倍于南北，相传以为人形。元兵灭夏，攻废之，已而修设省治。元末寇贼侵扰，人不安居。哈耳把台参政以其难守，弃其西半，修筑东偏，高三丈五尺。洪武初立卫，因之。正统间，以生齿繁众，复修筑其西弃之半，即今之所谓新城是也，并甃以砖石。故城四角皆刊削，以示不满之意。修筑岁久，非其旧制，今但存其东北一角。城门六：东曰"清和"，上建清和楼；西曰"镇远"，上建镇远楼；南曰"南薰"，上建南薰楼；南薰之西曰"光化"，上建光化楼；北曰"德胜"，上建德胜楼；德胜之西曰"振武"，上建振武楼。楼皆壮丽，其在四角者，尤雄伟工绝。池阔十丈，水四时不竭，产鱼鲜菰蒲[299]。

《万历宁夏志》对宁夏镇城的记载：

环城引水为池，城高三丈六尺，基宽两丈，池深两丈，阔十丈……重门各三，内城大楼六，角楼四，壮丽雄伟，可容千人。悬楼八十有五，铺楼七十。外建月城，城咸有楼，南北有关，以至炮铳具列，闸板飞悬，火器神臂之属备，极其工巧。万历三年（1575年），巡抚罗凤翔、佥事解学礼增缮凿旧易新，环甃坚同关楼，南曰昭阳、太平，北曰平虏[300]。

明代宁夏镇城图见图3-21。

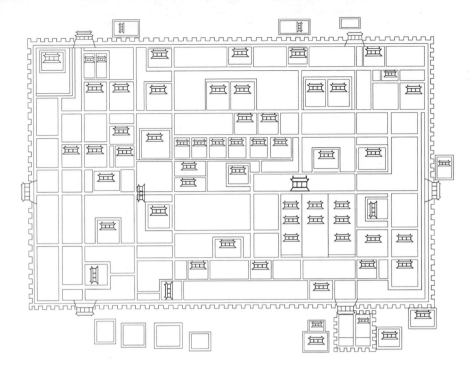

※图3-21　明代宁夏镇城图[296]

3.4.2　园林水利历史沿革

明代的银川地区被称为"宁夏镇"，位于明朝版图的西北边陲，是当时的"九边重镇"之一，其"背山面河，四塞险固。西据贺兰之雄，东据黄河之险"[299]。学者李并成对银川地区所在的河西走廊历史时期干湿状况作了研究，认为在7～10世纪之间，河西地区气候偏干[301]。但经过汉、唐两代的大力开渠，引黄灌溉等措施，使得原本较为干旱的银川地区，自入汉以来，直至明代，成为地表水资源充足、农牧业发达的区域。但明代宁夏镇仍不时"旱则赤地千里，潦则洪流万顷"[302]，在当时实行屯田政策的社会背景下，明廷大力兴修水利。"屯田之恒，藉水以利"[303]，"唯水利兴而后旱潦有备"[302]，因而成就了明代银川园林的兴盛。在园林发展的鼎盛时期，城区范围内的各类园林多达50余处，进一步体现古代园林水利的适应性特点。

3.4.2.1　明代之前银川地区园林水利发展特征

407年，赫连勃勃自称天王大单于，立国号"大夏"，统治包括今内蒙古南部、陕西、宁夏一带，其中在宁夏的主要城市见诸史籍者有三：1.南部山区的高平城（今固原县城），为夏国南部地区的军事重镇；2.银川平原南部的薄骨律城（今青铜峡县境），是宁夏平原的军事中心，也是赫连勃勃的"果园城"；3.银川平原中部的饮汗城，即赫连勃勃的皇家园林，名曰"丽子园"，是当时著名的风景型城镇及大夏国驻兵、屯粮重镇[304]。这是史书中关于银川皇家园林最早的记载[305]。

根据《元和郡县图志》记载："怀远县……本名饮汗城，赫连勃勃以此为丽子园，后魏给百姓，立为怀远县。其城仪凤二年为河水泛损，三年，于故城西更筑新城[306]。"从这段文字可见，赫连勃勃时期的皇家园林"丽子园"位于怀远县新城之东，靠近黄河，唐代初叶为河水泛损。[304]根据汪一鸣教授的考证，认为"丽子园"所在的饮汗城址所在之地当时为黄河滨河地带，是开渠引水灌田最有利的地段[307]。这里"地势崇高。登眺极山河之伟观，宁夏山川险易之形势，举目可以尽矣。"[308]因此，此处完全具备了营建皇家园林的条件。尽管专门记载和论述"丽子园"的资料并不多见，但后世许多诗文都能反映"丽子园"基址的自然环境特色：韦蟾《送卢潘尚书之灵武》："贺兰山下果园成，塞北江南旧有名"；杨守礼《春日登高台寺》："槛外水光连碧汉"等，可以想象，"丽子园"是以黄河及贺兰山为背景，以水景为主要审美对象的皇家园林。

1038年，党项族首领李元昊在银川建国称帝，史称"西夏国"，以银川为国都，时称兴庆府。李元昊曾于城内模仿唐长安的兴庆宫与曲江池修建了元昊避暑宫。"曩霄于城内作避暑宫，逶迤数里，亭榭台池，并极其胜"。以现有文献为根据，西夏王朝时期的兴庆府布局"相传以为人形"。不同学者对这一记载有不同理解，但兴庆府总体对称均衡的城市布局形式得到相关学者的广泛认可。由于深受中原地区北宋都城建设制度的影响，兴庆府在基本形制、附属建筑及整体布局等宏观方面对宋都汴京城多有模仿，并有部分混合唐制[309]。因此，可以大胆推测，兴庆府宫城或许位于城市的中心处。据《嘉靖宁夏新志》对元昊避暑宫的记载"今为清宁观"可知，元昊宫遗址在明代尚存。学者刘菊湘认为，其方位大致在兴庆府西北角，这里便于引用唐徕渠水[310]，为元昊避暑宫园林水利的建设提供了便利条件。除了元昊避暑宫之外，文献记载的兴庆府皇家园林还有"快活林"，在城西十余里，丰水草，可畜牧[305]。

3.4.2.2　明代银川（宁夏镇）园林水利发展特征

有明以来，银川地区成为当时的军事重镇。随着我国古代园林进入发展成熟期，银川园林水利建设也迎来了其鼎盛时期。这一时期，宁夏镇城水源丰富，湖泊众多，使园林水利的兴建首先在水源引用方面具有了可行性。有相关记载的宁夏镇园林，在明代达到了50余处，最主要的有15处，分布在城外的有7处，城内有8处[305]，使明代宁夏镇成为了一座"军事园林城"。明代银川园林概况见表3-7，代表园林分布情况见图3-22。

园林名称	位置	属性
逸乐、赏芳、静得、延宾馆	城内东部，鼓楼以南	私家园林
寓乐、真乐、凝和、后乐、永春	城内鼓楼西部	私家园林
梅所	城内西部	私家园林
丽景园	城外，向东出清和门（今东门）	私家园林
金波湖	城外（东部），"丽景园"东，出"丽景园"的青阳门	私家园林
小春园	城外（东部），"丽景园"之南	私家园林
盛实园	城外（北部），向北，出德胜门（今北门）	私家园林
撷芳园	城外（南部），向南，出南熏门（今南门）	私家园林
乐游园	城外（南部），出光化门（今小南门）西南	私家园林
南塘	城外（南部）过红花渠，距城二里许	公共园林（"因势修浚，植柳千株，缭以短墙，注以河流，周方百亩"）

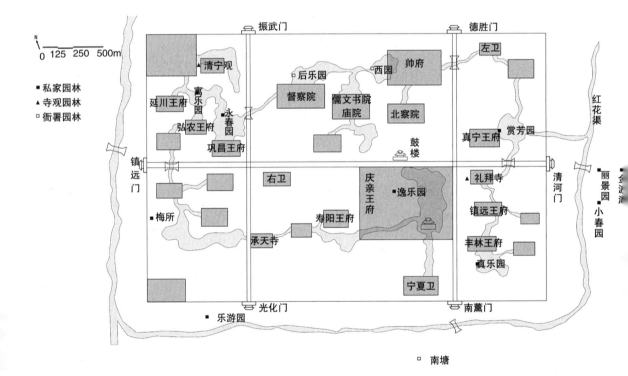

根据《嘉靖宁夏新志》记载的明代宁夏镇几处园林的景物及相关描绘性诗句可以得知，以水为主体、呈现水的审美特质是当时宁夏镇园林的主要特点。如丽景园就设有多处水景：清署轩、拟舫轩、凝翠轩、水月亭、清漪亭、涵碧亭、湖

※图3-22 明代宁夏镇城代表园林分布图[311]

光一览亭、月榭、桃蹊、杏坞、鸳鸯池、鹅鸭池、碧沼、凫渚、菊井、鹤汀等。

　　宁夏镇园林水利的大规模修建，首先得益于宁夏的自然环境。宁夏北部有灌溉区，西有贺兰山阻挡西北高寒气流的侵袭和腾格里沙漠的莽莽流沙，东有黄河提供充足的水源[312]。其次，园林水利工程作为水循环体系中的重要环节，社会和经济因素是推动其建设和发展的驱动力之一。宁夏镇园林水利的发展，得益于明代对宁夏军事地理位置的重视，包括设置宁夏镇，并有明室亲王如朱栴等的就藩。行政建制的设置和明室亲王就藩银川的举措，都为园林水利工程注入了力量。此外，我国古代园林在明朝时期已日臻完善，进入成熟期，文人山水园林经过魏晋、唐宋的长期发展和积淀，已经形成了一定的模式和风格，这其中离不开诗人画家等文人艺术家对园林事业的积极发展。根据《（嘉靖）宁夏新志》等地方志及《宁夏历代诗词集》等资料，明代宁夏诗人数量较之前代大幅度增加，创作诗歌的数量也明显上涨[313]。得益于文化士人长期在宁夏的实践和影响，共同铸造这一时期宁夏镇园林的繁荣状态。

　　除了以上三点原因，自秦汉以来，宁夏平原悠久的农业灌溉历史，促使历代镇抚此地的文官武将多有开渠引黄，大兴屯田之功。使这里在唐末五代时便成为"其地饶五谷，尤宜稻麦……故灌溉之利，岁无旱涝之虞"[314]的膏腴沃壤。当时著名的汉延渠、唐徕渠两大水利灌溉工程，历久不废，明廷及地方政府为此进行的经济投入和严格管理，使其规模巨大，效益可观。开渠引黄工程是人类在宁夏平原上对自然水资源进行充分利用的成果，其存在改变了宁夏地表水资源的空间分布状态，从而为宁夏大量水利工程及园林化空间的形成和发展奠定了物质基础。这是明代宁夏镇园林兴起的关键原因。由此也足以说明，古代园林水利实为水体"自然-社会"循环体系中的某一环节或部分。

3.4.3　园林水利代表实例

3.4.3.1　明代宁夏镇私家园林水利——"丽景园"和"金波湖"

1. 丽景园及其园林水利功能

　　根据《嘉靖宁夏新志》的记载，庆靖王朱栴由韦州"徙国宁夏"后，即在宁夏镇城南熏门内营建庆王府，府内建有王宫、东宫、西宫、承运殿、后殿等宫室殿堂；并陆续建有逸乐园、慎德轩、延宾馆、拥翠楼等。庆王朱栴利用宁夏镇城便捷的水源，和众多天然湖泊，大力推动当地私家园林水利的发展，不仅在庆王府（现兴庆区鼓楼正南侧）内修建附属园林"逸乐园"，在韦州（今同心）建造避暑宫，还在宁夏镇城外清和门东（今东门）修建了颇负盛名的"丽景园"和"金波湖"。

　　"丽景园"是明代宁夏镇私家园林的代表，是宁夏镇当时规模最大的园林，其以大水面为主景，池形方正规整，水体旁修筑高耸的楼阁以抬高观赏视点、扩大观赏视野，活动空间临水布置，树木花卉绕水种植[311]。根据现存资料的描述，"丽景园"应是一座典型的江南私家园林式的"西北私家园林"，园内有园，景中有景，园内建有林芳官、芳意轩、清署轩、拟舫轩、凝翠轩、望春楼、望春亭、水月亭、清漪亭、涵碧亭、湖光一览亭、群芳馆、月榭、桃蹊、杏坞、杏庄、鸳鸯池、鹅鸭池、碧沼、凫渚、菊井、鹤汀、大觉殿等。从园景的布局和命名来看，都富有浓郁的江南园林韵味，这是庆王朱栴在远离家乡应天府（今江苏南京）之后，在宁夏活动的45年内，对家乡的深切思念之情；也是对就藩之地水光山色的热爱之情。朱栴本人对"丽景园"有如下自述："居城东北，红花渠东，予之果园也"[315]。由此可得知两点信息：第一，"丽景园"园址位于城市供水设施红花渠的服务半径之内；第二，"丽景园"内种植有大量果树，才可达到"果园"的规模，可以说明此园选址水源丰富，水量充足，引水也非常便捷。

另外，"丽景园"也是当时的宁夏文人雅士进行雅集的场所。以庆王朱栴为代表的"庆王府诗词创作群体"创作了大量反映"丽景园"佳景的诗词。大学士金幼孜有《九日宴丽景园》诗云"偶客夏台逢九日，贤王促召宴名园，柳间杂遝来鞍马，花里追陪倒酒尊。白露满池荷叶净，凉飚入树鸟声繁。绮筵宝瑟真佳会，倾倒何妨语笑喧"。明代黄朝弼在《应教端午丽景园宴集》有如下描绘："绮筵列宴垂杨下，画舫浮游碧沼中。杏坞桃蹊绕楼阁，眼前诗思浩无穷"。另有《丽景园八咏》曰："花开红日画清波，其奈吟怀对此何。零露下天船过处，浑如泪湿醉颜酡。"不难发现，"丽景园"确为风光秀丽、水榭亭阁次第布局的水景园林。

2. 金波湖及其园林水利功能

丽景园的北门，名曰"清阳门"。朱栴在青阳门外兴建了"金波湖"，又是一处大型的水景园林。金波湖又称"东湖"，湖西有临湖亭，北有鸳鸯亭，亭之东为古刹高台寺（又名延庆寺），南有宜秋楼[316]，湖周围"垂柳沿岸，青阴蔽日，中有荷芰，画舫荡漾，为北方盛观"[299]。

就"金波湖"所在的位置及性质而言，应属丽景园中的一个功能空间。庆王经常将宴请、接待、雅集等活动安排于此。《戊戌岁金波湖合欢莲》和《登宜秋楼》是两首描绘和记录庆王在金波湖宴饮赏景的情形。《戊戌岁金波湖合欢莲》中，"二女并肩游汉日，两乔低首读书年"[317]，表现了金波湖盛夏莲花盛开的景象。宜秋楼是永乐六年（1408年）兴建的观景楼，同时也是朱栴观察、了解社会民情的地方[318]。他在《宜秋楼记》中说："楼之有补于政教多矣！"[299]也记载过登楼远眺而见到的秋季丰收景观："黄云万顷，弥漫四野。七八月间，禾黍尽实，东皋西畴，葱茏散漫，芃芃蕤蕤，极目无际"[317]。《嘉靖宁夏新志》记载："宜秋楼湖之南靖王有记：予居宁夏之七年，于城东金波湖南，择地之爽垲者构楼焉。四皆田畴，凭栏纵目，百里毕见，名之曰'宜秋'。"[299]

3.4.3.2 明代宁夏镇公共园林水利

自宋代开始，随着城市经济及公共基础设施的发展，公共园林建设进入了新的高峰。至园林发展的成熟期明朝，公共园林的普及程度已经较高。除了衙署园林、寺庙园林两类较为常见的公共园林形式之外，依托城市各类水体、水系及水利工程、水利设施而形成的风景园林化开放空间，也是古代城市中比较常见的公共园林类型。这类园林与当代城市滨水景观的功能相似，通常由地方政府出资，与当地百姓共同进行修缮、维护与管理。因其通常以城市给排水体系作为载体，所以具有更加可持续的发展能力和活力，也更能体现园林水利的地域特色。

地处西北边陲的宁夏，虽远离园林文化浓厚的中原及江南地区，但依靠得天独厚的自然环境条件及独特的人文社会环境，在明代园林文化的整体影响下，形成了独具特色的公共园林水利景观。

明代宁夏镇城，在西夏兴庆府时期，属地质学中第四纪以来地面沉降最烈的重沼泽化地段之一，城址周围，沉降型湖沼星罗棋布[319]。湖泊湿地因此成为宁夏平原地理特点所孕育的一大自然景观[305]。明代，城址周围的湖泊达7处之多（三塔湖、高台寺湖、巽湖、月湖、观音湖、长湖、沙湖）[320]，与贺兰山共同形成了著名的"湖文化"和"贺兰山文化"两大风景文化体系。同时宁夏平原地区，灌溉农业发达，河流渠道成网，地质原因造就湖沼与湿地遍布，城外有"七十二连湖之说"[321]。

南塘，是位于宁夏镇城南熏门（南门）外的一处沼泽湿地，出南门三里许，过红花渠"永通桥"，西南向即是。南塘又名南池，池北为大门，门外有坊一座，上书"濠濮间想坊"[320]。经由巡抚张文魁、杨守礼相继整治后建造为一处公共园林，命名为"南塘"。跟据史料描述："旧为停潦之区，嘉靖间，都御使南涧公杨守礼委指挥方兴因势修浚。植柳千株，缭以短墙，注以河流，周方百亩，菰蒲蘋藻，鸥鹭凫鱼，杂然于中。泛以楼舡，人目之如西湖。万历兵变毁，三十二年，巡抚黄嘉善重修，榜曰'濠濮间想'。"[322]环绕园林周边设有方正的水池、长廊、景亭等园林景观设施，并沿岸植柳，池种芰荷，影影绰绰，暗香浮动，南塘由此而成为宁夏镇缙绅士民休闲娱乐的胜地。杨守礼《游南塘》曰："小艇容宾主，乘闲半日游。隔帘人唤酒，泊岸柳引舟。垂钓双鱼出，随波一雁浮。夕阳催去马，清兴转悠悠。"[322]由此可见"南塘"所具有的人文景观特色。

同时"南塘"原属所谓"七十二连湖"之一，此湖与众湖相通，长年活水澄澈[316]。"南塘"以及前文所述的"金波湖"所在的区域，是宁夏镇城地势较低的城市以南地区。根据明代宁夏方志所绘制的宁夏镇城图可知，宁夏镇是一座东西向长、南北向窄的长方形。从"南塘"和"金波湖"所在位置来看，不难发现，城市的南北向发展因受到湖泊洼地的限制，不得不向东西发展，因此形成了"横长竖短"，东西略高于南北，城市方位朝南偏西的城池形态。

自唐代以后，城市周围的农田由于逐年灌淤，地面逐渐加高，城址则相对沉降，因而渠床与城市地面高差增大，一旦发生暴雨、山洪，或者渠道决口，往往城市受淹[319]。据《嘉靖宁夏新志》记载，明代宁夏镇城外以南地区，每逢雨季，红花渠水"流潦激濈，与路旁明水湖混为巨汇[303]"；在城北修建的演武教场，常因"雨潦畜滞，妨教演之政[303]"。"南塘"和"金波湖"可以看作是宁夏镇城雨洪调蓄池的园林化产物，与城市东西向的红花渠、唐徕渠等供水渠道以及护城河、城内园池等共同构成的城市水系，不仅是集城市供水、排水、防御、灌溉、居民汲饮、园林游赏等的功能体系，也是一个充分利用地表水文资源进行水景营造的城市景观系统。经由此水系统形成了明代宁夏镇水天相接、旷达与灵秀并存的城市景观特色。在中原传统城市设计特点及地域环境需要双重影响下形成的宁夏镇水系景观，体现了古代园林水利的地域适应性特征。

3.4.4　园林水利特点

3.4.4.1　园林水利建设以风景游憩功能为导向

总体而言，宁夏镇地处西北内陆，干旱少雨，风沙强劲，水资源缺乏，生态环境脆弱，农业生产完全依赖水利灌溉。古代经过长期水利营建，这里的人居环境得到了显著改善。明代，经过宣德至万历百余年的曲折发展，至崇祯年间，由于大规模屯垦、放牧、砍伐森林和焚烧草场等人为因素，造成了宁夏镇生态环境的一度恶化[323]。然而，有明一代，宁夏镇园林水利建设却始终呈现繁荣的态势。当时的银川园林，早已发展至贺兰山东麓一带，具备了中原都会园林的格局。城市内外园林遍布，城内的王府花园、巡抚都察院、总兵帅府、监边太监宅第等封疆大吏们的庭院和其余守边宿将、勋臣们的私宅花园，以及散布城外的各色公共园林，使这座孤悬塞外一隅的军事重镇，具有"园林城市"的形态。由秦汉、魏晋、隋唐时期形成具备一定生产生活等实用功能的园林水利，经由两宋时期的发展，至明清时期达到鼎盛，并显著转向了以改善生态为主，兼顾风景游憩功能的方向，成为维护城市生态良性循环的措施和途径。

就明代宁夏镇的城市职能及性质而言，其为明廷专设的军镇，专业职能明显。因在城市职能、人口规模、空间布局等方面均不同于一般性城镇，因此，园林水利所具有的功能也不同于一般城市。明代的城市园林的建设途径非常多元化，在经济发达、人口集中的都会城市，水利设施的公共园林化已是比较常见。而对于边远地区的军事城镇而言，人文景观资源的稀缺性反而强化了当地官员及民众对园林文化的向往和追求。基于宁夏平原地区具有"塞上江南"的自然环境特征，入明以来，来自中原的历届地方官员无不针对区域环境资源进行园林景观的营造，园林水利建设也必定以风景游憩功能为导向，以提升宁夏景观的审美内涵。这一点在众多水景园林中都有体现，比如"南塘"之南所建的知止轩、涟漪轩等，都具有风景游憩功能，边镇官民常"会饮于此，鼓枻传觞，启扉待月，柳阴映水，碧波澄空。鼓吹击浪，歌声遏云，觥筹交错，醉忘形骸。此地此乐，百年所无"。[320]《后乐园记》中所描绘的环碧亭，可"倚视贺兰，玩赏渠沼"。可见，地方政府及官员对明代宁夏镇水利工程进行风景营造的目的是非常明确的。

3.4.4.2 地表水是城市园林水利建设的主要引用水源

明代为了适应宁夏镇城大规模的园林建设，于"永乐甲申，何福始引红花渠水由城东垣开窦以入城中"，"循绕人家，长六里余。"此举为明代银川园林水利的兴旺发展创造了条件。由于城内处处活水环流，城外湖沼湿地遍布，于是围绕城内低洼潴水处出现的大小湖沼及城外原有湖沼湿地，修建了大量水景园林。如在上游建有"静得园"，而下游积水为湖的城西部，环湖小园和沿水小园列布之间，较大者为"凝和园"[321]。此外，还有众多书院、寺庙等空间，也充分利用城市水资源，凭借城市水利设施，组建了不同风格、不同规模的园林水景，如大学士金幼孜在游玩三清观时曾赋诗道："入门喜见青松色，绕户还闻流水声，鹿过瑶台秋草合，鹤归幽径晚烟生。"[324]又如，明代巡抚王时于都察院（现兴庆区鼓楼以西北）屋后修建的附属园林"后乐园"，据明代张嘉谟在《后乐园记》中的记载："行台后有陈地，纵横约二亩许，前人为园，有蔬畦、花坞，杂树蓊蔚。旁引渠水，以时灌溉。中构小亭三檐，明敞幽洁。亭前汇水为曲池，抱掩萦映，一时澄澈如环璧然"[320, 325]，这段描述明确说明了"后乐园"园林水利建设以引用"渠水"为水源，并依据地形地势于亭前"汇水为曲池"。

大规模的农田灌溉需求，使得明代宁夏镇地区地表渠道水系发达。而另一方面，该地区地下水资源缺乏，对于园林水利建设而言，可资利用的地下水更是一种稀缺资源。因此，宁夏镇私家园林水利建设以引用人工渠水为主要水源；而规模较大的公共园林，则多以天然湖泊湿地为营造对象，直接加以风景化处理。与同一时期发达的江南园林相比，宁夏镇园林可供选择的水源是相对单一的，远不及江南地区园林水利建设水源选择的多重性和丰富性，由此也造成了宁夏镇园林水景形态的相对单一，几乎没有记载溪、潭、沼、瀑、泉、涧、池、洲、渚等同时出现或组合出现于园林中的情况。大多以开阔水体做主景，是宁夏镇园林景观空间形态因水源关系而成的鲜明特点。但这种做法的最大优势在于蓄纳水体，以缓解干旱少雨气候，有重要的城市生态功能。

3.4.4.3 园林水利建设注重保护原有湿地

银川平原地势平坦，黄河横穿而过，加之贺兰山各山谷洪水、泉溪的作用，以及河床频繁改道等原因，给银川地区留下了众多的湖沼湿地。另外，明代宁夏镇的两大主要供水渠道红花渠和唐徕渠，因长期淤积，使得渠道高出两岸地面。因此，在自然地势、湖泊、渠道的限制下，使得宁夏镇城形成"湖沼绕城池"的形态。明代，宁夏镇东部的灵盐台地上尚有湖泊、泉水的存在，"丽景园""金波湖"等园林均选址于此；在城南地区，以"南塘"为代表的一系列大型水景园林的存在，也充分体现了城址周边的原有湿地环境；在城西镇远门（西门）之外四十里，还设有一处名为"快活林"的大型园林，其间贺兰山泉水淙淙，湖泊湿地星罗棋布。这些园林水利营造活动，体现了时人对原有水体湿地的保护和利用。

宁夏镇城址属于银川平原上地势低洼之处，有其先天缺陷，存在多方面的水害问题[319]，比如大规模屯田主要采取大水漫灌的灌溉方式，导致排水不畅，地下水位较高，加剧了土壤盐碱化程度[326]，这种不良情况持续至清代，已严重影响了城市的正常运行；周围农田的逐年灌淤，使地面逐渐加高，而城址相对沉降，渠床与城市地面高差的增大加剧了暴雨、山洪、渠道决口等对城市安全的威胁，《西夏书事》记载：1111年秋季，"大风雨，河水暴涨，汉源渠溢陷长堤入城，坏军营五所，仓库、民舍千余区"[327]；1061年大水，"庐舍居民漂没甚众"[328]。

在明代，宁夏镇利用城内外大小不一、数量较多的湖泊、湿地、沟渠等营建园林，以联通和梳理水系，从一定程度上发挥了"自然海绵体"的蓄水作用。据张维慎[329]的研究统计，明代发生在宁夏地区的旱灾年份有63个，平均约4.4年就有一次，其中大旱年份有29个，平均9.5年一次。并且旱灾多集中在春季；而水涝灾害有27个，平均约10年就有一次，且多发生在秋季。可见，当时的宁夏镇与今天的城市面临着同样的水问题：干旱与水涝并存。在多种因素引发的自然环境变化的宏观背景下，园林水利建设在宁夏镇能存续较长的时期，体现了其背后所蕴含的融生产、生活、文化等多种功能为一体的整体性和系统性。

3.5　其他地方城市的园林水利

3.5.1　山西绛守居园池

绛守居园池是位于我国山西的历史名园，是古绛州的州署园林。《山西通志》记载："绛守居园池在州治北，隋开皇十六年内军将军临汾县令梁轨导鼓堆泉开渠灌田，又引余波贯牙城蓄为池沼，中建徊涟亭，旁植竹木花柳"[330]，可见绛守居园池的建造初衷是以解决农田灌溉为目的的。596年，因当地水资源匮乏，水质低劣，不宜生活生产所用，正平令梁轨遂引导绛州城西北二十五里鼓堆泉泉水，开渠溉田，并另引渠水入城内官衙后，以此为源，取土作池，筑堤建亭，使此处成为园林场所[331]。

绛守居园池园林景观在隋唐时期达到了鼎盛。唐穆宗长庆三年（823年），中唐文学家樊宗师所撰《绛守居园池记》将当时园池景观进行了描绘，其中也写到

"考其台亭沼池之增，盖豪王才侯袭以奇意相胜，至今过客尚往往有指可创起处。余常退吁，后其能无，果有不，补建者。池由于炀，反者雅、文安，发土筑台为拒。诛！几附于污宫。水本于正平轨，病井卤生物瘠，引古沃瀚，人便，几附于河渠。呜呼！为附于河渠则可，为附于污宫其可？书以荐后君子。"可见，绛守居园池之水源由正平县令梁轨引来，原来此处水咸苦，人畜饮之则生病，浇灌土地则贫瘠，因而需要从鼓堆泉引水以供生活和灌溉。

宋代文学家司马光在《绛州古堆泉记》中写道："鼓堆在州治所西北二十五里，樊绍述《守居记》作'古'，州之图志作'鼓'。鼓者，言人马践之，逢逢如鼓状，盖水源充满石下而然。云绍述之文其必有据，然今以耳目验之，则图志亦未可全废也……堆周围四里，高三丈，穹隆而圆，状如覆釜。水源数十环之，盛沸杂发，汇于南溶为深渊，中多鱼龟蟹蟾，水极清洁，可鉴毛发，盛寒不冰，大旱不耗，霪雨不溢。其南酾为三渠，一载高地入州城周，吏民园沼之用，二散布田间灌溉万余顷，所余皆归于汾。田之所生禾麻秫稻，肥茂芬甘异它水所溉。"[330]可见，人居环境景观营造的实质，往往起因于农业和生活需求而对水资源进行开发利用的水利建设活动。

3.5.2 四川崇庆罨画池

四川崇庆的罨画池，始建于唐代，是巴蜀园林中的名园。历史上罨画池曾出现过"罨画池""西湖""东湖"3个名称[332]，现罨画池公园由罨画池、文庙、陆游祠三部分组成，园林的整体风格体现出了浓郁的地域特色。

唐代，罨画池及其周边已成为文人雅士游赏集会的场所。北宋时期，发展为地域景观特色鲜明、人文气息浓郁的衙署园林。北宋嘉祐二年（1057年）江原（今崇州）知县赵抃诗《蜀杨瑜邀游罨画池》曰："占胜芳菲地，标名罨画池。水光菱在鉴，岸色锦舒帷"。崇庆《本志》记载："州治判官廨后池，即罨画池"[333]。《纪胜》也写道："西湖（即罨画池）在郡圃，盖皂江之水，皆道城中环守之居，因潴其余以为湖也[334]"。《蜀中名胜记》载："宋皇祐间，赵阅道为江原令，其二弟扬抗与俱，有'引流联句'……江原县江，缭治廨址而东，距三百步。泷湍驰激，朝暮鸣在耳，使人听爱弗倦。遂锸渠通民田，来围亭阶庑间。环回绕旋，沟行沼停，起居观游，清快心目[333]。"清代道光年间罨画池见图3-23。

通过诗文、地方志等的描绘可知，罨画池是在知州赵阅道因引水灌溉农田的同时，将水导引进入城中原本景致优美的"郡圃"，在地势低洼之处潴水为沼，并以水域为中心，植花栽木，构筑亭阁而成的游观之地。对此，范成大《吴船录》曰："十里至蜀州，郡圃内西湖极广袤，荷花正盛，呼湖船泛之，系缆古木修竹间，景物甚野，游宴繁盛，为西州胜处。"这里所说的"西湖"即

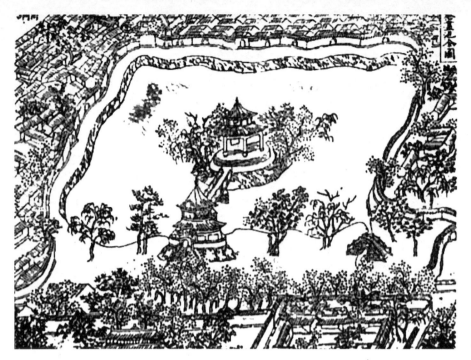

※图3-23　清道光年间绘罨画池 [332]

罨画池水域。经过历代增建及修复，并在地方官员、文人雅士的经营管理之下，罨画池逐渐发展成为结构完整的人文园林。就其发端来看，也是基于农田水利建设，同样体现了园林水利在营造、治理和改善生产、生活、生态环境方面的实际价值。

除了罨画池，古代四川地区因自然水资源丰富，水利建设繁荣，因此人水之间的互动关系在风景园林建设方面得到了充分体现。比如，唐代之前，位于成都城外西南二江旁的重要场所浣花溪，唐宋时期的摩诃池等，都是因水利建设而成的具有代表性的城市公共园林，兼有排水蓄水功能。唐宋时期，因城市水利工程成果丰硕，随着城市文明的不断进步，都城之外许多地方城市的公共水域都在政府的主导或牵引下被开发成公共园林场所，成都的浣花溪、摩诃池皆属此类 [37]。活水的引进，使城市园林营造活动极其丰富，时人曾这样形容当时的成都：“珍木郁清池，风荷左右披”、“高城秋自落，杂树晚相迷”、“画舸轻桡柳色新，摩诃池上醉青春” [1]，足见当时的城市水利景观之兴盛。

3.5.3　湖北襄阳习郁鱼池

古代襄阳习郁鱼池也是园林水利结合农业灌溉工程的代表性案例。据《水经注》载：

“襄阳城东有东白沙，白沙北有三洲，东北有宛口，即清水所入也。……又径岘山东（沔水）东南流径岘山西，又东南流，注白马陂水，（沔水）又东入侍中襄阳侯习郁鱼池。郁依范蠡养鱼法，作大陂，坡长六十步，广四十步，池中起钓台。

1　以上诗分别出自（唐）杜甫《畅诗》、（唐）杜甫《晚秋配严郑公摩诃泛舟》、（唐）高骈《残春遣兴》。

池北亭，郁墓所在也。列植松篁于池侧，沔水上郁所居也。又作石洑逗，引大池水于宅北，作小鱼池，池长七十步，广二十步。西枕大道，东北二边，限以高堤，楸竹夹植，莲芰覆水，是游宴之名处也。山季伦之镇襄阳，每临此池，未尝不大醉而还，恒言此是我高阳池。故时人为之歌曰'山公出何去，往至高阳池，日暮倒载归，酩酊无所知'。""沔水又东南径邑城北，习郁襄阳侯之封邑也，故曰邑城矣。""沔水又东径猪兰桥。……桥北有习郁宅，宅侧有鱼池，池不假功，自然通洫，长六七十步，广十丈，常出名鱼。沔水又南，得木里水会。"[335]

根据以上描述可以推测，习郁鱼池是引用沔水而建于城郊的大型私家园林。其所在区域位于岘山南麓、西临大路，与襄、汉两水交汇处相距不远[55]，自汉元帝以来，便有大量农田，《汉书·召信臣传》载："召信臣……视民如子，行视郡中水泉，开通沟渎，起水门提闸几数十处，以广灌溉，岁岁增加，多至三万顷，民得其利，蓄积有余。"可以推测，习郁鱼池便是基于区域农田水利灌溉工程而建的郊野型园林，可谓是农业灌溉的"附属产品"[22]。

3.5.4 河北承德避暑山庄

承德避暑山庄是我国目前现存面积最大的皇家园林。位于热河上营沿武烈河西岸一带狭长的天然河谷地上，周围有优美的山水资源可资因借[336]，乾隆曾表示"山庄以山名，而胜趣实在水"，避暑山庄的真正精妙之处在于其巧妙解决了园林用水问题。

承德地处燕山山脉东段，四周群山环绕，是典型的山间盆地。固都尔呼河、茅沟河、赛音郭勒河三源交汇而成的武烈河，自山谷的磬锤峰下蜿蜒南流，贯穿盆地，为避暑山庄提供了丰沛的水源[337]。乾隆本人对武烈河水系有比较清晰的描述："武列水出察汗陀罗海，距山庄二百里，而赢流经固都尔呼达巴汉麓，遂名固都尔呼河。西南至中关东合茅沟河，又南流合赛音郭勒水，又西南与山庄东北之汤泉合三源，既汇，又西南流沿山庄东北历锤峰下。行宫内亦有温泉流出，汇之于是始有热河之名。"[338]

避暑山庄内的水源有三：一为园外武烈河与狮子沟之间隙水，作为主要水源；二为西北群山上的泉水与雨水径流，三为园内热河泉，泉水涌流，连绵不绝[339]。在《（乾隆）御制诗全集》对山庄的水源也有记载："避暑山庄园内本有温泉，又引武烈之水，以故湖沼水富。"[340]这一点也说明了皇家园林能够引用的水源类型非常多样，具体的水景营造手法也因此丰富。

避暑山庄地处武烈河西岸，其平原区正处于武烈河的西边低洼区[337]。避暑山庄的湖区原有九湖十岛（孟兆祯，2000年），九湖自东而西北为镜湖、银湖、下湖、上湖、澄湖、如意湖、内湖、长湖、半月湖，十岛有文园岛、清舒山馆岛、月色江声岛、如意洲、文津岛、戒得堂岛、金山岛、青莲岛、环碧岛、临芳墅岛等十岛[341]。今因内湖、半月湖淤塞，文津岛和临芳墅岛连成一片，仅见七湖八岛[342]。康熙年间，武烈河水由东北门通过明渠暗沟的形式引入山庄内，注入湖沼中。河水入园之后，水渠逐渐放宽，形成狭长形的半月湖，湖水可承接来自北面的山洪和"泉源石壁"下注之水。

据《承德府志》记载："北山之麓，悬崖直下，旁无路溪，飞流百尺，从石壁泻出。"康熙皇帝题名为"泉源石壁"；西则汇集"南山积雪"，东坡降水（孟兆祯，1983年）。半月湖在南端收束为狭长的水道，与西部山区汇水的几条主要谷线——松云峡、梨树峪、松林峪、榛子峪近于垂直，并在各处谷口扩张为喇叭口形，便于承接山区泉水和雨季大量的地面径流，成为天然的排放水体，河流夹带的泥沙在此处得以沉淀[337]。此后自文津阁北侧分为东西两流，靠近西边的水道线型基本按照西部山区的山体轮廓进行自然设置，对水体的自然流动路径给予了最大限度的保留。之后东西两道河水夹千林岛继续南流，并汇集为长湖，长湖南端与如意湖之间以桥相连，水流进入湖泊区主体位置，环岛成湖，并继续南流，与避暑山庄中另一重要水源——热河泉，在东边汇合之后从水心榭流出，延伸至银湖南侧的五孔闸泄水，山庄之水皆由此流出汇入武烈河之中[336,339,342-343]。

概括而言，避暑山庄内的园林水源由武烈河水、热河泉、西部山区的诸泉水及雨水径流共同组成。其园林水系由东北开始，向南流至西北山脚，分东西两支行至长湖汇合，再向南流经各洲岛，与热河泉汇合向东北自水心榭流入银湖，而后自五孔闸流出汇入武烈河，形成完整的流动路径[336]，突出体现了中国古代园林水利为充分利用自然水资源，保证景观水体的水质水量，而对水源进行多元并取、多处汇聚、多样采集[342]的经营理念，这是园林水利工程为应对单一水源因季节性变化对园林水体景观造成的不利影响所采取的适应性措施。诸多水源使山庄基址原为天然水沼之地，经过人为疏浚整理之后，依据地形地势、水源水量等因素而从整体上形成了"顺藤结瓜"式的水景形态，通过自然环境选择不同的水景类型，注重保持整体之间的连通性，利用瀑布等动态景观消化水体之间的自然落差，这种理水手法对于水量的保持、水质的保育都有积极作用。

3.5.5 广东惠州西湖

惠州西湖，原名丰湖，因位于惠州府城以西，故名"西湖"，是岭南地区重要的公共园林，形成于唐宋时期，基于区域山水空间格局营建而成[344]。南宋诗人杨万里的诗句"三处西湖一色秋，钱塘颖水及罗浮。东坡元是西湖长，不到罗浮那得休。"[345]赞美了历史时期惠州西湖的风景资源曾与杭州西湖，颍州西湖齐名。

惠州位于广东省东南部、珠江三角洲东北，东江中下游地区[346]。嘉靖《惠州府志》记载："罗阳海滨惟惠州，东距潮，西连广，北接赣，南极于海，而罗浮锁下西北隅。广袤千里，南北相去七百六十里，自东北距西南一千五十五里，自东南距西北七百六十五里。"[347]东江和西枝江是惠州境内的主要河流，两江贯穿全城，把惠州市区分为三大部分[348]。

关于惠州西湖的形成，学界主要有2种观点，第一种，即自然形成的天然湖泊。黄德芬认为惠州西湖的基址是长期受到山洪冲刷而成的洼地，西湖是"东江自然堤外洼地积水而成的自然堤外湖"，是历史时期自然形成的[349]。梁大和等认为西湖是"受东江自然堤所阻，积聚而成"[350]。吴庆洲认为，"惠州西湖有新螺、横槎、水帘3大水源，受东江自然堤之阻，积聚成湖[351]。"第二种即因河道演变而逐渐形成。比如叶明镜认为，西湖湖盆是西江河故道的一部分，因河水泛滥。河道不断东移而形成西湖[352]；叶岱夫也有论述类似的观点，认为东江（包括西枝江）的河道变迁与惠州的城市发展直接相关[353]。不论哪种观点，西湖的成因都是一个复杂而长期的过程，在当时的认知范围和生产条件下，按照其特有的地理因素与条件，经过筑堤蓄水逐渐而成[351]，可以视为半自然、半人工的湖泊[348]。因此，惠州西湖风景建设的动因与城市水利功能的发挥密切相关。

张友仁编纂的《惠州西湖志》[354]对西湖的范围给出了较为明晰的界定：

西湖山起于红花嶂。嶂西行至黄峒而北，历窑斜、学田，迄三台石，沿江堤至桴山；嶂东出，至天平针、斧头岭、麦地、横冈、子西岭，循江为堤，经钟楼连湖山。凡山水汇入湖者，即为湖之区域。其山脊至江湖间堤，则为湖之界也。东西约十千米，南北约八千米，面积约八十平方公里。湖水面积为一百万平方尺。

清康熙年间吴骞编撰《西湖纪胜全图说》则认为："天下三西湖……杭之嘉以玲珑，而惠则旷邈；杭之佳以韶丽，而惠则幽森；杭之佳以人事点缀，如华饰靓妆，而惠则天然风韵，如娥眉淡扫。"[354]

通过以上材料可知，惠州西湖水+域面积广阔，筑堤蓄水、风景营造等建设工程的尺度和规模较大，因此需要地方政府不断投入财政支持并鼓励民众广泛参与，由此才可保证其纳蓄洪水、防洪防旱、供水用水、提供产业资源、风雅游赏等多元化功能的正常发挥，这是惠州西湖发展成城市公共园林的内在因素，也是西湖风景园林理水的最终目的。

惠州西湖园林水利的营造与维护在不同的历史时期表现出不同的意义。

隋代，已经成型的西湖成为了城市军事防卫的有效设施，"西湖，为郡之胜览，长二里余，绕郡城外之西南。""湖水为郡金汤。"[355]此时城址四面环水，在军事防卫方面极为有利。清光绪六年（1880年）掌云南道监察御史臣邓承修上奏太后和皇帝的《奏请浚湖疏》中有提到："臣窃见粤省惠州所辖，直南滨海，密迩虎门、碙石，上毗潮、嘉，下连广属。府治距省三百余里，建瓴直下，为东路之屏蔽，实省会之咽喉，唐宋至今号称险塞。其城三面阻水，东北临江，西南附郭一带潴汇为湖。回环拱抱，无平原旷野。故敌骑不得纵，人力无所施。臣查顺治三年，逆首陈耀寇惠，围攻逾旬。后遂锄毁湖堤，欲涸积水为战场，旷日持久，援兵四集，旋即荡平。咸丰四年，翟逆攻城，亦欲决堤涸水，而水深泥梗，计不得逞，遂折而北窜江西。其不敢顺流而下，直寇省垣者，以郡城扼其腹心，贼有狼顾之忧也。是则全湖之襟要，不独为惠城之保障，亦粤省之安危所系也。"可见，历史上西湖对惠州的城防确实起到重要作用[348]。

宋代，惠州西湖在农田灌溉方面发挥了极大的作用。"时丰湖之防废，水已涸而税犹存，俛始筑长堤以捍水""领经画，筑堤截水"，"东起中廊，西抵天庆观（今元妙观），延袤数里""湖之利溉田数百顷，苇藕蒲鱼之利，岁数万。官不知禁，民之取于湖者众，其施丰矣。是以谓之丰湖。""西湖有鱼虾菱芡之利，近湖而居者日取之数口之家给焉。"由此可见，宋代筑堤蓄水的主要目的是为区域农业发展提供生产条件。

明代以前的惠州虽地处自然资源优越的珠江流域，但因其近海，而造成"惠州府与归善县城地皆咸"的局面，城内仅州治内有一眼井水可供饮用。"城中亦无井，民皆汲东江以饮[356]。""丰湖在州之西百余步"，汲取更加便利。另外，西湖"穿城注秀水湖入西江"，西湖流入城内的秀水湖，稍作停蓄后，过钟楼，然后流入西枝江。城内百姓也多取用此水，还有一些人直接环绕湖居住，以获得近水之利[346]。《归善县志》对这一情形之描述："秀水湖，在郡城内，西湖水旧注此入西江，后改百官池，则此湖潴蓄益广，四面人居环之，有鱼菜之利[355]"。

防洪排水，是西湖在惠州城市水利中发挥的又一重要作用。惠州所在的东江冲积平原，四周群山环绕：北部横贯罗浮山，西南方地势升高，有白云嶂等山岭绵延。惠州城址总体地势较低，城市西部山区的洪水对城市威胁很大，因此西湖的存在可以起到纳蓄洪水的作用，有效延缓洪峰的到来，使城市免受于难。惠州西湖"广袤十里，汪洋千顷"，水域面积大，又与东江与西枝江连通，保持排水系统的畅通则可对抵御洪水发挥作用。据《惠州府志》（光绪）记载："自北泄者，经拱北堤与东江之水会；自南泄者，经南隐堤与西江之水会；而中则由碧水关穿城入百官池（鹅湖），经公卿桥湍泄钟楼堤达于西江。"吴庆洲指出，"由于惠州城建于东江与西枝江交汇之处，如遇历史上的大洪水，两江交涨，则洪水常漫过城墙造成水患[351]"。这一点在文献资料中也有所记载："顺治十三年，夏五月大水，淹至府头门外，舟从水关口城垛出入西湖，十字街俱可行舟；顺治十五年，西门水没雉堞四日，舟从城上出入西湖；乾隆三十八年，夏六月大水，一日涨三四丈，舟从城垛出入者五日[348]"。可见，城市防洪排水，应构成全域"灰"、"绿"、"蓝"基础设施体系，形成功能综合化的城市水利系统，同时发挥水利、生态以及文化休闲作用。

惠州西湖自隋代在城市防卫体系中发挥作用以来，其所具有的城市水利功能便初具雏形。有宋以来，地方政府不断投入公共资源对其进行了有目的的风景营造，使西湖在承担城市水利设施的角色之外，同时兼具了风景游憩功能。不曾间断的疏浚、维护、营造等管控措施，使惠州西湖的水域面积在解放前一度达到了杭州西湖的两倍之大[354]，其中，多处风景空间的建造都是结合水利功能而成，比如《读史方舆纪要》记载："宋知州事陈偁筑堤防，创亭馆以为胜"；在修筑平湖堤时"中置水门备潦，叠石为桥于其上"；并"植竹为径二百丈以固堤"，使桥、堤等水利设施园林化。此外，还建有寺庙、庵堂、祠、墓等宗教祭祀设施，以及书院精舍、亭台楼阁等，据《惠州西湖志》记载："清代湖边有水楼数十座，饮宴称盛，画舫游艇，均入画图"。北宋陈偁提出了惠州"西湖八景"即：鹤峰晴照、雁塔斜晖、桃园日暖、荔浦风清、丰湖渔唱、半径樵归、山寺岚烟、水帘飞瀑，伴随着文人雅士对西湖文化的推广和营造，惠州西湖逐渐演变成以自然山水资源为基础、以水利功能为导向，具备中国文人审美特质的风景名胜区。

第 4 章

总结与讨论

4.1 "园林水利"系统的生成机制——园林理水与城市水利系统的结合

中国古代园林建设的成就，许多是在历代城市水利系统发展的基础上取得的。上至皇家园林中的大型人工湖，下至私家园林中的小型池塘，以及城市范围内常见的湖、池等各种类型的公共园林，从形成和发展过程来看，都是园林理水体系与城市水利系统相结合的结果。

总体来看，城市的发展过程也是人类对水循环的认识和介入过程，这种认识促成了城市水系统的形成，其核心是解决供排水问题。园林是不同时期人类文化与城市经济高级阶段的产物，以休闲游憩为核心。城市水利工程对地表水资源的空间分布影响，会进一步影响园林的选址、布局和立意。可见，当园林理水的审美特质与休闲游憩需求，借助或者结合城市水利系统展开时，园林理水便具有了城市水利的特点与功能；同时，当城市水利系统的工程实用功能，结合或者融合园林理水特性进行建设时，城市水利系统便具有了园林理水的美学价值和游憩价值。

仅以实现美学效益为单一目标的园林理水，或者未经过园林化处理的城市水利系统，都不足以将其视为"园林水利"。从"园林理水"开始，到"园林水利"生成，在这一过程中，梳理水系是前提，城市水利是根本，核心是实现水体功能的综合性，表征是水利功能空间的风景化。因此，城市园林与城市水利建设成就均比较辉煌的时期和地区，园林与水利的结合也相对兴盛而成功。例如隋唐长安和隋唐洛阳，在城市建设的高潮阶段，园林水利事业也随之兴旺；在城市商业娱乐文化高度发达的两宋时期，开封和杭州的园林水利建设也进入了全盛阶段；明清之际，中国封建时期的城市规划体系及城市格局已成型，北京城市园林水利在前代建设的基础上，已经历了较长时期的奠基发展，其建设内容、思想、设施等，都在长久累积所形成的城市水利系统建设基础之上展开。总之，在城市发展所需要的自然——社会支持系统中，无论是具有自然水资源优势还是政治、经济等社会资源优势，都会促进城市水利与园林理水的融合发展，从而生成园林水利的功能。

4.2 "园林水利"关系的层次性——园林和水利系统之间互相影响、彼此成就

园林水利的生成和发展反映了人类的两大需求的结合：生存和休闲游憩。园林的形成条件和发展背景依赖于水利，同时也影响水利工程的功能变迁和效益演化。因功能的不同，以及人类的生存和休闲游憩需求两者的发展变化，使园林和水利系统之间互相影响、彼此成就。

水利与园林之间的第一层关系，即水利工程往往是园林水系形成与发展的支撑性因素。当园林理水的源流直接借助或者依赖水利系统时，水利构成了支撑园林水景观成型的基础因素。中国古代许多大型园林都是在治水、用水和管水的背景下产生的，由此直接具备"园林水利"的特点。例如春秋时期章华台、姑苏台的大型湖池；汉长安昆明池、曹魏邺城园林、隋代绛守居园池、唐宋时期的成都摩诃池等。此外还有盛极一时的明代银川园林，直接得益于区域与城市悠久的水利开发历史和发达的区域灌溉系统。

水利与园林之间的第二层关系，即水利工程向园林景观的演化，体现了不同社会发展阶段下对水体价值认识的变迁。往往在社会稳定的时期，城市经济的发展也使居民的休闲游憩需求不断增加，促进单一功能的城市水利工程、设施、水体，向具有风景游憩价值的园林场所转变，如北宋开封的水军演练场所金明池向公共园林的转变，清代颐和园昆明湖由蓄水设施向山水园林的转变，明清北京积水潭区段向公共园林的转变，扬州瘦西湖由运河河道向公共游览地及私家园林聚集场所的转变等。

我国众多历史城市中的西湖文化现象，则明确反映了水利与园林之间的演化关系。例如杭州西湖，由城市供水设施逐渐演化为兼具风景游憩功能的山水风景名胜场所，而当代的西湖已不具备城市供水功能，完全演化成风景区。包括大明湖在内的济南泉水园林景观也印证两者之间的演化。经过多个历史时期逐步成型的济南园林，是完全依托城市泉水体系而成的城市景观系统，也成为历代城市供排水系统的主要组成。近代以来，在城市功能日趋完善的背景下，济南泉水经过逐步演化成公共园林。由此可见，对于水利设施的风景园林功能的挖掘及开发，可以使水利工程及水利设施持续发展，并焕发出更强大的生命力。

4.3 "园林水利"可持续发展的核心——园林水系功能的综合性

中国古代园林从萌芽之初至臻于成熟，前后历经数千余年。在传统山水文化观念的影响下，历朝历代上至统治阶层，下至地方百姓，从都城到地方城市，依托城市水利系统而营建的园林数量非常庞大。但从可持续设计视角审视我国古代园林可以发现：无论类型、规模、功能等外在表现，还是管理、维护等内在机制，具有综合性功能的园林水利系统其可持续性更强，在综合解决城市问题方面的作用也更大。

现存的杭州西湖、惠州西湖、包括"三山五园"和什刹海水系在内的北京玉泉水系，皆是这方面的典范。杭州和惠州两地的西湖是由城市供水设施与风景营造结合而成的公共园林载体，其在功能上的多元性为城市的生产、生活提供基础保障，也营造了声名卓越的风景名胜，从而促进了历代政府对城市水利与风景保护的重视[37]。北京玉泉水系，历经元明清三代的长时期建设与治理，至清代形成集供水、排水、城防、观赏游憩等多种功能为一体的综合性水资源系统，能充分服务于生产和生活。因此可以发现，除去自然环境变化、战争、朝代更迭、城市土地利用变化等人为因素之外，能有效保证城市园林水利系统持续发展的核心实质上是其功能的综合性。

现存的风景园林遗产当中，较少见到受众面小、功能单一的实例。但有一个问题值得说明，既然功能单一的园林在可持续发展方面的驱动力不足，为什么园界之内、仅服务于园主私家且重在园林审美功能的苏州古典园林却被保留下来？东南大学的王劲（2007年）在其学位论文中总结到，清代苏州园林的大量建设，甚至一度造成了城市水系的日趋退化，园林理水在水口及尾闾的处理手法上因此快速做出了调整和响应，以营造出水流穿越的动态联想。而也有学者研究发现苏州城区内大小不等的园林水体与纵横的河道、湖泊、湿地等实际上联系成为一个有层次的整体，对城市内涝灾害具有一定的抗干扰能力，对城市防洪功能具有一定的辅助作用。可见，从雨洪管理的角度来看，清代以来的苏州园林群体仍可以视为城市基础设施的一种补充性建设。

4.4 "园林水利"研究视角的开放性——从传统园林理水走向区域水循环系统

本书自确定题目以来，即不断尝试将城市园林置于"社会-经济-自然"的城市建设整体环境中，从区域-城市水系统的角度探讨中国古代城市园林的水景理法问题。在研究过程中逐渐发现：古代园林在水景建设实践的背后，实际上与城市水利之间存在着密切的联系，而对这种关系的研究，需要对城市水利系统有较为全面的认识。

城市水利系统是一个复杂、完整的系统。从宏观方面来说，包括城区和郊区两大水利系统，功能有所不同。总体来说，城区水利系统以供水、排水、蓄水为本质内容，与当代给水排水工程研究与实践内容类似；郊区水利系统作为城市水利系统的来源与去向，即提供水的源头和排水的终端[42]，对应于当代水利工程学科的研究与实践内容。可见，基于园林水利思想研究古代园林水景，是从区域与城市水利系统的思想出发，这种思想区别于传统的单一理水艺匠研究的思路。

依照"园林水利"的研究思路发现：中国古代园林从表面上看来与城市基础建设联系似乎并不十分紧密，但实际上非常注重与城市水利的结合，包括与城市供排水、城市航运、农业灌溉及水环境工程（保证水质水量）等功能均有联系，众多园林水体甚至是上述所有功能的一个综合体。同时，在研究古代园林理水与城市水系统关系的过程中发现：大部分古代园林都作为水的自然循环或社会循环中的某一部分或者某一环节，不同程度地参与到城市水循环之中。

故此，本研究认为："园林水利"可以作为研究古代园林水景的一种补充性视角和方法。当"园林水利"作为一种方法论体系，可以"以综合性的视角看待人与水之间的关系"；当"园林水利"作为研究对象，可以从中国古代园林的水景形态、理水手法等方面的传统研究中，进一步转向对园林适应二元水循环过程的思考，从而全面理解和认识园林可持续发展的关键原因。总体而言，基于"园林水利"的方法体系对园林水景进行综合性研究，并非全新的探索和尝试。在风景园林学科及相关领域，已有多位学者对此展开过研究。本研究一方面以众多已有研究为基础，同时也对若干较新的案例展开研究。如对大同（北魏都城平城）、济南等城市的园林遗产进行研究时，即以该方法为途径，对中国古代城市基于水利体系影响下的城市风景园林营造特征展开文献与实地调研，取得了不少第一手的数据和成果。但研究仍有许多不足之处，尚待完善。

参考文献

[1] 周维权. 中国古典园林史（第三版）[M]. 北京：清华大学出版社，2008.

[2] 李金路，朱婕妤，赵彩君. 从"园林"到"风景园林"——关于《风景园林基本术语标准》修编的思考 [J]. 中国园林，2017，33（01）：37-40.

[3] 熊和平. 风景园林学的定义探讨 [A]. 住房和城乡建设部、国际风景园林师联合会.和谐共荣——传统的继承与可持续发展：中国风景园林学会2010年会论文集（下册）[C]. 住房和城乡建设部、国际风景园林师联合会：中国风景园林学会，2010：4.

[4] 园林基本术语标准（CJJ/T91-2002）[M]. 中国建筑工业出版社，2002.

[5] 陈宏明. 浅论中国古代苑囿中的治山理水 [J]. 生态经济（学术版），2010（02）：460-463.

[6] 周保良. 中国古典园林水景理法及其在城市公园中的应用研究 [D]. 河北工程大学，2017.

[7] 陈明明. 江南传统公共园林理水艺术研究 [D]. 浙江农林大学，2012.

[8] 钱正英. 中国水利 [M]. 中国水利水电出版社，2012.

[9] 郑肇经. 水利的重要和推行 [J]. 播音教育月刊，1937，1（4）：98-104.

[10] 刘星. 水利的概念的演化 [J]. 治淮，1992，11：43-44.

[11] 沈振中. 水利工程概论 [M]. 中国水利水电出版社，2011.

[12] 郭涛. 城市水利与城市水利学 [J]. 四川水利，1995（05）：3-7.

[13] 中国农业百科全书总编辑委员会水利卷编辑委员会. 中国农业百科全书·水利卷 [M]. 北京：农业出版社，1986.

[14] 刘树坤. "大水利"概念 [J]. 科学新闻，2000（08）：11.

[15] （加）Asit K.Biswas，刘国维译. 水文学史 [M]. 北京：科学出版社，2007.

[16] 崔为. 黄帝内经·素问译注 [M]. 哈尔滨：黑龙江人民出版社，2003.

[17] 秦大庸，陆垂裕，刘家宏，等. 流域"自然-社会"二元水循环理论框架 [J]. 科学通报，2014，59（Z1）：419-427.

[18] 王浩，贾仰文. 变化中的流域"自然-社会"二元水循环理论与研究方法 [J]. 水利学报，2016，47（10）：1219-1226.

[19] 张小飞，彭建，王仰麟，等. 全球变化背景下景观生态适应性特征 [J]. 地理科学进展，2017，36（09）：1167-1175.

[20] Arnold S.J., Pfrender M.E., and Jones A.G. The adaptive landscape as a conceptual bridge between micro-and macroevolution [J]. Genetica, 2001, 112-113（1）：9-32.

[21] 陈义勇. 中国传统城市水系结构及水适应机制 [D]. 北京大学，2013.

[22] 木柱. 中国古代的水利园林 [J]. 水利天地，1989（05）：38.

[23] 郑连第. 古代城市水利 [M]. 北京：水利电力出版社，1985.

[24] 杜鹏飞，钱易. 中国古代的城市给水 [J]. 中国科技史料，1998，19，（1）：3-10.

[25] 郑晓云，邓云斐. 古代中国的排水：历史智慧与经验 [J]. 云南社会科学，2014（06）：161-164+170.

[26] 都铭. 扬州园林变迁研究 [D]. 上海：同济大学博士学位论文，2010.

[27]（梁）萧统. 文选·卷六 [M]. 上海：上海古籍出版社，1998.

[28]（明）胡汝砺.（弘治）宁夏新志 [M]. 胡玉冰、曹阳校注. 北京：中国社会科学出版社，2015.

[29] 刘家琳. 基于雨洪管理的节约型园林绿地设计研究 [D]. 北京：北京林业大学，2013.

[30]（明）徐光启. 农政全书（上）[M]. 陈焕良、罗文华校注. 长沙：岳麓书社，2002，322-325.

[31] 郑力鹏，郭祥. 秦汉南越国御苑遗址的初步研究 [J]. 中国园林，2002（01）：52-55.

[32] 孔繁恩，刘海龙. 现代风景园林视角下对于中国古代园林理水科学特性的思考 [J]. 西部人居环境学刊，2018，33（05）：64-68.

[33] 徐竟成，顾馨，李光明，等. 城市景观水体水景效应与水质保育的协同途径 [J]. 中国园林，2015，31（05）：67-70.

[34] 任拥政，章北平，章北霖等. 住宅小区景观水体生态保持系统工程 [J]. 中国给水排水，2004（04）：66-68.

[35] 杨念中. 永嘉溪口李氏民居建筑及水处理技术特征 [J]. 东方博物，2017（01）：101-106.

[36] 敬德. 两汉皇家园林社会功能研究 [D]. 西南大学，2009.

[37] 毛华松. 城市文明演变下的宋代公共园林研究 [D]. 重庆大学博士学位论文，2015.

[38] 汪菊渊. 中国古代园林史 [M]. 北京：中国建筑工业出版社，2012.

[39] 吴佳雨，潘欢，杜雁. 中国历史园林遗产时空演变特征及其影响因素 [J]. 人文地理，2016，31（01）：50-56.

[40] 费振刚，仇仲谦. 司马相如文选·子虚赋上林赋 [M]. 南京：凤凰出版社，2011.

[41] 贺业钜. 中国古代城市规划史论丛：论汉长安城市规划 [M]. 北京：中国建筑工业出版社，1986.

[42] 张建峰. 汉长安城地区城市水利设施和水利系统的考古学研究 [M]. 北京：科学出版社，2016.

[43] 潘明娟. 汉长安城给排水系统及其启示 [J]. 唐都学刊，2017，33（01）：15-18+46.

[44] 王军. 中国古都建设与自然的变迁——长安、洛阳的兴衰 [D]. 西安建筑科技大学，2001.

[45] 孙炼. 大者罩天地之表，细者入毫纤之内——汉代园林史研究 [D]. 天津大学，2003.

[46]（汉）班固. 汉书·元后传 [M]. 北京：中华书局，2007.

[47] 高歌. 论西汉上林苑水系功能特点及其形成因素 [D]. 南京农业大学，2007.

[48]（北魏）郦道元. 水经注. 中国基本古籍库.

[49] 李令福. 汉昆明池的兴修及其对长安城郊环境的影响 [J]. 陕西师范大学学报（哲学社会科学版），2008（04）：91-97.

[50] 谢旭静. 从汉画像分析汉代园林理水特点 [A]. 中国汉画学会（Chinese Institute of Han Dynasty's Art）.中国汉画学会第十三届年会论文集 [C].中国汉画学会（Chinese Institute of Han Dynasty's Art）：中国汉画学会，2011：5.

[51]（宋）范晔.后汉书·卷35 [M]. 北京：中华书局，2007.

[52] 庆祝苏秉琦先生考古十五年论文集 [A]. 北京：文物出版社，1989.

[53] 王铎. 北魏洛阳规划及其城史地位 [J]. 华中建筑，1992（02）：47-56.

[54] 方原. 东汉洛阳对周围环境的改造和利用 [J]. 河南科技大学学报（社会科学版），2006（06）：13-17.

[55] 张甜甜. 东汉园林史研究 [D]. 福建农林大学，2015.

[56] 吴方浪. 东汉城市园林水景观建设探析——以濯龙园为例 [J]. 南昌工程学院学报，2016，

35（02）：22-25.

［57］徐小亮. 都城时代安阳水环境与城市发展互动关系研究［D］. 陕西师范大学，2008.

［58］徐小亮. 曹魏邺城区域水利开发试探［A］. 中国古都学会、广州市文化局.中国古都研究
（第二十三辑）——南越国遗迹与广州历史文化名城学术研讨会暨中国古都学会2007年年会
论文集［C］.中国古都学会、广州市文化局，2007：9.

［59］徐光冀，顾智界. 河北临漳邺北城遗址勘探发掘简报［J］. 考古，1990，07：595-
600+676-677.

［60］程森，李俊锋. 论曹魏邺城及其周边自然景观和文化景观［J］. 三门峡职业技术学院学报，
2008（03）：42-45.

［61］刘佳. 魏晋南北朝时期邺城城市建设与更新发展钩沉［D］. 河北工业大学，2007.

［62］郭黎安. 魏晋北朝邺都兴废的地理原因述论［J］. 史林，1989（04）：10-14+5.

［63］魏耕原，张新科，赵望秦. 先秦两汉魏晋南北朝诗歌鉴赏辞典［M］. 北京：商务印书馆国
际有限公司，2012.

［64］郑辉，严耕，李飞. 曹魏时期邺城园林文化研究［J］. 北京林业大学学报（社会科学版），
2012，11（02）：39-43.

［65］李洁萍. 中国历代都城［M］. 哈尔滨：黑龙江人民出版社，1994.

［66］（梁）萧统. 文选［M］. 李善注. 北京：中华书局，1977：100-101.

［67］王铎. 安阳邺都的皇家园林［A］. 中国古都学会；中国古都学会. 中国古都研究（第五、
六合辑）——中国古都学会第五、六届年会论文集［C］. 中国古都学会；中国古都学会，
1987：15.

［68］贾珺. 魏晋南北朝时期洛阳、建康、邺城三地华林园考［J］. 建筑史，2013（01）：109-
129.

［69］（宋）李昉. 太平御览·卷964［M］. 北京：中华书局，1960.

［70］（唐）房玄龄. 晋书·卷107·载记第七［M］. 上海：商务印书馆，1933.

［71］（清）顾炎武. 历代帝王宅京记·卷十二·邺下［M］. 北京：中华书局，1984.

［72］徐光冀，朱岩石，江达煌. 河北临漳县邺南城遗址勘探与发掘［J］. 考古，1997（03）：
27-32.

［73］（元）纳新. 河朔访古记［M］. 台北：台湾商务印书馆，1983.

［74］（清）顾炎武. 历代帝王宅京记［M］. 北京：中华书局，1984.

［75］（唐）房玄龄. 晋书·石季龙载记［M］. 上海：商务印书馆，1933.

［76］高圣博. 六朝都城苑园研究［D］. 南京农业大学，2009.

［77］徐丽娟. 六朝都城建康的生态环境研究［D］. 南京师范大学，2007.

［78］傅晶. 魏晋南北朝园林史研究［D］. 天津大学，2004.

［79］（唐）建康实录·卷五［M］. 北京：中华书局，2009.

［80］张婷婷. 六朝建康城市空间布局研究［D］. 陕西师范大学，2015.

［81］武廷海. 六朝建康规画［M］. 北京：清华大学出版社，2011.

［82］郭黎安. 试论六朝建康的水陆交通［J］. 江苏社会科学，1999（05）：126-132.

［83］张芳. 六朝时期的农田水利［J］. 古今农业，1988（02）：48-56.

［84］袁祯泽，沈志忠. 六朝建康地区的农业发展［J］. 古今农业，2014（02）：21-29.

［85］袁祯泽. 六朝时期建康地区农业发展［D］. 南京农业大学，2014.

［86］张纵. 从园林初始形态谈六朝建康的园林［J］. 中国农史，2003（01）：19-24.

［87］郭黎安. 六朝建康园林考述［J］. 学海，1995（5）：84-87.

［88］（唐）建康实录·卷二［M］. 北京：中华书局，2009.

［89］司马光编著，胡三省音注. 资治通鉴［M］. 北京：中华书局，1956.

［90］（唐）许嵩. 建康实录［M］. 北京：中华书局，1986.

［91］（宋）周应合. 景定建康志［M］//中华书局编辑部. 宋元方志丛刊. 北京：中华书局，1990.

［92］（南）沈约. 宋书［M］. 北京：中华书局，1974.

［93］（唐）李延寿. 南史［M］. 北京：中华书局，1975.

［94］（唐）姚思廉. 梁书［M］. 北京：中华书局，1973.

［95］姚亦锋. 烟雨楼台几多情——魏晋南北朝时期南京园林景观［J］. 建筑师，2012（06）：96-101.

［96］姚亦锋. 探询六朝时期的南京风景园林［J］. 中国园林，2010，26（07）：57-61.

［97］卢海鸣. 六朝建康的私家园林［J］. 东南文化，1996（04）：95-97.

［98］（唐）许嵩. 建康实录·卷九宋孝武帝纪［M］. 北京：中华书局，1986.

［99］李一帆. 古洛阳都城理水智慧对海绵城市建设的启示［D］. 河南农业大学，2017.

［100］潘谷西，傅熹年. 中国古代建筑史·第二卷［M］. 北京：中国建筑工业出版社，2001.

［101］周勋. 曹魏至北魏时期洛阳用水研究［D］. 陕西师范大学，2016.

［102］田莹. 隋唐洛阳水环境与城市发展的互动关系研究［D］. 陕西师范大学，2008.

［103］（北魏）杨衒之撰，周祖谟校释. 洛阳伽蓝记校释［M］. 北京：中华书局，2010.

［104］段鹏琦. 汉魏洛阳与自然河流的开发和利用［C］//庆祝苏秉琦考古五十五年论文集，北京：文物出版社，1989：477-480.

［105］（宋）李昉等编. 太平御览. 清文渊阁四库全书本.

［106］（北齐）魏收撰. 魏书［M］. 北京：中华书局，1974.

［107］朱超. 隋唐长安城给排水系统研究［D］. 西北大学，2010.

［108］马正林. 论西安城址选择的地理基础［J］. 陕西师大学报（哲学社会科学版），1990（01）：19-24.

［109］史念海. 汉唐长安城与生态环境［J］. 中国历史地理论丛，1998（01）：5-22+251.

［110］李令福. 西安古都的四大城址及其变迁的地理基础［A］. 中国古都学会、广州市文化局.中国古都研究（第二十三辑）——南越国遗迹与广州历史文化名城学术研讨会暨中国古都学会2007年年会论文集［C］中国古都学会、广州市文化局：中国古都学会，2007：18.

［111］（唐）魏征等. 隋书［M］. 北京：中华书局，1996.

［112］（唐）魏征等. 隋书·痁季才传［M］. 北京：中华书局，1996.

［113］赵立瀛. 论唐长安城的规划思想及其历史评价. 建筑师［J］. 1988，29. 北京：中国建筑工业出版社.

［114］王意乐. 隋唐长安城的城市水利系统初探［D］. 西北大学，2008.

［115］温亚斌. 隋唐长安城"八水五渠"的水系研究［D］. 西安建筑科技大学，2005.

［116］赵强. 略述隋唐长安城发现的井［J］. 考古与文物，1994（06）：71-73.

［117］中国科学院教研研究所唐城发掘队. 唐代长安城考古纪略［J］. 考古，1963（11）：14.

［118］王毅. 园林与中国文化［M］. 上海：上海人民出版社，1990.

［119］王铎. 中国古代苑园与文化［M］. 武汉：湖北教育出版社，2003.

［120］车吉心，王育济，孙家洲. 中华野史（宋朝卷）·画漫录［M］. 济南：泰山出版社，2000.

［121］（宋）程大昌. 雍录［M］. 北京：中华书局，2002.

［122］秦柯，李利. 唐代的公共园林——曲江［J］. 中国科技信息，2008（21）：299+301.

［123］杭德州，雒忠如，田醒农. 唐长安城地基初步探测［J］.考古学报，1958（03）：79-93+155-156+162-170.

［124］（后晋）刘昫等. 旧唐书［M］. 北京：中华书局，1975.

［125］寇文瑞. 隋唐洛阳城水系结构与当代水系规划建设关系研究［D］. 河南农业大学，2016.

［126］（宋）欧阳修. 新唐书·地理志. 中国基本古籍库.

［127］史念海. 长安和洛阳［A］唐史论丛（第七辑）［C］. 中国唐史学会，1998：45.

［128］高虎，王炬. 近年来隋唐洛阳城水系考古勘探发掘简报［J］. 洛阳考古，2016（03）：3-17.

［129］（清）徐松著. 唐两京城坊考·卷五·东京·雒渠［M］. 北京：中华书局，1985.

［130］陈桥驿. 水经注校证［M］. 北京：中华书局，2007.

［131］辛德勇. 大业杂记考说［J］. 古籍整理与研究，1987，1.

［132］（清）徐松著. 唐两京城坊考·卷五·东京·谷渠［M］. 北京：中华书局，1985.

［133］（清）徐松辑，高敏点校. 河南志·唐城阙古迹［M］. 北京：中华书局，1994.

［134］刘敦桢. 中国古代建筑史［M］. 北京：中国建筑工业出版社，1980.

［135］陈良伟，李永强，石自社，谢新建. 定鼎门遗址发掘报告［J］. 考古学报，2004（01）：87-130+147-154.

［136］阎文儒. 洛阳汉魏隋唐城址勘查记［J］. 考古学报，1955，01：117-136+261-264.

［137］（唐）魏征. 历代食货志注释·隋书食货志［M］. 北京：农业出版社，1984.

［138］（宋）司马光. 资治通鉴·卷180·隋纪四［M］. 上海：上海古籍出版社，1987.

［139］车吉心，王育济，孙家洲. 中华野史（先秦至隋朝卷）·大业杂记［M］. 济南：泰山出版社，2000.

［140］车吉心，王育济，孙家洲. 中华野史（先秦至隋朝卷）·海山记［M］. 济南：泰山出版社，2000.

［141］（唐）魏征. 隋书［M］. 北京：中华书局，1973.

［142］赵湘军. 隋唐园林考察［D］. 湖南师范大学，2005.

［143］韩建华. 唐宋洛阳宫城御苑九洲池初探［J］. 中国国家博物馆馆刊，2018（04）：35-48.

［144］（唐）魏征. 隋书·卷二四·食货志［M］. 北京：中华书局，1997.

［145］姜波. 唐东都上阳宫考［J］. 考古，1998（02）：67-75.

［146］王岩，陈良伟，姜波. 洛阳唐东都上阳宫园林遗址发掘简报［J］. 考古，1998（02）：38-44+75+102-103.

［147］端木山. 上阳宫唐代园林遗址的初步考析［J］. 中国园林，2013，12：121-126.

［148］（宋）苏辙. 曾枣庄，马德富点校. 栾城集［M］. 上海：上海古籍出版社，1987.

［149］谭其骧. 黄河与运河的变迁［J］. 地理知识，1955（8）.

［150］孙盛楠. 从历史水系变迁看开封城市特色塑造［D］. 河南农业大学，2014.

［151］秦宛宛. 北宋东京皇家园林艺术研究［D］. 河南大学，2007.

［152］李瑞. 唐宋都城空间形态研究［D］. 陕西师范大学，2005.

［153］朱育帆. 关于北宋皇家苑囿艮岳研究中若干问题的探讨［J］. 中国园林，2007（06）：10-14.

［154］刘春迎. 北宋东京城研究［M］. 北京：科学出版社，2004.

［155］邓烨. 北宋东京城市空间形态研究［D］. 清华大学，2004.

［156］（宋）周淙，施谔. 南宋临安两志·淳祐临安志［M］. 杭州：杭州人民出版社，1983.

［157］聂传平. 宋代环境史专题研究［D］. 陕西师范大学，2015.

［158］戴均良. 中国城市发展史［M］. 黑龙江人民出版社，1992.

［159］张慧茹. 南宋杭州水环境与城市发展互动关系研究［D］. 陕西师范大学，2007.

［160］朱矞. 南宋临安园林研究［D］. 浙江农林大学，2012.

［161］（宋）祝穆. 方舆胜览·卷一·浙西路·临安府［M］. 北京：中华书局，1992.

［162］李利军. 南宋临安城景观布局初探［D］. 华中师范大学，2011.

［163］唐俊杰. 临安城考古的回顾与展望［J］. 杭州文博，2006（02）：8-14+121-122.

［164］（宋）苏轼. 苏东坡集第十五册·第九卷·申三省起请开湖六条状［M］. 北京：商务印书馆，1930.

［165］（清）吴任臣. 十国春秋·卷77·武肃王世家下［M］. 北京：中华书局，1983.

［166］（宋）周必大. 文忠集·卷182·二老堂杂志·卷四·临安四口所出. 清文渊阁四库全书本.

［167］王国平. 西湖文献集成·第二册·宋代史志西湖文献专辑［M］. 杭州：杭州出版社，2004.

［168］张劲. 两宋开封临安皇城宫苑研究［D］. 暨南大学，2004.

［169］（宋）周必大. 玉堂杂记·卷上；庐陵周益国文忠公集·卷174，宋集珍本丛刊. 第52册，北京：线装书局，2004.

［170］（清）翟灏. 湖山便览·卷十·南山路［M］. 上海：上海古籍出版社，1998.

［171］（宋）耐得翁. 都城纪胜·园苑［M］. 北京：中国商业出版社，1982.

［172］陈灏. 南宋临安园林景观及游园活动研究［D］. 河南大学，2013.

［173］徐燕. 南宋临安私家园林考［D］. 上海师范大学，2007.

［174］王劲韬. 苏东坡时期杭州西湖的水利及水文化探析［J］. 中国园林，2018，34（06）：14-18.

［175］（清）徐松. 宋会要辑稿·方域·十七之二十三［M］. 上海：上海古籍出版社，2014.

［176］（元）宋史·河渠志七［M］. 北京：中华书局，1985.

［177］（宋）潜说友. 咸淳临安志·卷三十二·山川十一·西湖［M］. 台北：成文出版社，1970.

［178］（宋）潜说友. 咸淳临安志·卷三十三·山川十二·六井［M］. 台北：成文出版社，1970.

［179］（宋）吴自牧. 梦粱录·卷十二·下湖［M］. 杭州：浙江人民出版社，1984.

［180］（宋）施谔. 南宋临安两志·淳祐临安志·卷十·山川·城外诸河［M］. 杭州：浙江人民出版社，1983.

［181］（宋）潜说友. （咸淳）临安志·卷三十三·山川十二·咸淳重修井记. 中国基本古籍库.

［182］（宋）施谔. 南宋临安两志·淳祐临安志·卷十·山川［M］. 杭州：浙江人民出版社，1983.

［183］吴庆洲. 中国古城防洪研究［M］. 北京：中国建筑工业出版社，2009.

［184］吴文涛. 北京水利史［M］. 北京：人民出版社，2013.

［185］侯仁之，唐晓峰. 北京城市历史地理［M］. 北京：燕山出版社，2000.

［186］侯仁之. 北京城的生命印记［M］. 北京：生活·读书·新知三联书店，2009.

［187］（晋）陈寿撰，（宋）裴松之注. 三国志·卷十五·刘馥本传［M］. 长沙：岳麓书社，2005.

［188］（北魏）郦道元. 水经注［M］. 北京：中华书局，2009.

［189］王玏. 北京河道遗产廊道构建研究［D］. 北京林业大学，2012.

［190］侯仁之. 北京大学院士文库 侯仁之文集［M］. 北京：北京大学出版社，1998.

［191］（元）托克托等撰. 金史·河渠志［M］. 长春：吉林出版社，2005.

［192］王灿炽. 金中都官苑考略［J］. 北京社会科学，1987（02）：100-107.

［193］刘树芳. 北京城市变迁与水资源开发的关系［J］. 北京社会科学，2003（02）：80-87.

［194］（清）于敏中. 日下旧闻考·卷五. 中国基本古籍库.

［195］（元）苏天爵. 元文类·卷三十一·都水监记事［M］. 北京：商务印书馆，1958.

［196］（元）苏天爵. 元朝名臣事略·卷九［M］. 上海：商务印书馆，1936.

［197］（明）宋濂撰. 元史·卷一六四·郭守敬. 中国基本古籍库.

［198］（明）宋濂撰. 元史·卷六·世祖本纪. 中国基本古籍库.

［199］（明）宋濂撰. 元史·卷六六·河渠三. 中国基本古籍库.

［200］侯仁之. 试论元大都的规划设计［J］. 城市规划，1997，（3）：10-12.

［201］邓辉. 元大都内部河湖水系的空间分布特点［J］. 中国历史地理论丛，2012，27（03）：32-41.

［202］王劲韬. 元大都水系规划与城市景观研究［J］. 中国园林，2013，13-17.

［203］（清）于敏中. 日下旧闻考·宪宗实录［M］. 北京：北京古籍出版社，1983.

［204］（清）于敏中. 日下旧闻考·郊坰［M］. 北京：北京古籍出版社，1983.

［205］张洁. 以园承水，借水成园——浅析北京清代皇家园林在城市雨洪管理利用方面的借鉴

中国古代园林水利

意义［A］. IFLA亚太区、中国风景园林学会、上海市绿化和市容管理局. 2012国际风景园林师联合会（IFLA）亚太区会议暨中国风景园林学会2012年会论文集（下册）［C］. IFLA亚太区、中国风景园林学会、上海市绿化和市容管理局：中国风景园林学会，2012：5.

［206］周晨，曹盼. 中国古代风景园林之于雨洪管理的贡献及启示——以北京玉泉水系为例［J］. 中国园林，2017，33（08）：114-118.

［207］钟贞. 乾隆清漪园与北京西郊水利建设研究［J］. 中国园林，2016，32（06）：123-127.

［208］赵连稳. 清代三山五园地区水系的形成［J］. 北京联合大学学报（人文社会科学版），2015，13（01）：16-21.

［209］何重义，曾昭奋. 北京西郊的三山五园［J］. 古建园林技术，1992（01）：25-32.

［210］何重义，曾昭奋. 北京西郊的三山五园（下）［J］. 古建园林技术，1992（02）：41-48.

［211］刘剑，胡立辉，李树华. 北京"三山五园"地区景观历史性变迁分析［J］. 中国园林，2011，27（02）：54-58.

［212］李临淮. 北京古典园林史［M］. 北京：中国林业出版社，2016.

［213］贾珺. 北京私家园林志［M］. 北京：清华大学出版社，2009.

［214］王劲. 论园林"相地"模式与水源［J］. 中国园林，2018，34（06）：43-48.

［215］章采烈. 论中国园林的理水艺术［J］. 上海大学学报（社会科学版），1991（04）：20-25.

［216］张晋. 可持续水设计视角下对于中国古典园林理水的几点思考［J］. 中国园林，2016，32（08）：117-122.

［217］王保林. 历史时期河湖泉水与济南城市发展关系研究［D］. 西安：陕西师范大学，2009，5.

［218］（清）顾祖禹. 贺次君，施和金点校. 读史方舆纪要·卷三十一·山东二［M］. 北京：中华书局，2005.

［219］李百浩，王西波. 济南近代城市规划历史研究［J］. 城市规划汇刊，2003（2）：50.

［220］汪坚强. 近现代济南城市形态的演变与发展研究［D］. 清华大学，2004.

［221］马正林. 中国城市历史地理. 济南：山东教育出版社，1998.

［222］宋凤. 济南城市名园历史渊源与特色研究［D］. 北京林业大学，2010.

［223］党明德，林吉玲. 济南百年城市发展史—开埠以来的济南［M］. 济南：齐鲁书社，2004.

［224］杨颋. 古济南城水系与空间形态关系研究［D］. 华南理工大学，2017.

［225］王越，林箐. 传统城市水适应性空间格局研究——以济南为例［J］. 风景园林，2018，25（09）：40-44.

［226］（清）蒋焜等. 康熙济南府志.

［227］赵夏. 鹊华景观及济南北郊水景的历史变迁［J］. 中国园林，2006（01）：7-10.

［228］张杰，阎照，霍晓卫. 文化景观视角下对济南泉城文化遗产的再认识［J］. 建筑遗产，2017（03）：71-82.

［229］张华松. 济南泉水与济南古城的选址、布局和建设［J］. 济南职业学院学报，2016（02）：1-5.

［230］张恩宇. 明清时期以泉为中心的济南传统园林发展初探［J］. 安徽建筑，2014（5）：272-274.

［231］张传实，李伯齐选注. 济南诗文选·游华不注记［M］. 济南：齐鲁出版社，1982.

［232］陆敏. 古代济南的园林建设［J］. 中国历史地理论丛，1980（03）：49-58+253.

［233］（宋）苏辙. 栾城集·卷五·送李昭叙移黎阳都监归沿省亲. 中国基本古籍库.

［234］（金）元好问. 遗山集·卷三十四·济南行记. 中国基本古籍库.

［235］（明）刘敕. 历乘·卷十五［M］. 济南：济南出版社，2016.

［236］张华松. 古代济南泉水景观园林的发展［J］. 济南职业学院学报，2013（5）：1-14.

［237］（清）任弘远撰. 刘泽生，乔岳校注. 趵突泉志校注. 济南：济南出版社，1991.

［238］福州市地方志编纂委员会. 福州市志（第一册）［M］. 北京：方志出版社，1998.

［239］许爽. 古代福州的城市空间变迁［J］. 福建史志，2006（001）：28-32.

［240］方炳桂，方向红. 福州历史若干问题释疑［J］. 福建论坛（文史哲版），1998（05）：42-43.

［241］劳干，辛士成. 汉晋闽中建置考·古闽地和古闽越族研究论文集［C］. 福建省地名委员会办公室：福建省地名学研究会，1986.

［242］福州市城乡建设志编纂委员会. 福州市城乡建设志（上卷）［M］. 北京：中国建筑工业出版社，1991.

［243］徐晓望. 论汉唐宋元福州城市的发展［J］. 闽都文化研究，2006（02）：532-545.

［244］中国人民政治协商会议福建省福州市委员会文史资料工作组. 福州地方志［M］. 1979.

［245］郑力鹏. 福州城市发展史研究［D］. 广东：华南理工大学，1991.

［246］（明）王应山. 闽都记［M］. 北京：方志出版社，2002.

［247］（宋）梁克家. 三山志·卷四·地理类四. 清文渊阁四库全书本.

［248］张恒宇. 福州城市历史地理初步研究［D］. 福建师范大学，2008.

［249］阙晨曦，梁一池. 福州古代城市山水环境特色及其营建思想探析［J］. 福建农林大学学报（哲学社会科学版），2007（01）：118-122.

［250］（清）林枫著，官桂铨，官大梁标点. 榕城考古略［M］. 福州：福州市文物管理委员会，1980.

［251］《福州市园林绿化志》编纂委员会. 福州市园林绿化志［M］. 福州：海潮摄影艺术出版社，2000.

［252］李敏. 福建古园林考略［J］. 中国园林，1989（01）：12-19.

［253］雷芳，朱永春. 闽东古典园林发展史略［J］. 华中建筑，2009，27（7）：152-156.

［254］福州市地方志编纂委员会. 福州市志（第四册）［M］. 北京：方志出版社，2007.

［255］（清）徐景熹主修，张天禄主编，福州市地方志编纂委员会. 福州府志［M］. 福州：海风出版社，2001.

［256］王梓，王元林. 占田与浚湖——明清福州西湖的疏浚与地方社会［J］. 福建师范大学学报（哲学社会科学版），2013（04）：104-108.

［257］蔡厚示. "背郭千峰起，涵空一水横"——谈蔡襄咏福州山水［J］. 福建论坛（文史哲版），1994（05）：17-20.

［258］阙晨曦. 福州古代私家园林分类初探［J］. 福建教育学院学报，2008，9（10）：110-112.

［259］（清）佚名. 洪塘小志［M］. 上海：上海书店，1992.

［260］卢美松. 福州名园史影［M］. 福州：福建美术出版社，2007.

［261］郑玮锋. 福州三坊七巷地方私家园林的假山及理水意匠［J］. 古建园林技术，2015（02）：13-18.

［262］黄欣欣. 福州市古典园林特色探究［D］. 福建农林大学，2014.

［263］福州市科技志编纂委员会. 福州市科技志［M］. 福州：海风出版社，1999.

［264］（民国）何振岱纂，福州市地方志编纂委员会，西湖志［M］. 福州：海风出版社，2001.

［265］雷玲凤. 林则徐疏浚福州西湖之方略与成效［J］. 福建文博，2015（02）：32-35.

［266］肖忠生. 蔡襄与宋代福州水利建设［J］. 福州大学学报，1988（01）：57-59.

［267］杨冬冬，刘海龙. 福州城市防洪体系空间规划对策研究［J］. 城市规划，2014，38（08）：85-90.

［268］（清）杨守敬. 水经注疏［M］. 南京：江苏古籍出版社，1989，6.

［269］要子瑾. 魏都平城遗址试探［J］. 中国历史地理论丛，1992（03）：215-234.

［270］（北齐）魏收. 魏书·卷一百一十志·第十五食货六. 中国基本古籍库.

［271］（北齐）魏收. 魏书·卷二帝纪·第二太祖纪. 中国基本古籍库.

［272］卢小慧. 北魏的崛起与平城营建［J］. 学海，2017（06）：189-194.

[273]（北齐）魏收. 魏书·卷四上帝纪·第四上世祖纪上. 中国基本古籍库.

[274]（北齐）魏收. 魏书·卷四下帝纪·第四下世祖纪下. 中国基本古籍库.

[275]（北齐）魏收. 魏书·卷五帝纪·第五高宗纪. 中国基本古籍库.

[276]（北齐）魏收. 魏书·卷六帝纪·第六显祖纪. 中国基本古籍库.

[277]（北齐）魏收. 魏书·卷二十三列传·第十一. 中国基本古籍库.

[278]（北齐）魏收. 魏书·卷二十八列传·第十六. 中国基本古籍库.

[279]师道刚. 北魏首都平城的兴建和蒋少游[J]. 运城师专学报, 1984（04）: 24-29.

[280]（北齐）魏收. 魏书·卷四十八列传·第三十六. 中国基本古籍库.

[281]（北齐）魏收. 魏书·卷九十一列传·艺术第七十九. 中国基本古籍库.

[282]（北齐）魏收. 魏书·卷九十四列传·阉官第八十二. 中国基本古籍库.

[283]杜一雪. 北魏方山永固陵研究[D]. 中央美术学院, 2018.

[284]（北魏）郦道元. 水经注[M]. 北京: 华夏出版社, 2006.

[285]解廷琦. 大同方山北魏永固陵[J]. 文物, 1978（07）: 29-35+99.

[286]（北齐）魏收. 魏书·卷五十三列传·第四十一. 中国基本古籍库.

[287]陈建军, 周华. 北魏皇室建筑师蒋少游生平事略[J]. 黄河科技大学学报, 2014, 16（06）: 88-91.

[288]张增光. 平城遗址浅析[J]. 晋阳学刊, 1988（01）: 108-110.

[289]（北齐）魏收. 魏书·卷七上帝纪·第七上高祖纪上. 中国基本古籍库.

[290]刘庭风. 中国园林年表初编[M]. 上海: 同济大学出版社, 2016.

[291]（唐）释道宣. 广弘明集·卷二十九. 中国基本古籍库.

[292]李凭. 北魏平城时代[M]. 上海: 上海古籍出版社, 2011.

[293]李乾太. 北魏故都平城城市水利试探[J]. 晋阳学刊, 1990（04）: 90-95.

[294]张畅耕.《水经注》平城如浑水疏证[J]. 山西省考古学会论文集, 1992（00）: 148-153.

[295]殷宪. 平城史稿[M]. 北京: 科学出版社, 2012.

[296]潘静. 银川古城历史形态的演变特点及保护对策[D]. 西安建筑科技大学, 2007.

[297]（明）杨寿. 朔方新志·卷一·城池[M]. 天津: 天津古籍出版社, 1988.

[298]吴广成. 龚世俊校. 西夏书事校证·卷十[M]. 兰州: 甘肃文化出版社, 1995.

[299]（明）管律.（嘉靖）宁夏新志·卷二. 中国基本古籍库.

[300]石茂华. 万历宁夏志[M]. 台北: 学生书店, 1969.

[301]李并成. 河西走廊历史时期气候干湿状况变迁考略[J]. 西北师范大学学报（自然科学版）, 1996,（4）.

[302]（明）陈子龙. 明经世文编·卷398·徐尚保集[M]. 北京: 中华书局, 1962.

[303]（明）胡汝砺著, 邵敏校注. 嘉靖宁夏新志[M]. 北京: 中国社会科学出版社, 2015.

[304]汪一鸣. 饮汗城城址考证[J]. 宁夏社会科学, 1983（01）: 67-71.

[305]王婧, 王莉. 文化名城银川古典园林发展特征探析[J]. 广东园林, 2010, 32（03）: 8-10.

[306]（唐）李吉甫撰, 贺次君点校. 元和郡县图志·卷四[M]. 北京: 中华书局, 1984.

[307]汪一鸣. 再论饮汗城城址[J]. 宁夏社会科学, 1994（05）: 68-72.

[308]（清）顾祖禹. 读史方舆纪要·卷六十二. 中国基本古籍库.

[309]郝红暖, 吴宏岐. 辽、西夏、金都城建设对中原制度的模仿与创新——兼论唐、宋都城制度对少数民族都城之影响途径[J]. 中南民族大学学报（人文社会科学版）, 2009, 29（03）: 88-92.

[310]刘菊湘. 兴庆府的规模与"人形"布局[J]. 宁夏社会科学, 1997（05）: 61-65.

[311]王超琼, 董丽. 明代宁夏镇园林植物景观特色研究[J]. 中国园林, 2016, 32（03）: 90-93.

[312]李荣, 陈忠祥. 宁夏文化景观形成的环境影响分析[J]. 池州师专学报, 2006（05）:

117-120.

［313］冯海燕. 明代宁夏诗人研究［D］. 宁夏大学，2017.

［314］（元）脱脱. 宋史·卷四百八十六列传·第二百四十五. 中国基本古籍库.

［315］朱栴. 宁夏志·二卷（影印本）［M］. 台北：汉学研究中心，1990，12.

［316］吴忠礼. 银川古园林探源（下）［J］. 共产党人，2006.（10）：44-45.

［317］杨继国，胡迅雷. 宁夏历代诗词集（第二册）［Z］. 银川：宁夏人民出版社，2011.

［318］王引萍. 庆王朱栴宁夏风景诗词创作的地域特色［J］. 北方民族大学学报（哲学社会科学版），2016（01）：88-90.

［319］汪一鸣. 西夏建都兴庆府的地理基础［A］. 中国古都学会. 中国古都研究（第一辑）——中国古都学会第一届年会论文集［C］. 中国古都学会：中国古都学会，1983：17.

［320］（明）胡汝砺，编. 管律，重修. 陈明猷，校勘. 嘉靖宁夏新志［M］. 银川：宁夏人民出版社，1982.

［321］吴忠礼. 银川古园林探源（上）［J］. 共产党人，2006.（9）：46-47.

［322］（清）张金城，杨浣雨. 陈明猷点校. 乾隆宁夏府志［M］. 银川：宁夏人民出版社，1992：64.

［323］刘菊湘. 明代宁夏镇生态恶化［J］. 宁夏社会科学，2006，（6）：78-83.

［324］（清）汪绎辰. 张钟和，校注. 银川小志［M］. 银川：宁夏人民出版社，2000.

［325］杨继国，胡迅雷. 宁夏历代艺文集［M］. 银川：宁夏人民出版社，2001.

［326］王群. 明代宁夏镇屯田与农业生态环境变迁［J］. 宁夏大学学报（人文社会科学版），2016，38（3）：50-55.

［327］（清）吴广成. 西夏书事·卷三十二. 中国基本古籍库.

［328］（清）吴广成. 西夏书事·卷二十. 中国基本古籍库.

［329］张维慎. 宁夏农牧业发展与环境变迁研究［D］. 陕西师范大学2002.

［330］（明）李侃，胡谧纂修. 山西通志·卷十二. 中国基本古籍库.

［331］赵鸣，张洁. 绛守居园池考［J］. 中国园林，2000（01）：75-79.

［332］廖嵘，侯维. 唐代衙署园林——崇州罨画池［J］. 中国园林，2004（10）：14-21.

［333］（明）曹学佺. 蜀中名胜记［M］. 重庆：重庆出版社，1984.

［334］赵鸣，李培军，王国强. 人居环境·古典园林·水［J］. 北京林业大学学报（社会科学版），2002（Z1）：80-83.

［335］（北魏）郦道元. 水经注·卷二十八·沔水. 中国基本古籍库.

［336］张婧娴. 承德避暑山庄山水地形与空间构建的分析［D］. 北京林业大学，2014.

［337］王宏昊. 清代避暑山庄水系建设对承德绿色生态城市的启示［N］. 中国旅游报，2017-08-03（A07）.

［338］（清）乾隆帝. 清高宗（乾隆）御制诗全集［A］. 卷五十八·千尺雪诗序［C］. 北京：中国人民大学出版社，1993.

［339］徐兴志，王燕. 避暑山庄的理水特色［J］. 河北林业科技，2003（02）：48-50.

［340］［清］乾隆. 清高宗（乾隆）御制诗全集［A］. 卷二十五·乐山书院口号诗序［C］. 北京：中国人民大学出版社，1993.

［341］孟兆祯，颐和园理水艺术浅析，颐和园建园250周年（1750—2000）纪念文集［J］. 北京市园林局颐和园管理处编. 北京：五洲传播出版社，2000.

［342］陈云文. 中国风景园林传统水景理法研究［D］. 北京林业大学，2014.

［343］付新. 避暑山庄水系的变迁［J］. 河北民族师范学院学报，2015，35（03）：10-11.

［344］林广臻，陆琦，刘管平. 唐宋岭南州府园林的公共性探析［J］. 风景园林，2018，25（07）：107-111.

［345］（清）阮元. 道光广东通志·卷一百五·山川略六. 中国基本古籍库.

［346］张志迎. 明清惠州城市形态的初步研究（1368-1911）［D］. 暨南大学，2012.

［347］（明）杨宗甫.（嘉靖）惠州府志·卷一. 中国基本古籍库.

［348］梁仕然. 广东惠州西湖风景名胜区理法研究［D］. 北京林业大学，2012.

［349］黄德芬. 惠州西湖［M］. 广州：广州人名出版社，1980.

［350］叶伟强，梁大和等. 惠州文史及其他［M］. 东坡书画院，1999.

［351］吴庆洲. 惠州西湖与城市水利［J］. 人民珠江，1989(04):7-9.

［352］叶明镜. 惠州西湖的形成、变迁和建设［J］. 惠阳师专学报(社会科学版)，1982(01):101-105.

［353］叶岱夫. 东江河道变迁与古代惠州的城市发展［J］. 岭南文史，2008(04):22-26.

［354］（民国）张友仁. 惠州西湖志［M］. 广州：广东高等教育出版社，1989.

［355］广东历代方志集成·七·惠州府部［M］. 广州：岭南美术出版社，2009.

［356］（清）屈大均. 广东新语·卷四·水语. 中国基本古籍库.

附录

※图1 万竹园（现位于济南趵突泉公园内，是历史时期形成的泉水园林）
图片来源：作者自摄

※图2 大明湖铁公祠（现位于大明湖畔，是大明湖园林景观的重要组成内容）
图片来源：作者自摄

（a）

（b）

※图3 原明德藩王府西苑，现山东省人大常委会（珍珠泉大院）（位于济南明清府城中部，是当时城市内部最大的泉水园林）
图片来源：作者自摄

※图4 新建的潭西精舍（现五龙潭公园内）
图片来源：作者自摄

※图5 新建的贤清园/朗园（现五龙潭公园内）
图片来源：作者自摄

※图6 新建的潋园（现五龙潭公园内）
图片来源：作者自摄

※图7 济南北郊小清河现状（历史时期的主要排水河道）
图片来源：作者自摄

（a）

（b）

※图8 济南护城河，现辟为环城河公园
图片来源：作者自摄

※图9　北水门遗址现状　　　　　　　　※图10　现曲水亭街（历史时期城市内部主要的泉水导蓄水道）
图片来源：作者自摄　　　　　　　　　　图片来源：作者自摄

（a）　　　　　　　　　　　　　　　　　　（b）

※图11　现济南文庙泮池（泉水导蓄体系中的重要节点）
图片来源：百度图片

※图12　现芙蓉街内留存的古水道
图片来源：作者自摄

※图13　现百花洲（百花洲是古排水系统中的重要节点，如今与大明湖南北相望，中间被明湖路分隔）
图片来源：作者自摄

※图14　华家井（历史时期济南内城市内部重要的公共区域）
图片来源：作者自摄

※图15　古代济南北郊现状（历史时期曾为大面积水域景观）
图片来源：作者自摄

（a）

（b）

※图16　张养浩"云庄"现状（曾是北郊私家园林的重要代表）
图片来源：作者自摄

（a）　　　　　　　　　　　　　　　　（b）

※图17　福州西湖现状
图片来源：作者自摄

（a）　　　　　　　　　　　　　　　　（b）

图18　福州白马河现状
片来源：作者自摄

（a）　　　　　　　　　　　　　　　　（b）

图19　福州晋安河
片来源：作者自摄

（a）　　　　　　　　　　　　　　　　　（b）

※图20　福州安泰河现状
图片来源：作者自摄

（a）　　　　　　　　　　　　　　　　　（b）

※图21　福州大航桥河
图片来源：作者自摄

※图22　北魏平城鹿野苑石窟遗址
图片来源：作者自摄

（a）位于鹿野苑南，推测为如浑水西支津的出山口，拍摄时为冬季　　　　　　　　　　　　（b）推测为如浑水西支津河滩

※图23　如浑水西支津（推测）
图片来源：作者自摄

（a）现大同市御河郊区段　　　　　　　　　　　　　　　　　　（b）现大同市御河市区段

图24　现大同市御河（北魏如浑水东支津）
片来源：作者自摄

（a）位于大同安家小村，推测为北魏西苑、北苑连接处的池沼区

（b）位于大同安家小村，推测为北魏平城北苑墙的一部分

※图25　北魏平城西苑、北苑池沼及北苑墙[269]（推测）
图片来源：作者自摄

（a）

（c）

※图26　北魏平城河道遗址（现位于云冈石窟）
图片来源：作者自摄

（a）武州川水西段，现为十里河，位于大同市云岗石窟南 （b）武州川水西段，现为十里河，位于大同市云岗石窟东南

（c）推测为武州川水 （d）推测为武州川水北支津

（e）推测为武州川水北支津

※图27　武州川水（现十里河）
图片来源：作者自摄

（a）环形水渠（辟雍）垫层

（c）环形水渠（辟雍）石坝基础

（b）环形水渠（辟雍）石坝

（d）环形水渠（辟雍）渠底

※图28　北魏明堂环形水池（辟雍）基础结构（现存于大同北魏明堂公园北魏明堂遗址陈列馆内）
图片来源：作者自摄

（a）

（b）

※图29　北魏城墙遗址（现位于大同市操场城附近）
图片来源：作者自摄